온돌과 구들문화

김준봉 외 지음

본서는 국제온돌 학회가 2001년 창립한 이래 2013년까지 매년 발간한 국제온돌학회 논문집에
수록된 우수 논문들을 엄선하여 『온돌과 구들문화』로 편집한 책이다.

어문학사

들어가면서

앞으로 인류가 맞닥뜨릴 가장 심각한 문제는 지구환경의 변화로 생태계가 파괴되고, 화석연료가 고갈되며, 각종 폐기물이 늘어난다는 것입니다. 오늘날 이상기후와 오존층 파괴 등 지구 차원의 환경 문제는 21세기 우리 인류가 직면한 가장 큰 문제입니다. 따라서 앞으로의 건축 활동은 자연환경과의 조화를 기본으로 하여 환경을 보존하고 에너지를 절약하는 방향으로 전개되어야 합니다. 이러한 건강 건축은 미래 주거의 핵심 코드가 될 것입니다.

이런 시대적 배경을 생각할 때, 건축 자원의 재활용과 폐기물 대책에 종합적으로 대처해 나가며, 친 자연적인 건축 문화를 창조하고 여기에 필요한 건축 기술을 발굴해야 합니다. 온돌은 우리 민족이 장구한 세월 동안 줄기차게 사용해온 지속 가능한 난방 방법인데, 근대화와 생활 편의주의의 영향으로 자연 재료에서 화석 연료로 난방 재료가 변함에 따라 갑자기 사라질 위기에 처하였습니다. 그러나 최근의 새집증후군의 발생과 저탄소 녹색성장에 힘입어 그리고 참살이인 웰빙(Well-Being)의 영향으로 다시 전통온돌문화가 살아나고 있습니다.

전통온돌은 자연환경을 보존하고 물과 바람, 지열 등의 자연에너지를 활용하며 재생 가능한 자연 재료인 흙을 주재료로 하는 생태건강건축입니다. 집을 지을 재료를 가까운 곳에서 구하기 쉬우며 재활용에 좋은 재료를 쓰는 전통 황토방 구들 건축 등이 미래 건축의 대안이 되고 있습니다.

질 좋은 황토가 우리나라 곳곳에 있으며 또한 구들을 만들기에 적절한 석재자원도 무궁무진합니다. 일 년 내 풍부한 강수량과 뚜렷한 사계절로 인하여 수목의 성장도 원활하여 우리가 조금만 신경 써서 가꾸기만 한다면 무한히 지속 가능한 목재 자원을 생산할 수 있습니다.

구들은 불을 때기 힘들고 처음 그 구조체를 만드는 데 기계화 시공 자체가 용이하지 않지만, 이제는 우리의 건강과 지속 가능한 지구환경을 위하여 우리의 전통 구들을 개량하고, 우리의 생활도 적응하여 조상이 우리에게 물려준 빛나는 문화유산인 구들문화를 이어가고, 세계에 널리 알려야 할 때입니다.

이에 2001년 국제온돌학회가 창설되어 매해 13년째(온돌에 관련) 논문들이 발표되었습니다. 그 논문들 중에서 널리 알려야 할 주옥같은 글들을 모아 이 책을 발간하게 되었습니다.

국제학술지에 발표한 논문들로 중국어 영어로 발표된 논문들을 전문가가 아니더라도 일반 독자들이 쉽게 이해할 수 있도록 재정리하여 편집하였으며 너무 방대한 분량이라서 두 권의 책으로 나누어 발간하였습니다. 이 책의 발간으로 한국의 전통문화를 세계에 더욱 널리 알리고 빛나는 우리의 문화유산인 구들(온돌)을 전승하는 데 일익을 담당하였으면 하는 바람입니다.

아직도 우리나라가 온돌의 종주국임에도 불구하고 여러 가지 제약조건과 불편하다는 고정관념 때문에 온돌이 널리 살아나지 못하고 있습니다. 그러나 우리가 지금부터라도 이 책에서 주장하는 것처럼 전통구들의 장점을 최대한 살리고 약점들을 보완한다면 우리 전통구들만큼 환경친화적이고 지속 가능한 난방법이 없다는 사실을 알게 될 것입니다. 그리하여 지금 서양의 공기조화난방 중심의 건축 환경에서부터 바닥난방 중심의 건강건축인 두한족열(頭寒足熱)의 건축 환경이 세계에 우뚝 설 날이 멀지 않으리라 기대됩니다.

그리고 지난 1992년 브라질 리우에서 개최된 유엔환경개발회의 이후 저탄소 녹색성장의 기치를 내걸고 국가 간의 환경 감사와 환경 문제가 일반화된 오늘날 지구환경을 보전하면서 우리의 전통주거인 한옥을 고품질화하고, 어떻게 앞으로의 친환경적인 주거환경을 개선할지에 대한 대안 제시가 요구되고 있습니다. 앞으로 다가올 세대는 건강건축, 환경친화건축이 대세입니다. 이러한 시대적 요구에 따라 에너지의 소비를 줄이고 자원을 절약하며 건강한 주거환경을 유지할 난방방식이 절실하다고 봅니다. 이에 본서는 우리나라가 수천 년 동안이나 개발하여 전수해온 과학적이고 친환경적인 전통온돌 보급에 조금이나마 도움이 되고자 합니다.

마지막으로 본서의 내용을 알차게 하기 위하여 그간의 연구를 통하여 발표한 원고의 게재를 허락해주신 천득염, 리신호, 리광훈, 강인호, 조병호, 조동우, 유기형, 정해권, 손영준, 유경재, 조셉 윤, 김성구, 그리고 중국인인 쟝유환, 스테마오, 샤쇼뚱, 안위샹, 꽝쉐펑, 쑨쓰쿼, 챠오윈저, 샤지 그리고 구들문화원 오홍식 원장님께 진심으로 감사의 말씀을 드립니다.

2014. 1. 1. 새해 아침
충북 진천 자연환경생태건축연구소에서
대표저자 김준봉
kimjunebong@hanmail.net / www.internationalondol.org

차례

온돌의 인증표준과 세계화, 현대온돌

보건의학적 관점에서 본 온돌

부록

온돌과 구들문화

1.
온돌,
그 찬란한 구들문화에 대하여

*김준봉
베이징공업대학교 건축도시공학부 교수

(1) 한민족 생활 문화의 뿌리, 온돌
― 불의 민족, 불을 가두고 연기를 잡다

한민족의 전통문화유산 중에서 가장 손꼽을 만한 것은 세종대왕께서 만드신 한글과 서양의 구텐베르크보다 200여 년 앞선 금속활자, 그리고 구들(온돌), 김치, 한복이다.

사람들의 생활에서 가장 필요한 것을 '의·식·주'라고 하는데, 의(衣)는 한복, 그리고 식(食)은 우리의 먹거리인 김치와 된장 즉 한식이며, 마지막으로 주(住)가 한옥과 온돌이다. 온돌은 아주 오랜 옛날 삼국시대 이전부터 사용하던 우리 민족의 고유한 난방방식으로 우리 조상들의 생활 문화의 뿌리라고 할 수 있다. 즉 온돌은 아궁이에 불을 때서 방바닥을 따뜻하게 하는 세계에서 유일한 우리 민족 고유의 난방 방법이다.

서양 사람들은 (불을 무서워하고) 불을 잘 다스리지 못했기 때문에 실내에서 잘 사용하지 못했고, 일부 실내에서 사용하더라도 연기를 다스릴 수 없어서 항상 자욱한 연기 속에서 눈물 콧물을 흘리며 불편하게 살았다. 그래서 그들은 추운 겨울을 우리의 온돌처럼 좋은 난방이 없어 별수 없이 개나 고양이 등 동물들을 안고 긴긴 겨울밤을 지냈으니 이를 보면 불을 깔고 불기운을 베고 잠을 잔 우리 조상들의 지혜가 얼마나 뛰어났나를 금방 알 수 있다.

이와 같이 온돌은 일찍이 서양에 없었기 때문에 영어로도 그냥 우리가 늘 부르듯이 온돌(ONDOL)이라고 부른다.

지금도 아직 한민족의 정서가 살아있는 연변 시골에 가면 아침밥을 짓기 위해 이른 아침 아궁이에 불을 지핀다. 그러면 그 열과 연기가 방구들 밑의 고래로 전달되어 황토와 구들장에 저장되고, 낮의 해가 저물 때까지 따뜻하게 방 기온을 유지시켜 준다. 그리고 들에 나가 일을 마치고 돌아와 저녁밥을 짓기 위해 불을 다시 때면 또 그 열기는 새벽까지 가고, 다시 아침밥을 지어 불기운을 더할 때까지 유지된다. 이와 같이 취사를 겸하여 불과 연기를 이용하여 바닥을 따뜻하게 하는 방법은 불을 잘 다루는 우리 민족 특유의 자연의 지혜에서 비롯된 것이다. 이 불과 연기는 방바닥 밑의 구들고래를 통해 걸러져 집안 전체를 소독하는 기능도 겸한다.

서양의 벽난로가 공기를 데우는 일시적 직접적인 난방방식이라면 우리의 구들은 에너지를 바닥에 저장해서 사용하는, 이른바 돌과 흙의 '축열 원리'를 이용한 지속 난방방식이다. 지금 흔히 사용하는 우리의 아파트나 주택의 온수바닥난방방식이 바로 전통온돌(구들)의 축열 바닥복사 원리를 이용한 것이다.

그리고 우리의 어머니들이 아궁이에서 불을 때며 밥하던 시절, 황토 찜질방이 따로 없던 그 시절에 '뜨뜻한' 황토구들 아랫목과 후끈한 아궁이가 최상의 '찜질 황토방―산후(産後)조리처'였던 것이다.

사람은 다른 동물과 거의 마찬가지로 어느 정도의 추운 기후 조건에서는 살 수 있다. 그러나 영하 40℃ 이하로 내려가는 추운지역에서는 살기 어려웠으므로 적당하게 몸을 따뜻하게 유지해야 했다. 달리 말해, 지독한 추위를 면하기 위해서 불의 획득이 절대적으로 필요하게 되었고, 그 결과 우리 한민족을 포함한 추운 지역 민족들이 불의 발견과 이용에서 따뜻한 지역의 민족보다 비교적 앞서 있었다고 말할 수 있다. 그런데, 특기할 점은 이 지구에 살고 있는 수많은 민족 중에서 우리 민족만이 집 안을 따뜻하게 하는 방법으로 구들(온돌)을 개발하여 조상 대대로 이어 왔다는 것이다.

온돌은 우리나라 사람에게 가장 알맞은 방법으로, 특히 구들 난방은 아궁이에 불을 가하면 방바닥 아래의 공간(고래)을 따라 열이 이동하면 서 방바닥에 열에너지를 가두는 축열(蓄熱)작용을 하고, 이 가두어진 열 기가 서서히 식으면서 방 안을 따뜻하게 한다.

이는 복사(輻射), 전도(傳導) 그리고 대류(對流)의 '열전달 3요소'를 모 두 갖춘 과학적으로도 매우 뛰어난 방법으로, 오늘날을 사는 우리 민족 만의 독자적이며 독창적인 난방 방법이다.

처음에는 모닥불을 피워 몸을 따뜻하게 하였지만, 차츰 모닥불 주위 에 돌을 놓아 바람을 막았고, 이 돌이 따뜻하게 달구어지면 몸에 품거나 바닥에 깔고 그 위에 앉거나 누워서 추운 겨울밤을 보냈다. 그래서 온돌 연구에 평생 몸을 바치신 손진태 선생은 구들은 원래 '구운 돌'이라는 순 우리말에서 유래가 되었다고 보았다. '구들'이라는 언어가 '구운 돌' 에서 유추했다는 주장이 설득력있다. 그러나 불을 가두는 것은 돌이 아 니고 흙이기 때문에 불을 가두는 굴(흙으로 만든)에서 구들이 유래한다고 볼 수도 있다. 돌을 달궈서 몸에 품고 찜질하는 관습은 예로부터 우리 조 상들이 병을 치료하는 민간요법의 일종으로 널리 이용하였다. 둥글납작 한 강돌이나 적당한 크기의 기왓장을 달구고 젖은 헝겊으로 잘 감싸서 아픈 곳에 찜질을 하였다. 그리고 모닥불을 피운 자리가 달궈지면 그곳에 앉거나 누워서, 몸을 따뜻하게 하고 혈액순환을 원활하게 하여 치료하는 것도 흔히 있었다. 이것이 바로 온열 찜질요법이고 현대 찜질방의 효시다.

〈그림 1〉 초기 원시 구들의 형태(중간식 구들)

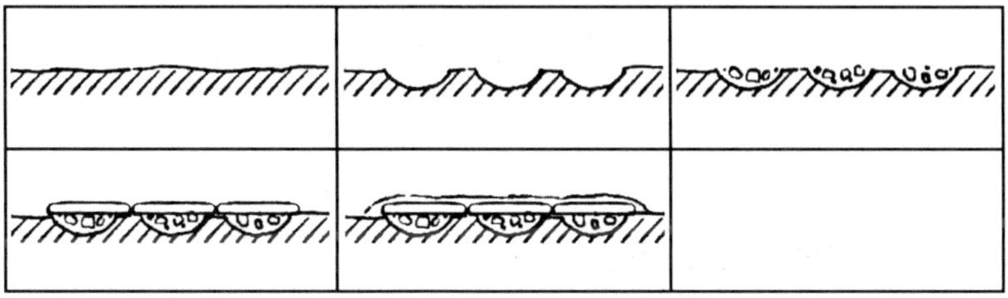

〈그림 2〉 초기 원시 구들의 형태(하향식 구들)

흙과 돌에 열을 저장할 수 있다는 것을 알게 된 후, 돌이 빨리 식는 것을 막고 얼어붙은 먹을거리를 녹이기 위해 모닥불 옆에 돌을 고이고 그 위에 편편한 돌을 얹어 놓았다. 즉, 고인돌 모양의 구조로 '외구들'이 처음 만들어진다. 모닥불에 얹어진 편편한 돌은 불로 뜨거워지고 나중에 그 뜨거워진 돌을 사용하였다. 그리고 이 고인돌 모양을 세로―직렬―로 연결하면 고래가 되고 가로―병렬―로 연결하면 두 줄 또는 세 줄 고래가 되어 넓은 방바닥을 골고루 데우는 데 사용되었다.

― 한옥과 구들문화

조선 민족의 전통 집인 한옥은 항상 겨울을 위한 따뜻한 구들과 여름을 위한 시원한 마루가 있다. 여름에는 시원한 마루에서 더위를 달랬고 겨울에는 따끈한 구들에서 추위를 이겼다. 이렇게 바닥을 따뜻하게 하는 난방방식을 '온돌'이라고 한다. 날씨가 추운 날 따뜻한 아랫목은 우리의 전통 한옥에서는 아주 중요한 요소이다. 이러한 구들은 불을 때는 곳인 아궁이와 그리고 불기를 보존하고 불길을 내어 불을 이동시키는 고래, 마지막으로 남은 열기와 연기를 내보내는 굴뚝 즉 구새로 되어 있다. 시골 마을을 지나다 보면 높이 솟은 굴뚝(구새)에서 나오는 연기를 보고 그 집에서 무엇을 하는지 금방 알 수 있다.

전통구들은 난방만이 아니라 아침이나 저녁에 밥이나 국을 끓일 때도 불을 함께 이용한다. 밥을 짓는 불기를 이용해서 고래로 불을 넣고 구들장을 가열하고 또한 그 열을 저장해서 불을 지피지 않는 시간에도 그

동안에 미리 저장된 열을 방바닥을 통하여 방열시켜서 난방하는 방법이다.

구들의 구조는 장작을 넣는 아궁이를 만들고 그 안쪽 아궁이 후렁이에 불을 때서 부넘이(부넹기)를 통해 구들 개자리로 열기를 보낸다. 구들 개자리를 통과한 불기는 방바닥의 불길인 구들 고래를 따라 이동하고 고래개자리를 지나 굴뚝을 거처 구새(굴뚝)[1]로 나간다.

이와 같이 여러 단계를 거치면서 오랫동안 열기가 방바닥에 머물게 되어 있어 뜨거운 열에너지를 최대한 오래 보관하면서 절약할 수 있게 하는 아주 과학적인 난방 방법이다. 즉 구들장에 열을 가두어 두어 불을 피우지 않는 시간에도 따뜻함을 유지하면서 동시에 땅의 습기를 적당히 받아가며 열을 방열하므로 방바닥은 따뜻하고 실내온도와 습도는 적당히 유지하는 방법이다. 또한 구새와 굴뚝 사이에는 굴뚝개자리가 있어 차가운 외부의 바람이 구들 안쪽으로 들어오는 것을 막아 따뜻함을 더욱 오래 유지한다.

예로부터 우리나라는 봄, 여름, 가을, 겨울의 사계절이 뚜렷한 나라이다. 더운 여름철은 시원한 마루에서 지내고 추운 겨울철은 따뜻한 아랫목이 있는 온돌에서 지낸다. 한겨울 기나긴 밤, 눈 내리고 추운 겨울날 아랫목에 둘러앉아 이부자리 안에서 곶감이나 군밤, 군고구마, 구운 감자를 먹으며 친구들과 무릎을 맞대고 할아버지와 할머니로부터 재미나

---

1 원래 굴뚝은 '굴의 둑'을 의미하는 말로서 방바닥을 지나 방 밖으로 수평으로 이어진 연도 혹은 낮은 둑을 의미하고 현재 널리 쓰이는 굴뚝은 구새라고 불리웠다. 지금도 북쪽지방에서는 굴뚝을 구새라 부른다.

는 옛날이야기를 들었다.

아랫목에는 금방 지은 따뜻한 밥을 집어 넣어 보관하는 온장고 역할을 하여 늦게 돌아오는 아버지의 진짓상을 준비했다. 그리고 혹시 고뿔(감기)이라도 걸리면 따끈한 아랫목에서 한숨 푹 자면서 땀을 흠뻑 내고 나면 으슬으슬 춥던 감기가 씻은 듯이 나았다. 지금도 찜질방에 가면 뜨거운 온돌방에서 열심히 땀을 내고 있는 사람들이 많다. 모두 다 옛 우리 조상들이 이미 경험한 좋은 치료법을 체험하는 것이라 할 수 있겠다.

(2) 전통구들의 구조와 명칭

불을 가두고 연기를 내보내는 기술이 구들이다. 우리의 옛 왕궁인 덕수궁의 구들은 무척이나 잘 만들어졌으며 굴뚝(구새)의 모양 역시 아주 아름다워 이미 문화재로 지정되어 있다.

이렇게 바닥 면에 축열된 열을 사용하여 따뜻하게 방을 데우는 방법을 '구들'이라고 정의할 수 있는데, 각 부위들에 대해 지방마다 조금씩 다르게 불리웠지만 가장 일반적으로 쓰는 명칭들을 중심으로 자세한 설명이 필요할 것이다.

먼저 각 부의 명칭들을 나열해보면 다음과 같다.

아궁이, 아궁이 후렁이, 부넘이(부넹기), 구들 개자리, 고래, 굄돌, 구들장, 고래개자리, 불맞이돌 굴뚝, 연도굴뚝 개자리, 구새, 구새갓, 바람막이.

구들은 불을 때는 곳, 불길이 지나가고 불기운이 저장되는 곳, 저장된 뜨거운 열기를 발산하는 곳, 식어진 불과 연기가 나가는 곳까지 총 네 부분으로 되어 있다.

① 먼저 불 때는 곳은 아궁이와 부뚜막, 아궁이 후렁이로 되어있다.

아궁이: 땔감을 태우는 곳으로 아궁이로 들어온 연료와 공기를 태워서 뜨거운 열기를 발생시키는 곳이다. 구들을 데우는 연료인 나무 등을 집어 넣는 곳으로 아궁이 후렁이에 접하고 있다. 사람으로 말하자면 음식을 먹는 입과 같은 곳이다. 이곳을 통하여 불을 때는 재료를 집어 넣는다.

부뚜막: 아궁이, 아궁이 후렁이, 솥자리가 합해진 곳이다. 밥도 짓고 설거지도 할 수 있으며 이곳에 다리를 달거나 서로 연결하는 판을 올려놓으면 우리들이 지금 쓰는 싱크대의 원조가 된다. 실제로 독일에서 처음 싱크대를 개발할 때 우리 전통 부뚜막에서 그 힌트를 얻었다고 기술하고 있다.

아궁이 후렁이: 나무 등의 연료를 태우는 곳으로 안쪽 벽이 부드러운 곡선 형태의 유선형으로 되어 있어 아궁이를 통하여 들어 온 연료와 공기가 합하여 타는 곳으로 이때 생기는 열은 고개처럼 생긴 부넹기(부넘이)로 보내진다. 이곳에 밥을 짓는 가마솥이 걸리게 되며 이때 가마솥의 모양에 따라 아궁이 후렁이의 형태가 결정된다.

② 불길이 지나가고 불기운이 저장되는 곳은 부넹기와 구들개자리, 고래, 내굴길과 고래개자리, 불맞이 돌로 이루어진다.

부넘이(부넹기): 아궁이 후렁이에서 생겨난 뜨거운 열기를 구들개자리로 보내는 고개턱.

구들개자리: 빠르게 유입되는 열기를 넓게 펴고 보관하여 똑같이 열기를 골고루 펴지게 하는 곳이다. 이곳에 따뜻한 열기가 가장 오래 남아 있어 추운 겨울 날에 집에서 기르는 강아지가 여기 들어가서 잠을 자거나 쉬기 때문에 '개자리'라 이름 붙여진 것이다.

고래: 구들 개자리에서 공급된 열기를 받아서 내굴길(연기가 나가는 길)을 통해 고래개자리로 내어 보내지는 곳으로 방바닥 바로 밑 부분이다. 고래는 그 모양과 형태, 그 구조에 따라 다양한 종류가 있다.

내굴길: 고래뚝과 고래뚝 사이의 공간으로 각각의 고래를 모두 합쳐서 부르는 이름이다. 이 내굴길을 통해서 연기가 굴뚝으로 빠져나가고 방바닥의 불기운을 저장하며 아궁이에서부터 고래개자리까지 뜨거운 열기의 흐름이 조절된다.

고래개자리: 고래에서 유입된 열기가 합쳐지는 곳으로 여기서 불기운의 속도와 양이 조절된다. 남은 열은 모두 여기서 남겨지고 연기는 굴뚝을 통해 내보내지게 된다.

불맞이 돌: 불맞이 돌은 굴뚝의 맞은편 구새에 끼웠다 뺐다 하는 돌로서 구들 개자리에서 각각의 고래로 들어오는 불길의 속도와 양을 조절하는 역할을 한다.

③ 그 다음은 저장된 열기를 발산하는 곳으로 현대의 과학으로도 풀지 못하는 온도 저장의 비밀 — 슬기로운 과학의 원리가 담긴 온돌방

굄돌: 방바닥을 구성하는 구들장이 움직거리지 않고 반반하게 놓이도록 구들장 밑에 바치는 주먹크기만한 돌들을 말한다.

구들장: 굄돌 위에 올려놓은 이것이 판석을 말하는데 방바닥을 이루게 되고 또 열을 발산하는 중요한 곳이다. 불이 막 들어오는 아랫목은 두꺼운 구들장을 쓰고 아궁이에서 멀리 떨어진 윗목은 얇은 구들장을 쓴다. 그러면 자연스럽게 고래가 위쪽으로 경사지게 되어 불도 잘 들고 연기도 잘 빠져나간다.

초벌: 구들장 위에다 반죽하지 않은 마른 진흙을 깔고 발로 밟아서 다진다. 짚을 섞은 진흙반죽으로 바르기도 한다. 방바닥을 구성하는 부분이므로 평평하게 되어야 한다.

중벌: 적당히 반죽한 찰흙을 나무흙손으로 중간 바르기를 한다. 이때에는 바르고 난 후에 금이 갈 정도로 불을 때서 잘 건조시킨다. 구들이 잘 놓이면 위쪽에서부터 골고루 건조되므로 이때 확인을 잘 해야 한다.

④ 식어진 열기와 연기가 나가는 곳으로 굴뚝, 굴뚝개자리, 바람막이, 구새갓 등이 여기에 포함된다.

굴뚝: 내굴길(연기와 불길이 나가는 길)을 통해 고래개자리에 모인 연기를 굴뚝 개자리가 있는 구새로 연결해주는 땅속으로 연결된 가로둑 길이다.

굴뚝개자리: 굴뚝의 끝부분인 구새 밑 부분에 움푹 파인 곳을 말하는데 굴뚝으로 배출되는 연기의 속도를 조절하여 구새로 보낸다. 이곳의 역할은 밖에서 구새로 들어오는 찬바람을 막아주고 빗물이나

눈이 구새를 통해 굴뚝이나 고래로 들어오는 것을 막아주는 역할을
한다.

구새: 고래를 통해 굴뚝으로 들어온 연기를 마지막에 바깥으로 내보
내는 수직으로 된 통로이다. 우리나라 남쪽 지방에서는 수직으로 세
운 구새가 없이 그냥 굴뚝을 통해서 외기로 연기를 내 보내기도 했는
데 이것을 통틀어 '굴뚝'이라 불렀다. 그래서 지금 남쪽은 구새라는
말 대신에 굴뚝이라는 말을 섞어서 쓰는데 북쪽 지방에서는 굴뚝 구
새가 따로 있으므로 옆으로 가는 연기의 통로는 굴뚝이라 부르고 세
로로 가는 연기 통로를 '구새'라고 부름이 옳은 말이라고 할 수 있다.
구새는 속을 태운 통나무를 쓰거나 진흙이나 돌을 괴어서 만들었다.

바람막이: 구새 중간에 끼워서 바람을 조절하는 판으로 고래에서 나
오는 열기의 속도와 양을 조절하고 또 갑자기 밖에서 들어오는 찬바
람을 막는 역할을 한다.

구새갓: 구새꼭대기에 갓처럼 만들어 놓은 것으로 구새 속에 눈이나
비가 들어가지 않게 구새의 끝에서 막아주는 역할을 한다. 그리고 땅
에서 하늘로 돌면서 올라가는 바람인 회오리바람처럼 반대로 하늘에
서 땅으로 내리 불어오는 바람인 하늬바람을 막아 찬바람이 구들로
들어오는 것을 막아 준다. 그래서 바람을 타고 구새갓은 자연 배출기
의 역할을 한다.

(3) 구들난방의 종류와 특징

다양한 전통구들의 종류－한국은 세계에서 가장 큰 구들 백화점

불을 다루는 방법이 집의 크기나 날씨에 따라 다르기 때문에 구들은 방, 아궁이, 구들개자리, 그리고 고래의 형태에 따라 여러 종류가 있다. 방 하나에 아궁이가 하나인 것과 아궁이 하나에 방이 여러 개가 있는 것도 있고, 북쪽의 함경도처럼 아주 추운 지방에서는 아궁이가 방 안에 있기도 한다.

일반 평민이 살았던 구들과는 달리 왕이 살았던 경복궁은 집이 크고 연기가 밖으로 새어 나가지 못하도록 함실을 만들었다. 함실은 부넹기와 구들 개자리 없이 직접 함실에서 불을 때서 열기를 보급한다. 그리고 불길이 지나가는 고래의 모양에 따라서 허튼 고래구들, 곧은 고래구들, 굽은 고래구들, 부채살구들, 줄고래 구들, 되돈고래구들, 2층구들 3층구들, 아자(亞字)방구들 등 여러 가지 다양한 구들이 있다.

우리 조상의 전통온돌인 칠불사 아자방(亞字房)은 한번 불을 때면 수십여 일이나 방이 따뜻했다. 그리고 이러한 구들의 역사는 삼국시대인 고구려와 발해의 유적에도 나타난다. 참고로 경복궁의 구들은 마당 밑으로 이어져 굴뚝에 이르는 길이가 무려 100m나 된다.

구들로 하는 난방의 특징은 다음과 같다.

① 축열식(蓄熱式)이다.

서양의 난방은 벽난로처럼 열을 별로 저장하지 못한다. 그래서 벽난로의 불이 꺼지면 금방 실내가 추워진다. 그러나 우리의 전통 구들은 막대한 양의 열기를 가두어 두는 방식이다.

② 난방 장소에 땔감이 있다.

나무나 석탄 등이 불을 때는 장소에 있어서 서양식 벽난로의 경우처럼 나무나 석탄을 집 안으로 가져다 놓을 필요가 없어 간편하다.

③ 직접가열식(直接加熱式)이다.

서양의 난방방식이 복사열(輻射熱)이나 대류열로 몸과 머리는 따뜻하게 하지만 우리 민족의 전통 구들은 방바닥이 따뜻해 직접 신체를 접촉하여 따뜻하게 한다.

④ 방바닥에서 열기가 올라온다.

서양 난방기술은 사람의 옆면 또는 위쪽을 따뜻하게 하지만 구들은 방바닥에서 열기가 올라옴으로 몸의 아래쪽인 발부터 따뜻하게 한다.

⑤ 머리는 차갑게 하고 발은 따뜻하게 한다.

서양 난방은 대류로 인해 더운 공기는 천장으로 올라가고 사람이 있는 바닥은 차갑다. 그러나 우리의 전통 구들은 바닥에서 열기가 나오므로 아래쪽이 따뜻하게 되어 몸에 좋다.

⑥ 우리 몸의 온도와 비슷한 열기를 내는 방법이다.

서양 난방은 몸이 델 정도로 높은 온도의 수증기나 불 또는 뜨거운 물을 사용한다. 그러나 우리의 전통온돌은 우리 몸의 온도와 비슷한 낮은 온도로 방바닥을 데워서 우리를 따뜻하게 한다.

⑦ 하루 종일 따뜻하다.

서양 난방은 금방 식어서 그때그때 계속 난방을 해야 하는 방법이다. 그러나 전통온돌(구들)은 하루 종일 계속 방바닥을 따뜻하게 한다.

즉 아궁이, 아궁이 후렁이, 부넹기, 구들개자리, 영화석(迎火石), 고래, 역풍장(逆風障), 고래개자리 등 여러 단계에서 열기를 오랫동안 머물게 하여 밖으로 열기가 나가는 것을 최대한 막기 때문에 하루 종일 방이 따뜻할 수 있다.

두한족열(頭寒足熱) 구들방의 효능(well-being)
－과학적인 난방 방법인 온돌은 깨끗하고 위생적이며 아름답고 에너지를 절약한다(머리는 차게, 발은 따뜻하게).

우리 조상들은 온돌방에 몸을 최대한 접촉시키기 위해 좌식 생활을 주로 하였다. 그리고 난방시설이 방 안에 없으므로 산소가 충분하기에 방 안의 공기가 쾌적해지고 방을 여러 가지 용도로 이용하는 문화가 정착되어 있다. 이 좌식 생활은 여유 있는 생활을 유지하면서 한편으로는 끈기를 배우는 문화를 탄생시키게 되었다. 온돌방에서 저녁에 이불을 펴고 아침에 개는 것은 생활의 청결함과 정갈함을 제공한다.

그리고 온돌방에서 이불을 덮으면 온돌에서 올라오는 열이 이불 속에 머물게 되고 이불 속 공기가 더욱 더 따뜻해져서 이불 속은 마치 '열주머니' 같이 된다. 그리하여 온몸이 따뜻해지며 모세혈관이 팽창되므로 혈액순환이 잘 되고 땀까지 나오게 되어 매일 '자면서 목욕하는' 건강 찜질방의 효과를 보게 된다. 이처럼 피로에서 오는 몸살, 감기 등과 같은 웬만한 병은 구들방에 누워 땀을 내는 것만으로 거뜬해진다. 아궁이에 불을 지필 때 나무가 타면서 나오는 열기와 원적외선 등은 어머니의 병을 예방하는 데 큰 효능이 있고 감기 기운을 억제하는 효과도 있다. 서양의 중세시대에는 취침하는 왕을 따뜻하게 모시기 위해 그의 침대를 점차적으로 높여 천장까지 올리기도 했는데 효과를 보지 못한다. 왜냐하면 더운 실내 공기가 이불 속에 들어가지 못하기 때문이다. 또한 항상 이불을 깔아 놓는 침대 문화는 진드기 등의 서식처를 제공하게 되어 새로운 질병을 유발한다. 서양식 공기 난방은 건조하며 위가 따뜻하기 때문에 실내 환경이 감기에 걸리기 쉬운 환경이다.

(4) 구들과 민족문화

온돌과 의복문화

우리 민족은 구들방의 아랫목에서 태어나고 자라서, 일하거나 공부하거나 잠자거나 식사하거나 건강하거나 병들어도 온돌방바닥과 밀접한 생활을 한다. 또 나이가 들어 죽을 때에도 구들에서 죽고, 죽은 뒤까지도 구들에 와서 제사상을 받는다. 이와 같이 방바닥에 밀착해서 생활하다 보니 앉아서 생활하는 방식이 되었고, 이 생활에 맞는 옷으로 '품'이 넉넉한 의복을 입게 되었는데, 이 옷이 바로 우리의 전통 한복이다.

온돌과 음식문화

우리 조상들은 온 집안 식구가 매일 따뜻한 온돌방에 모여 앉아 밥을 먹는다. 따뜻한 온돌 습관 덕택으로 추운 겨울에도 찬 국수를 즐겨 먹는다. 또한 무더운 여름철 더위에도 뜨끈뜨끈한 해장국을 즐겨 먹기도 한다.

그리고 음식생활에 쓰이는 도구들의 크기도 방바닥 생활에 알맞게 팔이 닿을 수 있거나 앉을 때 팔을 들어 사용하기 편리하게끔 만들어졌다. 밥솥의 크기도 어머니들이 팔을 '휙' 뻗으면 어디나 다 닿을 수 있게 되어 있다. 시골의 맷돌도 온돌방에 앉아 혼자서도 돌리기에 알맞게 만들어졌다. 이 밖에도 물동이, 조리, 박죽, 소반, 전골상 등 모두 온돌방에 앉아 사용하기 편리하도록 되어 있다.

온돌과 민간 놀이

따뜻한 온돌방이 민간예술과 민속놀이에도 영향을 주었다. 우리 민족은 큰 명절이거나 즐거운 잔치가 있을 때마다 온돌방에 모여 앉아 음식을 나누면서 춤추고 노래하며 한바탕 즐겁게 놀곤 했다. 옛날부터 벼농사 위주로 살아온 우리 민족은 논에서 일하던 동작을 다시 온돌방으로 옮겨와서 춤으로 표현했다. 이런 노동의 동작과 율동들이 우리 온돌방에서 무용으로 발전했다. 그래서 우리 조상들의 전통 춤 동작은 이 온돌방 때문에 직선이 아니고 곡선이다. 또한 우리는 온돌방에 앉아있는 습관 탓으로 다리보다는 팔을 움직이는 경우가 많아 무엇보다도 팔의 동작이 자유자재였다. 여자의 경우에는 그 걸음걸이가 꽃구름이 흘러가듯이 가볍고 조용하며, 남자의 경우에는 간간이 다리를 들었다 놓으며 이따금 엉덩이를 슬쩍 치는 정도에 그치고 만다.

온돌과 예의범절–신을 벗는 민족–청결한 민족–조용한 민족

온돌방으로 들어갈 때에는 신을 신고 들어가지 못한다.

반드시 신발을 벗은 후 조용히 출입문을 열고 들어갔으며, 밖으로 나갈 때에도 역시 문을 조용히 여닫았는데, 이것이 우리의 예절이다. 그러므로 신발을 신은 채로 방 안에 들어가거나 문을 요란한 소리가 나게 여닫는 것은 예의에 어긋난다.

또한 집에서 따뜻한 온돌방의 아랫목은 노인이나 윗사람에게 권하여야 하고 젊은이는 윗목이나 윗방에 자리를 잡는 것이 웃어른을 존경하는 마음이다. 또 아랫목은 온 가족이 모여 앉아 집안의 화목을 다지는 필수 공간이기도 하다.

(5) 구들방 만들기

① 구들개자리 만들기

구들개자리 만들 곳에서 개자리 바닥까지 흙을 파낸 후 부넹기를 뚫어 놓는다. 구들개자리 벽을 벽돌로 쌓아 올려 흙이 완전히 굳은 후 뒤채우기를 하고 잘 다진다.

② 고래개자리 만들기

고래개자리 바닥까지 흙을 파낸다. 굴뚝 크기로 굴뚝 쪽 벽을 뚫고 고래개자리 규격에 맞게 고래개자리 벽을 벽돌로 쌓는다. 굳은 후 뒤채우기하고 잘 다진다. 바닥을 경사지게 만들고 개자리가 굳은 후 잘 다진다.

③ 고래바닥 고르기

구들개자리 벽의 위쪽과 고래개자리의 상단인 고래바닥을 가운데가 볼록한 부드러운 타원형 곡면으로 형성하면서 경사지게 잘 다진다.

④ 고래뚝 쌓기

타원형 경사 곡면에 잘 다듬어 고래간격에 맞게 고래뚝을 쌓는다. 고래뚝 위는 고임돌을 놓기 좋게 반죽한 진흙으로 편편하게 한다.

⑤ 부뚜막 굴뚝, 구새 만들기

진흙으로 벽돌을 쌓아 부뚜막과 아궁이를 만든다. 아궁이 후렁이는 안쪽이 물고기 모양으로 유선형이 되게 다듬는다. 굴뚝자리와 굴뚝개자리의 흙을 파내고 벽돌을 쌓는다. 굴뚝은 구들장으로 덮고 진흙으로 새침한다.

⑥ 불맞이돌 설치

굴뚝 끝에 있는 불맞이돌을 넣었다 꺼냈다 할 수 있게 만든다.

⑦ 말리기

사람이 밟아도 무너지지 않게 잘 건조시킨다. 진흙은 건조되면 금이 생긴다. 이때 충분히 건조시키지 않으면 나중에 방바닥에 깐 장판이 썩는다.

⑧ 구들장 덮기

구들개자리로부터 고임을 괴면서 구들장을 덮되 구들개자리 위쪽은 넓은 구들장인 이맛돌로 덮는다. 굴뚝에도 비교적 큰 구들장을 먼저 덮는다. 각각의 고래뚝 위에 고임돌을 놓으면서 아궁이 쪽부터 차례대로 구들장을 덮는다.

⑨ 새침하기

구들장을 덮을 때 구들장과 구들장 사이는 잔돌로 새침을 한다(새침돌). 구들장을 다 덮으면 '된 진흙 반죽'을 내리쳐서 구들장과 구들장, 돌과 돌 사이에 진흙이 완전히 들어가게 새침한다.

⑩ 부토(敷土)하기 또는 초벌바르기

구들장 위에 반죽하지 않은 마른 진흙을 깔고(부토) 밟아서 잘 다진다. 이때 초벌바르기는 고래바닥에서의 경사가 구들장 위에서는 없어지게, 거의 수평이 되게 해야 한다.

⑪ 중벌바르기

진흙 반죽을 '흙손(나무로 된 미장용 칼)'으로 수평을 이루도록 중벌바르기를 한다. 중벌바르기를 한 바닥이 굳어지도록 금이 갈 정도로 불을 넣어 충분히 잘 건조시킨다. 구들이 잘 놓인 것은 윗목부터 골고루 건조되므로 이때 확인할 수 있다.

⑫ 마감바르기

중벌이 잘 건조되면 마감바르기를 한다. 마감바르기에서 물이 빠지고 굳기 시작하면 '쇠손(쇠로 만든 미장용 칼)'으로 두세 번 '누름칼질'을 하여 잘 다진다. 마감바름을 두껍게 하면 표면에 금이 가므로 얇게 바르는 것이 좋다.

⑬ 표면갈기

마감바름이 잘 건조되면 사발 또는 유리병으로 표면을 갈아 부착이 덜 된 모래 또는 흙을 털어낸다. 대자리, 돗자리 등의 깔개를 깔 경우에는 털어낸 뒤에 또는 털어내지 않고 풀칠만 한 뒤에, 깔개를 깔아 바로 사용한다.

⑭ 초배지(初褙紙)바르기

바닥에 풀칠하고 마른 걸레 등으로 누르면서 초배지(初褙紙, 韓紙)를 밀착하게 잘 바른 뒤 충분히 건조시킨다. 잘 건조된 뒤에는 사발 또는 유리병 등으로 잘 갈아 표면을 매끄럽게 한다. 초배지 모서리에만 풀칠하여 초배지가 밀착되지 않게 재차(再次) 초배지를 바른다. 이때 불을 넣으면서 초배지를 바르는 것이 좋다.

⑮ 장판지바르기

장판지를 물에 담가 부드러워지게 한다. 장판지의 물을 닦아내고 '된 풀'을 발라 초배지 위에 붙인다. 이때 불을 넣으면서 장판지를 바른다.

⑯ 콩땜하기

날 콩을 물에 불린 후 찧어서 삼베자루에 넣고 오랫동안 수시로 장판을 문지른다. 콩 속의 기름이 장판지에 스며들게 하여 윤이 나게 길들인다. 구들이 덜 건조되었을 경우는 장판이 썩으므로 콩땜은 한 해 겨울이 지난 후에 하는 것이 좋다.

2.
동양과 서양의 온돌문화와
통(通)[1]문화

*김준봉
　베이징공업대학교 건축도시공학부 교수
*조병호
　영국 버밍엄대학교 Ph.D.

국제온돌학회 논문집 통권 7권, 전남대학교 (Vol.7. 2008, pp. 81~86)

1 "통(Tong)". 통째로 통(桶), 앞뒤가 관통하는 통(統)이다. 그리고 작은 통, 큰 통을 합하여 "온통"이라 하는데, 온갖 것을 담는 전체적으로 합함을 말한다.

온돌을 '통구들'이라 부른다. 이는 온돌 초기 방의 일부분만을 데우는 부분 구들 형태에서 한반도에 정착하기를 온 방 전체를 사용하는 온돌이 되었기 때문이다. 지금도 만주 지역의 만주족, 한족(漢族)은 방의 일부를 데우는 캉(炕)이라 불리는 부분 구들을 사용하고 있다. 우리 한민족은 통째로 방을 데우는 데 이는 '온통온돌'이라 할 수 있다. 이 장에서는 이 '통'에 대하여 우리 국제온돌학회 이사이자 통독 성경의 저자인 조병호 박사의 글을 빌려 정리하였다. 21세기 초두, 하루가 다르게 발전하는 과학기술문명과 교통수단, 정보산업, 인터넷을 통해 전 세계는 말 그대로 지구촌화 되어가고 있다. 동서양의 만남을 긍정 혹은 부정으로 평가하기 이전에 이미 그것은 현실이며, 점점 폭넓게 진행되고 있고, 날로 가까워지고 있다. 이러한 교류의 증대는 필연적으로 동양과 서양이 현재에 이르기까지 닦아온 문화적 토양과 그 장점을 배울 수 있는 기회의 확대로 이어졌다. 바야흐로 동양과 서양이 각자가 지닌 한계를 뛰어넘어 새로운 도약과 발전 가능성을 모색하며, 21세기를 함께 가는 동반자로 서야 할 때가 온 것이다.

21세기 동서동행(東西同行)을 위해서는 동양이 서양을, 그리고 서양이 동양을 서로 잘 이해할 필요가 있다. 그렇다면 동서양은 지난 20세기 동안 어떠한 차이를 가지게 되었는가? 여러 가지 차이점들이 있겠지만, 다른 수많은 차이점이 발생하게 된 원인이자 가장 근본적인 차이는 바로 '사고방식의 차이'일 것이다. 그렇다면 동양과 서양은 어떠한 사고방식의 차이가 있는가?

(1) 동양 '관계 중심의 종적 사회', 서양 '계약 중심의 횡적 사회'

결론부터 이야기하자면, 서양은 계약 중심의 사고방식으로 횡적 사회를 이루고 있으며 동양은 관계 중심의 사고방식으로 종적 사회를 이루고 있다.

간혹 '로빈슨 크루소'나 '늑대 소년'처럼 주변에서 돌봐주는 사람이 아무도 없이 혼자 살아왔던 사람이 뉴스에 보도되어 사람들을 놀라게 할 때가 있다. 그러한 보도를 듣고 사람들이 놀라는 이유는 사람이 혼자서 살아가는 것이 거의 불가능하다고 생각하기 때문이다. 사람은 어떻게든 다른 사람과 관계를 맺으며 살 수밖에 없다. 이때의 관계란, 사람이 독립적인 개체로 혼자서 살 수 없다는 전제 위에서, 사람과 사람이 함께 살기 위해 필연적으로 이루어지게 되는 접촉을 일반적으로 표현한 말이다. 이러한 기반 위에서 동양과 서양의 가장 특징적인 측면을 꼽으라면, '관계(Relation)'와 '계약(Covenant)'을 이야기해야 할 것이다. 사람과 사람이 서로 관계를 맺으면서 살아갈 때, 서양에서 가장 중요하게 여기는 것이 '계약(Covenant)'이요, 동양에서는 '관계(Relation)'라는 것이다. 여기서의 관계란, 공동체를 중시하는 동양의 문화적 토대 안에서 발생하는 삶의 방식으로서 계약적 문화방식과 대응되는 말이다.

역사의 흐름과 함께 동양과 서양 모두 종적 사회에서 횡적 사회로 변화해 온 경향성을 띠고 있기는 하지만, 대체로 서양의 문화적 토대가 '계약 중심의 횡적 사회'라면 동양은 '관계 중심의 종적 사회'이다. 이는 서양에서는 자아와 세계를 인식할 때 가장 중요한 단위를 개체, 즉 개인에 두고 있는 반면, 동양에서는 공동체에 두고 있기 때문이다. 따라서 서양에서는 개별적인 개체 단위가 동일하게 존중되는 횡적 사회로서의 특징을 가지고 있으며, 개체끼리의 만남에 있어 공평한 기준으로서 작용할 수 있는 계약이 중요시된다. 동양에서는 공동체의 질서가 우선시되며, 공동체 안에서 서로 어떠한 관계를 맺게 되는지가 중요하게 여겨지는 것과는 많은 차이가 있다. 동서양의 서로 다른 음식, 언어, 음악 등의 문화와 그 안에 담긴 정서의 차이는 바로 이러한 사고방식의 차이에서 비롯된다고 봐도 과언이 아니다. 이처럼 서양은 계약을 더 중요하게 여기는 시대 경영을 해온 반면, 동양은 관계를 더 중요하게 여겨 왔고, 이 차이는 매우 근원적인 것으로, 수많은 문화적 차이의 뿌리가 되었다.

(2) 동양의 '적당히'와 서양의 '분명히'

앞서 살펴본 동양과 서양의 사고방식의 차이는 인간의 사고를 표현하는 가장 기본적인 수단이자 효과적인 방식인 언어에 그대로 반영된다. 즉, 동서양이 사용하는 언어 사용방식은 각각의 사고방식을 더욱 명확히 드러낸다는 것이다.

언어 사용의 차이에 대한 예로 '분명히'와 '적당히'를 들 수 있다. 서양에서는 더욱 친밀한 교류를 위해서 '분명히' 하자고 하지만, 동양에서는 그러한 말이 더 깊은 사귐으로 나아가는 것을 오히려 막을 수도 있다. "우리에게 관련된 모든 것들을 분명하게 합시다."라고 한다면 대체로 서양에서는 교류를 잘 맺어나가자는 뜻으로 통용되고, 동양에서는 관계를 어느 일정 선에서만 유지하거나 그만두자는 뜻으로 사용되는 것이다. 거의 거래하지 말고 싸우자는 의미로 볼 수 있을 정도다. 동양에서는 "앞으로 적당히 잘합시다."라는 식의 표현이 앞으로 잘 지내자는 의미에 더 가깝다. '적당히'라는 단어가 '분명히'보다 더 깊은 관계를 유지할 수 있는 말로 통용되는 것이다. 동양은 이제 그만 "적당히 하자"고 하면 싸우기를 그치고 화합하자는 표현이다.

서양에서는 계약서를 분명하게 해서 나와 상대와의 사이를 정확하게 하려고 하며, 이러한 제안은 서로에게 앞으로 사귐을 잘 진행시키자는 뜻으로 이해된다. 서양에서는 계약할 때뿐만이 아니라 일상적인 상황에서도 'deal'이나 'done'같은 말들이 자주 쓰인다. '거래하자', '거래 성립'이라는 말이 사용된 상황이 그들에게는 서로에게 만족스러운 관계를 맺었음을 의미한다.

서양의 초·중등교육기관에서는, 학생이 입학할 때 부모에게 법적 책임을 묻는 계약에 서명할 것을 요구하는 것이 매우 자연스러운 일이다. 학교에서 학부모에게 보내는 서류는 법적 책임 소재를 분명히 하기 위해 'Parents or Guardian(부모나 법적 보호자)'이 서명해서 되돌려 보내야 하는 경우가 많다. 만일 서명한 서류가 학교에 전달되지 않아 법적 책임 소재가 불분명하게 되었을 경우, 전교생이 모두 보러가는 뮤지컬을 보러 가지 못하고, 혼자 학교에 남아 다른 선생님의 지도하에 자습을 해야 하는 경우도 있다. 그러한 상황이 발생해도 서명한 서류를 제출하지 않은 학생의 책임이라고 여겨진다. 사소한 일에서부터 정확하고 분명하게 제시된 계약이 무엇보다 우선한다는 원칙을 지키는 것이다. '분명히'라는 말로 표현되는 명확한 계약 조항 속에는 자신의 행위에 대해 결과를 책임

지는 이성적이고 합리적인 사고방식이 기반 되어 있다.

그러나 한국을 비롯한 동양에서는 부모의 서명을 받아오지 않았다는 이유만으로 그 학생 하나만을 학교에 남겨두고 가는 일은 거의 비인간적인 일로 간주될 것이다. 그 정도의 일은 서명의 유무에 따른 계약으로 처리될 일이라기보다, 그동안 맺어온 교사와 학생과의 관계성 안에서 융통성 있게 처리할 수 있는 일로 여겨지기 때문이다. 이러한 방식의 밑바탕에는 사람이라면 얼마든지 피치 못할 상황에 처해지거나 실수를 할 수도 있다는 관용과 포용의 사고방식이 들어있다. 자신의 권리를 주장하는 대신 그에 따른 의무를 이행해야 한다는 생각에 동의하지 않는 것은 아니나, 상황에 따라 조정할 수 있다는 전제가 밑바탕이 된다.

동양의 정서에서는 책임 소재가 분명해질 때까지 잘잘못을 따지는 사람에게 흔히 '적당히 하라'고들 말한다. 그쯤에서 잘못한 사람을 그만 용서해주라는 권유이다. '적당히'라는 말에 들어있는 '대충', '대강'과 유사한 의미의 역기능에 대한 평가로 인해 이 말에 담긴 정서를 부정적으로 생각하는 경우가 많다. 그러나 그러한 의미만 강조하여 '적당히'라는 말에 담긴 정서를 부정적으로 몰아갈 것이 아니다. '적당히'라는 말은 '합당히', '적절히', '적합하게'라는 의미는 물론, 더 나아가 이해와 용서의 정신이 담겨있는 말이기 때문이다. 이러한 말이 중요하게 여겨지는 배경에는 정확한 사실 여부에 종속되기보다는 관계를 중시하는 동양의 정서가 들어있다.

고대 중국에서 학문을 하던 사람들은 학문의 세계에서 어느 정도 뜻을 이루고 나면, 이곳저곳을 두루 찾아다니며 자신이 깨달은 지식을 피력하고, 사람들을 설득하는 일을 가장 중요한 일로 삼았다. 춘추전국 시대에 살았던 소진(蘇秦)이라는 사람도 학업을 마치자 여러 나라를 두루 다니며 자신의 사상을 설득했다. 진나라와 조나라, 연나라에서는 그 설득이 실패했지만, 한나라, 위나라, 제나라, 초나라에서는 소진의 학문 세계를 받아들여 그 사상을 실제 정책에 반영하였다. 이것은 동양의 '적당히'라는 말과 상당히 미묘하고도 밀접한 연관성을 보인다. 굳이 계약서를 써서 제출하는 방식이 아니라, 적당한 말로써 누군가를 설득하는 일을 통해서도 나라의 정책에까지 영향력을 미칠 수 있는 것이 동양의 정서인 것이다.

우리는 곤란한 일을 당했을 때, 만나서 잘 이야기하고 상대의 마음을 얻게 될 경우, 해결의 실마리를 얻을 수도 있다. "말 한마디로 천 냥 빚을 갚는다."라는 말이 실제로 가능성이 있는 사회다. 그러나 서양에서는 만남과 대화를 통해 적당히 어떤 문제를 해결한다는 것은 거의 불가능에 가깝다. 모든 일은 정확하게 작성된, 책임자의 서명이 들어 있는 서류로 가능하다.

이렇게 '적당히'라는 표현과 '분명히'라는 표현에는 동양과 서양의 사고방식 차이가 담겨있다. 어느 쪽이 옳고 그른다든가, 더 우월하거나 좋다든가 하는 문제가 아니라, 동양의 '적당히'와 서양의 '분명히'에는 서로 존중할 만한 매력이 있다. '분명히'에 담긴 합리적인 사고방식과 '적당히'에 담긴 포용적인 사고방식을 서로 배워나갈 때이다.

(3) 동양의 '손맛'과 서양의 '레시피'

동서양의 사고방식 차이는 언어 사용방식의 차이로 이어지고, 더 나아가 생활양식 차이로 이어진다. 인간의 생활양식 가운데 가장 중요한 요소로 꼽히는 의식주에서도 동서양은 그 차이를 뚜렷하게 보인다. 특별히 빼놓을 수 없는 문화가 '먹는 문화'의 차이, 즉 식생활에 관련된 동서양의 차이이다.

동양에서 음식을 할 때 특히 중요한 점은 바로 '간'을 잘 맞추어야 한다는 것이다. 한국에서는 모든 가족들의 입맛에 맞도록 음식의 간을 한번 조절하면, 함께 식사하는 가족 구성원 한 사람 한 사람은 별도의 간맞춤 없이 그 음식을 공통으로 먹는다. 그래서 음식의 간을 잘 맞추는 것이 바로 요리를 잘하는 중요한 비결 중 하나다. 한국에서는 대개 간을 소금으로 하기보다는 장으로 하는데, 그래서 "음식 맛은 장맛"이라는 말이 통용된다. 중국 요리 역시 탕차이, 차오차이, 자차이 등 다양한 방법으로 조리되지만, 대체로 이미 간이 다 되어서 나온다. 중국 요리에도 여러 가지 소스가 발달되어 있지만 조리 과정에서 이미 재료 위에 끼얹어 나오거나, 버무려 나오는 것이 일반적이다.

그러나 서구의 식생활은 개별화된 입맛을 존중한다. 개개인의 입맛에 따라 음식의 맛을 조절해 먹는 것이 일반적이다. 그래서 서양의 식탁 위에는 개인의 식성에 따라 간을 조절할 수 있도록 소금과 후추가 반드시 준비되어 있다. 케첩이나 마요네즈 그리고 식초 등을 준비해두는 경우도 많다. 음식의 간이 본인에게 잘 맞지 않는다는 이유로 불평할 필요 없이, 개인의 취향에 따라 음식의 간을 조절할 수 있는 것이다. 간맞춤은 물론이고, 소스도 각자가 결정할 수 있도록 여러 종류를 준비해 놓고, 취향대로 선택해서 먹는다. 예를 들어 고기와 삶은 야채 위에 끼얹어 먹는 대표적인 소스인 '그레이비(gravy)'는 쇠고기 맛, 닭고기 맛, 돼지고기 맛, 마늘 맛, 채식주의자를 위한 맛 등등의 다양한 맛으로 생산되고 있다. 그래서 단순히 그레이비를 사러 갔다가는 어떤 그레이비를 원하느냐고 묻는 가게 점원과 한참의 시간을 보내야 한다.

또한 서양 요리가 재료의 개별화를 특징으로 한다면, 동양 요리는 재료의 어울림을 특징으로 한다. 서양에서는 오븐을 사용하여 간접적으로 열을 전달하는 방식을 채택해, 식품의 맛과 향미, 색상을 살려 음식을 조리하는 경우가 많다. 그렇게 각각의 재료가 가진 특징을 살린 음식이 순서에 따라 코스로 제공된다. 반면 동양의 요리는 볶거나 튀기는 등의 조리 방식을 많이 사용함으로써, 오븐에 비해 직접적으로 가열하여 익히는 편이고, 한국 요리의 경우, 모든 요리가 한 상에 차려져 동시적으로 제공된다.

우리네 요리는 한 솥에 적당히 여러 재료를 버무리고 섞어서 찌개가 된다. 그래서 서양의 요리는 재료를 어떻게 사용했나를 잘 알 수 있지만 우리는 여러 재료가 섞여 다른 맛과 모양이 나타난다.

찌고 볶고 튀기는 요리와 한민족의 푹 고는 요리에는 많은 차이가 난다. 소꼬리와 돼지족발은 온돌을 이용해 푹 고는 방법으로 개발된 요리이다. 그래서 한식은 '탕' 요리가 발달되어 있다.

각각의 요리에도 서양 요리에는 개별화라는 특징이 잘 드러나고, 동양 요리에는 어울림의 특징이 그대로 나타난다. 예를 들어 서양의 대표적인 음식인 스테이크에는 고기 그 자체가 주(主)로 들어가 있고 거기에 약간의 소스가 곁들여지는 정도이지만, 동양의 고기 요리는 다른 부식 재료와 함께 양념하여 익혀내는 방식을 취한다. 또한 서양 요리에서의 소스는 취향에 따라 취사선택이 자유로운 부차적인 요소로 여겨지는 것에 비해, 동양 요리에서는 고기를 주(主)로 하고 소스를 얹어내는 요리의 경우에도, 소스가 없으면 요리를 미완성으로 볼 정도로 소스를 주(主)요리에 어울려야 하는 필수 요소로 여기는 경우가 많다.

조리 방법을 보아도 서양의 스테이크는 고기의 익힘 정도도 각자의 입맛에 맞게 'rare', 'medium', 'well—done' 등으로 나누고 개별적인 조리를 하지만, 한국의 탕(湯)이나 중국의 탕차이(湯菜)는 하나의 큰 솥에 공동으로 끓여 공동체가 같은 맛으로 함께 먹는 것을 골자로 한다.

하나의 탕을 만들기 위해서는 여러 가지 재료들을 커다란 솥에 한꺼번에 집어넣고 불 위에서 가열한다. 일정 가열 시간이 지나면 솥에 들어간 음식 재료들의 맛이 국물로 우러나는데, 그 국물을 먹는 것이 바로 탕(湯) 문화이다. 탕 안에는 여러 가지 음식 재료들이 들어가는데도, 국물 안에는 재료들의 맛이 조화롭게 어우러진다.

한국 요리에서 탕(湯)은 밥, 반찬과 함께 상차림의 기본 요소로 꼽히는 음식으로, 그 안에는 재료 간의 어울림이 살아 있다. 탕(湯) 요리는 들어가는 재료에 따라 종류가 매우 다양하기 때문에 한국인이라면 탕(湯)이라는 이름으로 푹 고아낸 음식 중 한두 가지쯤은 즐겨 먹는다고 봐도 과언이 아니다. 우리 민족은 익히고 우려낸 음식, 바로 이 탕(湯) 요리를 좋아하는 민족이며, 그래서 탕(湯)의 문화, 그것이 우리 민족의 음식 문화라고 말해도 큰 무리가 없을 것이다. 이처럼 동양과 서양이 각자 보유하고 있는 요리 및 음식 문화는 다르다. 그런데 최근에는 이러한 음식 문화의 차이에도 불구하고 동양의 음식이 서양에서, 서양의 음식이 동양에서 널리 유통된다. 예를 들면 요즘에는 세계 어디에서나 중국 음식점이 없는 곳이 없다. 영국의 시골 마을까지도 집에 가져가서 먹는 '테이크 어웨이(take away)' 중국 음식점이 있다. 심지어 아프리카 난민들을 위해 구호물자를 나누어 주는 곳에까지도 테이크 어웨이 중국 음식점이 들어가 있다. 서양인들이 음식에 대해 가지고 있는 생각을 중국 사람들이 정확하게 읽어냈고, 그들의 손맛을 레시피로 바꾸었기에 가능했던 일이다.

이러한 움직임은 더욱 활발해지고 있는 추세로, 동양의 많은 아이들은 서양의 레시피로 요리되는 피자나 스파게티 그리고 햄버거를 좋아하고, 서양 사람들 중에는 우리의 불고기와 김치를 좋아하는 사람들이 늘고 있다. 음식의 교류가 빈번히 일어나고 있는 가운데 서양 사람들은 불고기와 김치의 레시피를 요구하고, 동양의 한 나라인 한국은 피자와 스파게티에 우리네 손맛을 더해 불고기버거와 김치버거를 만들고 있다. 동서양 각자가 가진 음식 문화 안에서 서로의 좋은 것들을 수용하고 발전시켜가고 있는 것이다.

(4) 동양과 서양, 동반자로 서다

앞서 살펴본 것처럼 동양과 서양은 사고방식이 다른 것은 물론이요, 그에서 비롯한 문화 및 정서, 일처리 방식도 상당히 다르다. 그렇지만 이제 둘 중에서 어느 것이 더 우월한가를 따지려는 것은 시대착오적인 발상이며, 동양과 서양의 문화가 다름을 인식하고, 그러한 기반 위에 각각의 문화에는 장점과 더불어 한계가 있음을 인식해야 한다. 다름과 차이는 시비(是非)의 원인이 아니라 존중의 이유로서, 서로 다르기 때문에 상호 보완적인 역할을 수행할 수 있음은 주지의 사실이다.

이렇게 동양의 관계 정신과 서양의 계약 정신, 그 한쪽의 일방향 통행만으로는 완전하지 않다. 관계와 계약 정신이 통(通)했을 때, 동양과 서양이 동반자로 섰을 때, 서로의 부족함을 메우고 보다 더 아름답고 인간다운 삶으로 나아갈 수 있다. 극단으로 보이는 이 두 가지는 둘 중 어느 하나를 선택해야만 하는 것이 아니라, 그 둘 다 균형적으로 필요한 요소인 것이다. 이는 양측이 중간적 입장에서 수렴되어 동일화되는 것과는 다르다. 각각이 가진 장점과 한계를 인정하고, 장점은 살려나가되 한계를 극복하는 방법으로써 상대에게서 본받아야 할 점을 취해 자기 발전을 꾀해야 하는 것이다.

서로가 가진 장점, 그리고 한계를 각각 인정하고 서로의 부족한 부분들을 긍정적으로 받아들이는 동서양의 교류가 원만하게 이루어진다면, 보다 밝은 21세기, 인간이 본연의 창조 목적대로 인간답게 살아가는 지구촌 사회로 만들어가는 데에 튼튼한 징검다리가 놓이게 될 것이다.

이러한 바탕에서 우리의 좌식 문화인 온돌도 서양의 입식 문화인 가구와 다양한 접목을 할 때가 되었다. 침대와 의자에도 온돌을 설치하는 방법을 고안해보는 것도 고려해 봄직하다. 온돌침대, 숯침대를 이제는 우리의 온돌문화 가운데서 서양의 입식 문화를 접목하여 전통을 계승하고 발전시켜야 한다. 우리가 어물어물하는 사이 서양에서 먼저 온돌을 표준화하고 그들의 문화에 온돌을 도입하고 나면 온돌 종주국 대한민국의 위상은 사라지고 말 것이기 때문이다.

3.

건축평면 변화 과정을 통한
온돌의 변천 고찰

- 건축 양식의 유입과
생활문화의 상호관계를 중심으로 -

*김준봉
　베이징공업대학교 건축도시공학부 교수
*강인호
　한남대학교 건축학부 교수

국제온돌학회 논문집 통권 3권, 중국 연변대학교 (Vol.3, 2004, pp. 91~104)

(1) 문화의 유입과 조정

특정한 문화가 다른 문화권으로 유입되어 들어가는 경우, 유입된 문화가 기존의 문화를 대체하는 경우는 거의 없다. 둘은 서로 융합하여 변용되기도 하며, 기존의 문화적 특성에 수용되기도 한다. 이 경우 두 문화의 만남은 갈등일 수도 있고, 서로 상승작용을 일으키기도 하며, 그 결과 양자의 어느 쪽도 아닌 새로운 문화적 특성이 나타나기도 한다. 한국의 경우에는 1910년부터 1945년에 이르기까지 일본에 의한 강점기를 거치면서 급격하게 일본 문화와 일본을 통해 변용된 형태의 서구 문화가 유입되기 시작하였고, 그 이전에는 부분적으로 서양 선교사들을 중심으로 서양 문화가 소개되기도 하였다. 또한 1953년에 끝난 한국전쟁 이후에는 미군에 의한 3년간의 군정과 이후 미국을 중심으로 하는 서양 문화가 본격적으로 유입되어 단기간에 급격한 변화의 과정을 거치게 되었다는 특징을 가지고 있다.

이러한 경우 건축양식은 필연적으로 함께 유입되어 한국에는 1910년 이후 일본인들에 의해 일본식 주택이 지어지기 시작하였고, 한국전쟁 이후에는 서양식 주택이 본격적으로 건설되기 시작하였다. 따라서 한국에서는 지난 시기 일식 주택, 서양식 주택, 한국의 전통주택이 복합하고, 상호작용을 해 왔다고 할 수 있다.

주택은 특히 다른 어떤 건축물보다 문화적 토양을 전제로 하여 성립하는 경향이 강하다는 점을 생각한다면 외국의 주택형식이 단기간에 급속하게 유입되고, 그에 상응하는 생활문화는 여전히 고유한 특성을 유지하는 경우 양자 간에는 갈등과 복합이 이루어지게 마련이다. 주택양식은 공간의 구성, 형식, 또는 재료 등의 문제로 볼 수 없으며, 그 속에서 이루어지는 생활의 특성을 함께 생각하지 않을 수 없다. 더구나 인간의 생활에 필수적인 의식주와 관련한 문화는 다른 유형의 문화적 특성과 접할 때 상대적인 견고성을 지닌다. 이 중 가장 견고함이 낮은 것은 의생활이다. 한국의 경우 이제 더 이상 일상생활에서 한복을 입는 경우는 매우 드물며, 명절 때만 입는 옷이 되어버린 지 오래다. 이는 일본의 기모노 역시 동일한 현상을 가지고 있다. 물론 한국에서는 최근 전통적인 한복과 서양식 의복의 활동성을 복합하여 개량한복이라는 새로운 형식의 옷들을 입기도 한다. 이러한 개량한복은 전통적인 한복도, 서양식 의복도 아니며, 전혀 새로운 형식의 것으로 서양 의복과 한국의 전통 의복이 복합된 형식이라 할 수 있다. 그러나 대부분의 한국인들은 서양식 양복을 입고 지내는 것이 보통이다. 이는 일본도, 중국도 동일하다고 보여 진다. 3가지 중 가장 견고함이 강한 것은 식생활이다. 한국인은 서양식 음식이 아무리 범람하여도 여전히 김치와 된장, 고추장 등 전통적인 음식을 즐겨 먹는다. 외국의 경우 한국인이 몇 백 명 정도 모여 사는 곳이라도 한국 식품점이 대부분 들어서 있다. 심지어 햄버거의 경우 한국에는 김치 햄버거, 불고기 햄버거 등이 있다. 이들 3가지 중에서 중간적 견고함을 가지고 있는 것은 주생활이다. 한국의 주택에서는 이제 상당수가 입식 생활에서 발생한 침대나 소파, 식탁을 사용하고 있지만, 여전히 집안에서는 신발을 벗고 생활하며, 외국에서 사는 한국인들 대부분이 서양식 주택에서 살더라도 신발을 벗고 생활하고 있다. 일본의 경우에도 서양식 주택이나 아파트에서도 방 하나 정도는 전통적인 침실인 다다미방을 구성하는 경우가 많다. 따라서 주거문화는 두 문화가 만났을 때 복합적인 형태를 가지게 될 가능성이 가장 높다고 할 수 있다.

이 중 온돌은 그러한 경향을 가장 극명하게 보여주는 대표적인 것이라 할 수 있다. 온돌과 관련하여 서양식 주택의 유입과 시행착오, 전통적인 생활문화와의 갈등, 조정의 과정이 극명하게 나타나기 때문이다. 본 글에서는 온돌을 통하여 서로 다른 건축양식이 만날 때 물리적 요소로서 뿐 아니라 생활 문화와의 대응 관계 속에서 어떻게 갈등하고 조정되며, 나름의 정착 과정을 거치게 되는지를 살펴보고, 이를 통하여 온돌이 대단히 견고한 문화적 특성으로서 단순한 난방의 한 가지 방식으로서 만이 아니라 생활 문화적 요소의 하나라는 점을 제시하려는 것이다.

(2) 서구주택의 유입과 기거양식(起居樣式)

1) 좌식 생활, 입식 생활, 주택의 구성

한국은 전통적으로 좌식 생활의 전통을 가지고 있다. 아시아권에서는 일본과 한국이 대표적인 좌식 생활문화를 가지고 있는 나라이다. 이는 한국의 온돌이 중국의 캉과 달리 방 전체를 난방하는 방식의 온돌을 가지고 있는 이유에 근거한다. 입식 생활에서는 취침공간을 중심으로 바닥을 난방하면 충분하지만 좌식 생활에서는 신발을 벗고 방에 앉아 생활하는 형식을 가지고 있으므로 특정한 부위만을 온돌 난방하는 방식은 적당치 않다. 따라서 역으로 생각하면 침대나 소파, 식탁 등을 일반적으로 사용하는 최근의 한국 주택에서는 온돌 난방이 적절치 않은 난방방식일 수 있다는 가정을 해 볼 수도 있다.

실제로 한국에서는 아파트가 본격적으로 건설되기 시작하였던 1960년대 초반 이후 온돌과 기거양식 상호 간에 여러 가지 시행착오와 갈등이 있어 왔다. 이는 기거양식 측면에서는 서구식 기거양식인 입식 생활을 전제로 한 침대, 소파, 식탁 등의 입식가구를 사용하는 것이 보편화되어 있고, 좌식 생활에 적합한 온돌과 입식 생활을 전제로 하는 입식 가구가 공존하고 있어서 기거양식과 관련한 계획원리 측면에서 일견 혼란한 양상으로 보이기도 한다. 그러나 이는 다른 측면에서 본다면 혼란은 계획가들이 실제 생활과 유리된 개념상의 혼란일 뿐 실제 생활에서 비롯된 혼란이라 보기는 어렵다. 서양식 아파트와 전통적인 난방방식인 온돌, 그리고 초기 계획가(서양식 교육을 받은)들의 개념들이 상호 작용하는 과정을 살펴보기로 한다.

2) 서양주택의 유입과 좌식 생활방식에 대한 초기의 인식

초기에는 좌식 생활과 입식 생활이 서로 다른 생활의 특성으로 인식되기 보다는 좌식 생활은 구래(舊來)의 고답적인 방식이고 입식 생활이 합리적이고 근대적인 생활방식이라는 인식이 나타난다. 우리의 전통적인 생활양식을 초기 아파트 건설 시기에 어떻게 받아들이고 있었는지를 잘 보여주는 다음의 글을 읽어보자.

〈그림 1〉 마포 아파트(1962)

　　오늘 이처럼 웅장하고 모든 최신 시설을 갖춘 마포 아파트의 준공식에 임하여 본인은 수도 서울의 발전과 이 나라 건설 업계의 전도를 충심으로 경하하여 마지 않습니다. 도시(都是) 5·16 혁명은 우리 한국 국민도 선진국의 국민처럼 잘 살아 보겠다는 데 그 궁극적인 목적이 있었던 것입니다……(중략)…… 이제까지 우리나라 의식주 생활은 너무나도 비경제적이고 비합리적인 면이 많았음은 세인이 주지하는 바입니다. 여기에서 생활 혁명이 절실히 요청되는 소이가 있으며 현대적 시설을 완전히 갖춘 마포 아파트의 준공은 이러한 생활혁명을 가져오는 한 계기가……(중략)…… 즉 우리나라 구래의 고식적이고 봉건적인 생활양식에서 탈피하여 현대적인 집단공동생활양식을 취함으로써 경제적인 면으로나 시간적인 면으로 다대한 절감을 가져와……(중략)…… 더욱이 인구의 과도한 도시 집중화는 주택난과 더불어 택지 가격의 앙등을 초래하는 것이 오늘의 필연적인 추세인 만큼 이의 해결을 위해선 앞으로 공간을 이용하는 이러한 고층 아파트 주택의 건립이 절대적으로 요청되는 바입니다. 이러한 시대적 요청에 각광을 받고 건립된 본 아파트가 장차 입주자들의 낙원을 이룸으로써 혁명 한국의 한 상징이 되기를 빌어마지 않으며……

(대한주택공사 20년사)

우리나라 최초의 단지식 아파트인 마포 아파트 준공식에서 행한 박정희의 축사 중 일부이다. 우리의 전통적인 생활방식은 봉건적이고, 비합리적이며, 빨리 버려야 할 것으로 인식하고 있다는 것을 잘 알 수 있다. 이러한 인식은 당시 5·16 쿠데타가 발생하고 나서 공식 정부가 수립되기 이전의 국가재건최고회의의장으로서 행한 연설이니 당시의 정치적 의도가 담겨 있다고 하는 점을 감안하더라도 이후 이루어진 일련의 주택 계획에서 전문가들의 계획 의도를 읽어보면 당시에 전문가들도 이러한 인식에서 그리 자유롭지 않았다는 것을 잘 보여준다.

> "마포 아파트의 평면설계 또한 참신했다. 몇 백 년의 전통을 지켜오던 좌식 생활을 입식으로 전환시킬 계획이었던 것이다…… 방을 제외한 부엌, 변소, 복도, 계단, 욕실 등의 바닥이 모두 인조석 갈기였고, 벽과 천장은 모두 회반죽……"
>
> (대한주택공사 20년사, 360쪽)

마포 아파트 이후 대규모 아파트 개발을 이어 나간 서울의 한강 아파트에 대하여 이를 시행한 대한주택공사는 이 아파트 단지에 대하여 다음과 같이 서술하고 있다.

> 한강 맨션의 평면설계는 여러 가지 면에서 특이했다. 첫째 한국 최초의 완전 입식을 대담하게 기획했다는 점이다. 이것은 중앙식 온수난방으로 되어 있었기 때문에 설계진은 거기에 맞추어 입주자의 생활을 현대식으로 변화시키려고 의도했던 것이다. 그래서 한강 맨션에는 온돌방이 전혀 없었고, 모든 공간이 입식으로 되어 있었다. 이 참신한 설계는 젊은 층에는 받아들여졌으나 전체적으로는 시기상조의 기획이라는 반박을 받았으며, 특히 노인층의 반대가 심했다.
>
> (대한주택공사 20년사, 369쪽)

위의 서술을 자세히 살펴보면 좌식 생활에서 입식 생활로 전환해 나가는 것은 일종의 발전이라는 인식이 깔려 있고, 빨리 입식 생활로 전환해 나가는 것이 보다 근대적인 생활양식을 실현하는 방법이라는 의식이 전제되어 있음을 알 수 있다.

이는 곧 "아파트=서양주택=서구식 생활양식=입식 생활=합리적, 근대적 생활양식=우리가 앞으로 추구해야 할 것=우리의 전통적인 생활양식을 빨리 버려야 할 것"이라는 일련의 등식관계 속에서의 이해 방법이라 할 수 있다. 즉 당시의 우리 생활양식과 유입된 주택과 그 속에 전제된 생활양식에 대한 이해 방법에서 전제되는 것은 '대체'의 개념이며, 이를 '발전'이라는 개념으로 이해하고 있다는 것을 알 수 있다. 이러한 인식의 결과는 기존의 생활양식에 기반하여 서구에서 유입된 새로운 주택 유형을 어떤 방식으로 융합할 것인가에 대한 고민보다는 기존의 것을 '타파'하고 서구의 주택으로 '대체'하려는 것으로 나타난다. 우리의 생활양식에 대한 진지한 탐구보다 이를 없애고 새로운 것으로 '대체'하려는 발상은 곧 일상생활문화가 다른 것으로 인위적으로 대체될 수 있다는 전제 없이는 성립하기 어려운 발상이다. 그리고 이를 개혁이나 혁명으로 간주하고 있다.

정말로 생활양식은 인위적으로 일시에 대체될 수 있는가?

또는 생활양식, 또는 생활문화라는 것은 본질적으로 우열의 문제로 파악할 수 있는 것인가?

새로운 문화가 유입되는 경우 기존의 문화를 완전히 대체하는 것은 가능한가?

(3) 온돌난방의 수용 과정

1) 아파트에서의 온돌 제거

위와 같은 인식에 근거하여 초기의 아파트에서는 온돌방이 없는 아파트가 시도된다. 입식 생활과 온돌난방은 공존할 수 없는 방식이라는 인식이 전제되어 있는 것이다. 입식이라면 당연히 라디에이터 방식이어야 한다는 것, 그래서 입식 생활이 전제되는 경우에 온돌방은 적합하지 않은 난방방식이라는 인식이 기본적으로 깔려 있다.

위의 두 아파트는 모두 온돌방이 없는 방식으로 되어 있다. 마루방이 기본적으로 구성되고 난방은 스팀 라디에이터 방식을 채용하고 있다. 입식 생활을 전제하고 있는 이 아파트에서 입식에는 온돌방식이 맞지 않는 난방방식이라는 인식이 있었으므로 오늘날 생각하기에는 전혀 수용 가능성이 없는 주택 구성 방법을 시도하고 있다.

오늘날의 관점에서 보면 아파트가 서구에서 유입된 주택이기는 하지만 온돌의 구성이 당연하게 여겨지는 바와 같이 이러한 방식은 곧 사라지게 된다. 이는 전문가들의 계획에 대한 인식의 변화로부터 비롯되기보다는 일반대중으로부터 변화의 요구가 있었다는 점에서 중요한 의미를 갖는다. 마루방이나 라디에이터 방식이 초기에 시도되다가 사라지게 되는 것은 일반대중에게 수용되지 않았기 때문이다. 온돌의 경우는 앞에서 우리가 살펴 본 거실의 위치 문제와 마찬가지로 초기에 일부의 시도와 기존의 생활방식과의 갈등, 시행착오를 거쳐 우리의 생활에 적합한 방식으로 정리되어 가는 모습을 보여준다.

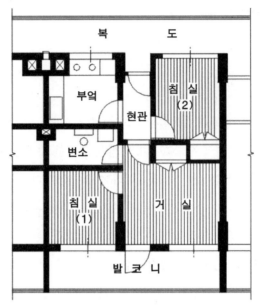

〈그림 2〉 마포 아파트

〈그림 3〉 한강 아파트

2) 침실에 국한된 온돌난방방식 채용

온돌방식은 이후 60년대 중후반 동안 온돌과 입식을 전제로 하는 라디에이터 방식이 혼재하고 갈등하다가 전면적으로 온돌방식을 채용하는 방향을 택하게 된다.

다음의 두 글을 읽어 보자.

> 마포구 도화동에 자리 잡은 마포 아파트는 최초의 아파트 단지로 성공한 예. 여기에는 어린이 놀이터, 각종 점포, 양장점, 미장원, 이발소까지 갖추고 있어 일상 생활에 불편이 없다……(중략)…… 집집마다 연탄으로 물을 끓여 사용하는 스팀 방식이 불편하고 바닥이 모두 마룻바닥이기 때문에 한국인의 생활 방식에는 좀 불편하다.
>
> (경향신문, 1967년 1월 29일 자)

> 이 해(1965년을 의미) 공사(公社)는 서울 시내 숭인동에 동대문 아파트 131호, 홍제동에 홍제 아파트 81호, 돈암동에 돈암 아파트 90호 등 소형 아파트를 지었는데, 아 아파트의 특징은 ① 온돌방과 부엌, 변소 등을 필수면적으로 하여 면적을 극소화한 점 ② 마루방을 폐지하고 온돌화한 점 ③ 변소를 개인용 반수세식으로 한 점 ④ 마루 또는 다용도실을 둔 점……
>
> (대한주택공사 20년사)

두 글을 읽어 보면 전문가 집단에서의 인식과 일반 대중의 수용 사이에 생기는 간격을 읽을 수 있고, 일반 대중의 생활 방식과 합치하지 않는 주거 공간의 계획은 결국 수용되기 어렵다는 것을 보여준다. 입식을 지향하면서 온돌방을 두지 않았던 한강 맨션이 1969~1970년 사이에 이루어진 것이므로 이전의 1965년에 마루방을 폐지하고 모두 온돌방으로 하였다는 서술과 비교하면 1960년대 후반까지 입식과 좌식, 그리고 이를 둘러싼 온돌방, 라디에이터 난방방식 등이 혼재하면서 갈등을 일으킨 시기였다고 할 수 있다. 이후 이러한 갈등은 1970년대 들어서면서 전면적으로 온돌난방이 일반화하는 방식으로 이전해 나간다.

3) 거실의 생활양식에 대한 해석과 온돌난방

온돌난방방식과 라디에이터 난방방식 간의 이러한 갈등은 아파트 도입기인 60, 70년대 초를 지나면서부터는 온돌난방방식의 일반화라는 형태로 정리된다. 민간 업체들의 아파트 건설이 본격화되는 1970년대 중반부터는 난방 연료나 중앙난방방식 여부에 관계없이 거의 모든 아파트들의 침실은 온돌난방방식으로 계획되게 된다.

그러나 온돌난방방식과 라디에이터 난방방식은 침실 이외의 공간, 즉 거실 및 부엌 공간의 난방방식을 둘러싸고 또 한 차례의 갈등을 거치게 된다. 1970년대에 건설된 민간 아파트들은 침실을 모두 온돌방으로 계획하였지만 거실 및 식사실 공간에서는 대부분 라디에이터 난방방식을 채용하였다.

침실 공간에 비해 거실 및 식사실 공간에서 온돌난방방식의 도입이 늦어진 데에는 한국인들이 가지고 있던 거실 공간에 대한 관념이 주된 요인으로 작용한 것으로 해석된다. 즉, 거실 공간을 서구적인 입식 생활의 중심 공간으로 간주하면서 온돌난방 보다는 서구식의 라디에이터 난방이 어울리는 공간이라는 인식이 작용하였던 것이다. 70, 80년대에 거실에 소파 세트 및 벽면 장식장을 갖추는 것이 유행하였다는 사실은 이를 반증한다고 할 수 있다. 또한 당시 거실 바닥 재료는 으레 목재를 사용하였다는 것도 온돌난방의 채용을 제약하는 요인이었을 것으로 보이는데, 이에는 거실공간을 서구식의 리빙룸(living room)으로 인식하는 관념과 우리나라 재래의 마루 공간으로 인식하는 관념이 혼재하면서 작용하였다고 해석할 수 있다.

다음의 두 그림은 1970년대에 지어진 아파트로서 침실은 모두 온돌을 사용하고 있지만, 거실은 라디에이터 방식을 채용하고 있는 사례이다. 이렇게 초기에 모든 공간을 입식 생활을 전제하고 이에 부합하는 방식은 라디에이터 방식이라고 전제한 계획 방식이 실패하고 전면적으로 침실을 온돌로 전환한 데 비하여 거실은 계속 라디에이터 방식을 고수하고 있고, 이러한 기조는 1980년대 중반까지 이어진다.

〈그림 4〉 한강삼익청탑(1976) 〈그림 5〉 신반포 대림(1979)

4) 거실 및 식사실의 온돌 채용

1980년대 중반을 지나면서 한국의 아파트는 전면적으로 거실은 물론 식사실까지 온돌방식으로 전환한다. 이제는 침실은 물론, 거실과 식사실, 주방까지 모두 온돌난방으로 전환하는 것이다. 이제 한국의 아파트는 실내 공간에는 욕실과 현관을 제외하고는 모든 공간이 온돌난방을 하는 것이 일반화되어 있다. 이러한 변화는 특별한 계기에 의했다기보다는 점진적으로 자연스럽게 이루어진 것이었다. 즉, 라디에이터 난방방식의 거실공간에 대한 거주자들의 불만, 특히 겨울철에 바닥이 차가워서 불편하다는 불만이 표출되면서 거실에도 온돌난방을 채용하는 사례가 확산됨에 따른 것이었다.

그간 침대, 소파, 식탁 등 입식 생활에 사용되는 가구의 비율은 상당히 증가하였고, 주방 역시 싱크대를 거의 모든 주택에서 사용하고 있다. 적어도 주택 내의 가구 시스템은 서양식의 입식 가구가 거의 다 수용되어 있지만 온돌난방이 이루어지는 공간은 오히려 확대되어 온 것이다.

결국 아파트 도입 초기에 "근대화된 주거 형식인 아파트라는 주거 공간 내에서는 서구적인 입식 생활이 적합하며 이는 전통적인 난방방식인 온돌방식과 공존할 수 없다"는 계획자들의 인식에 의해서 라디에이터 난방방식이 채택되었으나, 실제로는 그러한 계획의 논리가 거주자들에 의해 받아들여지지 않은 채 아파트 내에서도 전통적인 기거 양식인 좌식 생활양식이 유지되면서 난방방식 역시 그러한 생활양식에 적합한 온돌난방방식으로 변화, 정착되어 온 것이다. 이러한 과정은 서양에서 유입된 주거형식을 계획하면서 가장 기본적으로 전제하여야 할 기거양식에 대하여 좌식인가, 입식인가의 갈등을 일으키면서 온돌방 문제를 중심으로 시행착오를 가져오는 요인으로 작용하였지만, 일반대중의 수용 여부를 중심으로 스스로 정리되어 전통적인 생활양식이 구축되고 유지되어 갔던 것이다.

(4) 결론

1960년대 초반 한국에서 아파트 도입 초기에 온돌이 전면적으로 배제되었던 시기로부터 1980년 중반에 이르러 침실은 물론 거실, 식사실, 주방에 이르기까지 온돌이 전면적으로 확대되어 온 과정은 설계자들의 의도나 인위적인 노력에 의한 것이 아니라 일반 대중이 이를 수용해 나가는 자연스러운 과정을 거친 결과이다. 그리고 아파트는 분명히 서양 주거형식이고, 내부에도 소파, 침대, 식탁, 싱크대 등 서양식 가구가 전면적으로 수용되고 있지만, 온돌은 여러 가지 변화과정을 거치면서 확대되어 이들과 병존한다. 아파트 도입 초기에 서양식 주택은 서양식 생활양식이 전제된다는 오해로부터 비롯된 온돌의 배제는 점차 일반인들의 수용 과정을 거치면서 전면적으로 확대되어 나갔다. 이는 곧 문화는 대체되지 않으며 서로 갈등하고 조정하며, 나름의 정착 과정을 거친다는 것을 보여주는 것이며, 온돌을 단순한 난방방식으로서가 아니라 주거를 구성하는 하나의 문화적 요소로 보아야 한다는 것을 보여주는 것이다.

우리 온돌의 역사,
독창성, 과학성

4.

한반도 남부 지역의 고대 주거지
난방시설에 관한 고찰

*김동열
  전남대학교 대학원 건축공학과 석사과정
*정민호
  전남대학교 대학원 문화재학협동과정 박사과정
*천득염
  전남대학교 건축학부 교수
*유우상
  전남대학교 건축학부 교수

국제온돌학회 논문집 통권 7권, 전남대학교 (Vol.7, 2008, pp. 123~131)

(1) 서론

1) 연구의 배경

인류는 불을 이용함으로써 추위를 이겨내고 寒帶地域까지 생활권의 범위를 확대시킬 수 있게 되었으며, 다양한 자원을 식량으로 이용할 수 있게 되었다. 또한 불을 이용하여 보다 정교하고 강한 도구 이를테면, 토기와 철기 그리고 청동기를 만들 수 있게 되었다. 즉 인간의 생활에 있어서 필수적이었던 불을 관리하는 능력 또한 발전하게 되었다.[1]

고대 한반도는 사계절이 뚜렷하여 겨울철에는 대륙성 기후, 여름철에는 해양성 기후의 영향권 안에 있었고 이런 기후에서 난방시설은 추운 겨울에 보다 쾌적한 환경을 만들어 주었고, 음식을 조리할 수 있는 공간을 만들어 인간의 생명 연장에 큰 공헌을 하였다. 또한 난방시설은 시간이 흐르고 문화가 발전하면서 그 모습과 기능이 다양화되고 정교화 되었다. 다시 말해서 인류는 난방시설의 기능을 효율적이고 극대화시킬 수 있는 방향으로 발전시켜왔다.

본 연구에서는 인간의 삶에서 없어서는 안 되었던 난방시설 중 고대 주거난방시설의 형식과 축조 방법을 살펴보고자 한다. 또한 난방시설이 주거지 공간에 미치는 영향에 대해서도 고찰하고자 한다.

---

1 이민석, 2002, 「한국 상고시대의 노시설 연구」, 전북대학교 대학원 석사학위논문.

2) 연구의 범위와 방법

본 연구의 시간적 범위는 선사시대부터 삼국시대까지이며, 공간적 범위는 현재의 남한 지역으로 그 중 주거지에 축조된 화덕, 부뚜막, 구들을 중심으로 하고자 한다. 일차적으로 지금까지 발굴 기관에 의해서 편찬된 150개소의 보고서를 중심으로 고찰하였다.

고대 난방시설의 근원은 노지이다. 그러나 본 연구에서는 인공적인 시설이 부족한 상태로 불을 피운 흔적이라 판단되어 노지를 제외한 화덕, 부뚜막, 구들에 한정하여 조사하였다. 또한 위 유구를 볼 수 있는 유적지를 조사하기 위해서 현재까지 발간된 주거지 발굴 보고서 150편을 수집하여 분석하였다. 이들 보고서 중에서 화덕유구는 7개 지역, 부뚜막 유구는 13개 지역, 구들유구는 11개 지역에서 발굴 조사되었다.

본 연구에서 유구분석방법은 1차적으로 난방시설의 배치, 평면, 입면을 조사하고, 2차적으로 축조 재료, 축조 방법, 접착 재료 등을 조사하였다.

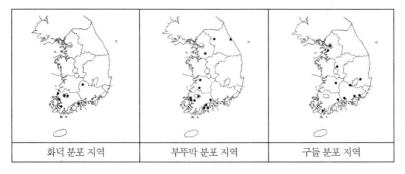

| 화덕 분포 지역 | 부뚜막 분포 지역 | 구들 분포 지역 |

〈그림 1〉 화덕, 부뚜막, 구들 유구 분포도

(2) 화덕 난방시설의 특징, 형식, 구조

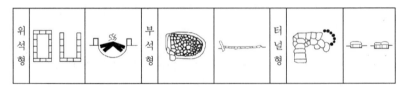

〈그림 2〉 화덕의 유형 모식도(참고: 이민석, 「한국 상고시대의 노시설 연구」)

〈표 1〉 주거지 내 화덕 유구의 배치

보고서	지역	시대	유구 위치								
			E	W	S	SE	SW	N	NE	NW	C
광주 향등 유적	광주광역시	삼국	3			4		9			
대지리주거지 II	경남	삼국(가야)		4							
무안 양장리 유적	전남	삼국	3	5				8		1	
여수 고락산성 II	전남	철기						1			
영광 군동 유적	전남	철기	3					2			
영암 선황리 유적	전남	철기-삼국	1	10	1			3			2
광주 오룡동 유적	전남	원삼국			2			4			

화덕의 형태는 일반적으로 터널형, 부석형, 위석형, 무시설형 등으로 나누어진다. 터널형과 부석형은 철기시대 전기에 들어와 새로이 만들어 지는 형태이고 위석형, 무시설형은 청동기시대 이래의 전통으로 파악된 다.[2] 화덕의 기능은 주거 내의 보온, 취사를 위하여 필수적인 시설일 뿐만 아니라, 실내조명의 역할도 함께 하였다.[3] 또한 화덕이란 화로·풍로

---

2 한영희, 「주거생활-철기시대-」, 『한국사론』13, 국사편찬위원회, 1998.
3 최성락, 「철기시대 주거지를 통해 본 사회상」, 『동아시아 철기문화-주거 및 고분을 통해본 정치·사회상』, 문화재관리국 문화재연구소, 1998.

등을 총칭하는 것으로 음식물을 익히고, 흙을 빚어 그릇을 만들거나 방
추차 등을 제작하여 말리거나 굽는 일에 이용되었던 시설이다.[4]

　광주 항등유적, 대지리주거지II, 무안 양장리유적, 여수 고락산성유
적II, 영광 군동유적, 영암 선황리유적, 광주 오룡동유적 주거지 등에서
화덕유구가 조사되었다. 주거지 내에서 화덕은 동쪽 10개, 서쪽 19개, 남
쪽 3개, 북쪽 26개, 남동쪽 4개, 북동쪽 1개, 북서쪽 1개 중앙부 2개 배치
되어 있다. 중앙 2개를 제외한 나머지는 모두 주거지 가장자리에 위치하
고 있고, 남쪽 부분 가장자리보다 북쪽 가장자리에 더 많이 위치하고 있
음을 알 수 있다.

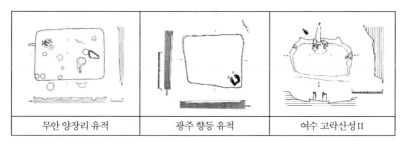

| 무안 양장리 유적 | 광주 항등 유적 | 여수 고락산성II |

〈그림 3〉 화덕 유구 주거지 도면

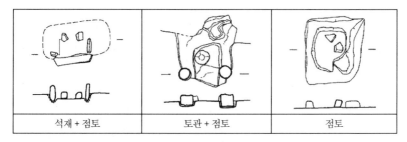

| 석재 + 점토 | 토관 + 점토 | 점토 |

〈그림 4〉 축조 재료에 따른 구분(참고: 호남문화재연구원, 「광주 항등유적」)

---

4 정신문화연구원, 「한국민족대백과사전」 25권, 1997, pp. 209~210.

이는 당시의 건축술이 발달하지 않아 벽체로 들어오는 외기(外氣)를 차단하는 능력이 떨어져서 난방시설이 주거지 내 가장자리로 이동하였을 것이다. 그리고 화덕의 위치가 북쪽 가장자리에 많이 배치된 점은 한반도의 기후 특성상 찬 공기가 북쪽에서 벽체를 통과하는 과정을 최대한 줄이기 위함을 생각할 수 있다. 또한 난방시설을 가장자리에 둠으로서 유효 공간을 중앙에 배치한 경우보다 더 넓게 확보할 수 있다.

광주 향등 유적의 경우 화덕의 축조 재료에서 지주는 벽체를 보강하기 위해 세워진 것으로 연소부 입구의 양 벽에 세워진다. 지주의 재료로는 석재와 토기를 이용한 경우가 확인되었으며 지주를 세우지 않은 경우도 있다.

화덕의 지주는 재료에 따라 3가지로 구분이 가능하다. 첫째, 석재+점토를 이용한 경우 화덕의 벽체 축조 시 양 벽에 각 1매의 석재를 세워 지주로 이용하였다. 이같이 석재를 지주로 이용한 예는 전라도와 경기도 지역에서 주로 보이며 미사리유적의 B4호 주거지를 예로 들 수 있다. 석재를 이용한 경우 여러 매의 석재로 화덕의 기본 골격을 만든 후 그 위에 점토를 덧붙여 벽체를 만드는 경우도 있지만 향등유적의 경우는 양 벽에 각 1매씩의 석재만을 이용하여 지주로 세웠다. 둘째, 토관+점토를 이용한 경우 석재를 이용한 경우와 같은 형태로 석재 대신 토관을 이용하여 지주를 세웠다. 셋째, 점토만을 이용한 경우 지주 없이 점토를 이용하여 벽체를 세운 경우로 대부분의 화덕이 이에 속한다. 화덕 내에서 솥 받침으로 이용되는 지각석은 보통 석재와 발형토기, 장란형토기의 저부가 이용된다.[5]

5 호남문화재연구원, 「광주 향등 유적」, 2004, pp. 118~119.

(3) 부뚜막 난방시설의 특징, 형식, 구조

〈표 2〉 주거지 내 부뚜막 유구의 배치

보고서	지역	시대	유구 위치								
			E	W	S	SE	SW	N	NE	NW	C
강릉 강문동 철기·신라시대 주거지	강원도	삼국	1						3		
고흥 방사 유적	전남	삼국	1					3	2	1	
고흥 신양 유적	전남	철기								1	
고흥 한동 유적	전남	삼국						3			
광주 동림동 유적 II	광주광역시	삼국	7	4		2	1	14	10	33	
나주 방축·상잉 유적	전남	삼국	1		1			7			
용인 수지 백제 주거지	경기도	삼국	1					1			
익산 사덕 유적 I	전북	삼국	3	3			4	25	24	16	
정읍 관청리 유적	전북	삼국	1					3			
춘천 삼천동 순환도로 구간 문화 유적 발굴조사 보고서	강원도	철기 원삼국						1			
		삼국	1								
함평 반암 유적	전남	삼국	6	1				1			
함평 성천리 와촌 유적	전남	삼국						2	3		
광양 칠성리 유적	전남	원삼국 삼국	1			1		1			

부뚜막은 솥을 걸 수 있도록 아궁이 위에 흙과 돌을 쌓아 만든 턱을 말한다.[6] 솥을 걸 수 있도록 아궁이 위에 흙과 돌을 쌓아 만든 턱, 이것은 원시시대 움집의 화덕에서 비롯되었다. 빗살무늬토기 문화기의 화덕은 움집 중앙부에 꾸며졌으며, 주위에 돌을 쌓은 원형 내지 타원형이 대부분이었다. 무문토기 문화기에는 연기가 쉽게 빠지도록 이를 움집 한쪽

---

6 정신문화연구원, 「한국민족대백과사전」 10권, 1997, pp. 169.

에 설치하였으며 한쪽을 터놓거나 바닥에 돌을 깔기도 하였다. 그리고 이 시대 후기에는 난방 효과를 높이기 위하여 한집에 2개를 마련한 일도 있다. 이와 같은 화덕이 오늘날의 것과 비슷한 부뚜막으로 발전한 것은 고구려시대부터로 추측된다. 서기 전 1세기를 전후한 초기 고구려 유적에서 철제와 도제의 부뚜막이 출토되었다. 이밖에 무덤 벽화 가운데 부뚜막이 그려진 예도 몇 가지 있다.[7]

강릉 강문동 철기·신라시대 주거지, 고흥 방사 유적, 고흥 신양 유적, 광주 동림동 유적Ⅱ, 나주 방축·상잉 유적, 용인 수지 백제주거지, 익산 사덕 유적, 정읍 관청리 유적, 춘천 삼천동 순환도로 구간 문화 유적 발굴조사 보고서, 함평 반암 유적, 함평 성천리 와촌 유적, 광양 칠성리 유적 주거지에서 부뚜막유구가 조사되었다. 부뚜막유구는 동쪽 23개, 서쪽 8개, 남쪽 1개, 북쪽 61개, 남동쪽 3개, 남서쪽 5개, 북동쪽 42개, 북서쪽 51개가 주거지 내에 배치되어있다. 부뚜막은 화덕과는 달리 중앙부에서는 유구가 발견되지 않았고, 모두 주거지 가장자리에 위치하고 있다. 또한 남쪽 부분 가장자리보다 북쪽 가장자려에 더 많이 위치하고 있음을 알 수 있다. 부뚜막 역시 화덕과 비슷한 양상으로 주거지 내에 배치된 바 기후적 요소와 유효 공간 측면에서 자연스럽게 배치되었을 거라 생각된다.

부뚜막 유적은 1~3세기에는 구조물 없이 사용된 무시설식이라면 3세기 이후에는 점토나 판석 등을 이용해 보다 견고하게 축조하고 북쪽과 같은 일정한 방향을 선호하는 등의 변화를 가져오게 된다. 이와 더불

7 한국중앙연구원, 「민족문화대백과사전」, 1991.

어 부뚜막은 무시설에서 조리 용기와 관련한 시설과 부속 유물이 발전하면서 기능도 함께 발달하는 것으로 파악된다. 또한 5세기 이후에는 부뚜막에 연도부가 추가되어 주거지 외부로 연결되는 발달한 형태의 구조도 등장한다.[8]

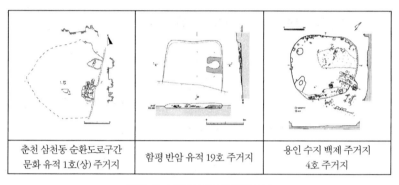

춘천 삼천동 순환도로구간 문화 유적 1호(상) 주거지	함평 반암 유적 19호 주거지	용인 수지 백제 주거지 4호 주거지

<그림 5> 부뚜막 유구 주거지 도면

춘천 삼천동 순환도로구간 문화유적 1호(상) 주거지의 부뚜막은 할석으로 벽을 세우고 할석 사이는 진흙으로 채웠고, 아궁이의 할석들은 붉은 진흙층에 1/3~1/4쯤 묻힌 채 세워졌고, 화구가 결실되어 분명하지는 않지만, 전체적인 평면은 (장)방형으로 추정된다. 또한 연도(폭 약 22㎝, 잔존 길이 220㎝)는 화구에서 멀어질수록 완만한 경사를 이루며 조금씩 높아진다. 함평 반암 유적 19호 주거지의 부뚜막은 동벽 중앙부에 인접하여 위치하고 상부 구조물은 유실된 것으로 판단된다. 아궁이부와 연소부 바닥면, 벽체 등 일부 구조만 남아있는 상태이며, 축조 재료는 점토를

8 이영철·이은정, 2005, 「함평 노적 유적」, 호남문화재연구원.

이용하였다. 그리고 용인 수지 백제 주거지 4호 주거지의 부뚜막은 크고 작은 할석에 점토를 발라 축조하였다. 그것들은 불에 그을린 채, 마치 3열 종대의 형태로 동쪽을 향해 수직에 가깝게 서 있다.

(4) 쪽구들 난방시설의 형식, 특징, 구조

현재 주거지에서 사용되는 난방시설은 방 안 전체에 걸쳐 고래와 고래둑을 만드는 것으로 온돌(溫突, 溫埃, 煖埃, 燠埃, 燠室, 長炕) 또는 구들이라 부른다.[9] 그러나 고대 주거지 난방시설 중 구들은 주거지 내부 일부분에만 시설되어 있는 모습이 대부분이다. 이러한 고대 구들을 신영훈은 쪽구들[10]이라고 부르는 것으로 제안하였다. 이는 후대의 온돌이나 구들과의 연계성을 쉽게 연상할 수 있고, 전체가 아닌 '쪽'(부분)난방이란 사실도 드러낼 수 있기 때문이다.[11] 이에 발굴 보고서에는 구들이라고 명기되어 있지만, 이하 쪽구들이라고 하겠다.

창원 가음정동유적, 고려 대가야 역사테마 관광지 조성 부지 내 고령 지산동유적, 김해 봉황동 저습지 유적, 늑대 패총, 영천 청정리 유적, 장흥 지천리 유적, 진안 용담댐 수몰지구 내 문화 유적 발굴조사 보고서Ⅲ, 청원 남성곡 고구려 유적, 광양 칠성리 유적, 서둔동 유적 주거지에서 쪽구들 유구가 조사 되었다.

9 송기호, 「한국 고대의 온돌」, 서울대학교출판부, 2006, p. 5.
10 신영훈, 「우리문화 이웃문화」, 문학수첩, 1997, p. 52.
11 송기호, 「한국 고대의 온돌」, 서울대학교출판부, 2006, p. 5.

쪽구들의 위치는 동쪽 9개, 남쪽 3개, 북쪽 5개, 북동쪽 10개, 북서쪽 4개, 남동쪽 6개로 주거지 내에 위치하고 있다. 화덕과 부뚜막이 점 단위로 위치하고 있다면 쪽구들은 선단위로 위치하고 있다. 즉 쪽구들의 배치가 화덕이나 부뚜막에 비해서 북쪽에 편중되는 성향이 약한 이유는 선단위 축조에 의해서 보다 넓은 공간에 난방을 할 수 있기 때문이라고 생각된다.

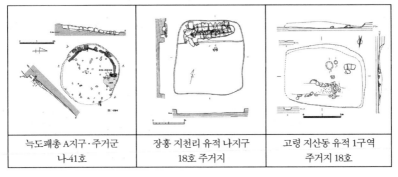

| 늑도패총 A지구·주거군
나-41호 | 장흥 지천리 유적 나지구
18호 주거지 | 고령 지산동 유적 1구역
주거지 18호 |

〈그림 6〉 구들 유구 주거지 도면

쪽구들의 평면형태를 보면 'ㄴ'형, 'T'형, 'ㄱ'형, 고상(弧狀)형, 'ㅡ'형 등 다양하게 나타난다. 이러한 쪽구들의 형태는 주거지 평면의 형태와 무관하지 않을 것이다. 직선이 강조된 주거지의 쪽구들은 직선이 강조된 형태이고, 곡선이 강조된 주거지의 쪽구들은 곡선이 강조된 형태이다. 〈표 3〉을 보면 원형의 주거지에서는 주로 고상(弧狀)형의 쪽구들이 축조되고, 말각형, 방형, 장방형 주거지는 'T'형, 'ㄱ'형, 'ㅡ'형, 'ㄴ'형의 쪽구들이 축조되었다.

구들고래 단면은 외줄고래의 경우 'ㄱ'형, 'ㄇ'형, 'U'형, 두줄고래의 경우 'W'형이 조사되었다. 구들고래 단면의 조성은 축조 재료와 구들고래와 벽의 상관관계에 의해서 조성되었음을 생각할 수 있다. 'ㄱ'형 고래의 경우 고래 지주의 축조가 한 쪽은 활석을 사용하고, 반대편은 벽체에 의해서 축조되거나 벽체 부근에 점토를 사용하여 축조하였다. 또한 구들의 축조 재료를 보면 대부분 활석에 점토를 발라서 축조되었다. 'ㄇ'형, 'W'형은 'ㄱ'형과는 달리 지주가 모두 활석을 사용하여 축조되었다. 반면 'U'형의 경우는 지주를 축조하지 않고 땅을 파서 덮개돌을 얹어 축조하였다.

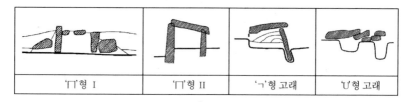

| 'ㄇ'형 Ⅰ | 'ㄇ'형 Ⅱ | 'ㄱ'형 고래 | 'U'형 고래 |

〈그림 7〉 구들고래 단면 모식도

〈표 3〉 주거지 내 구들 유적

번호	지역	시대	편호	주거지 평면	구들				
					평면	단면	고래	위치	재료
A	경남 창원	청동기	주-3	원형	'ㄴ'형	—	2	NE	• 활석(고래)
B	경남 고령	삼국	주-2	말각방형	'ㅏ'형	—	—	N	• 활석(고래)
			주-9	방형	'ㅏ'형	—	—	E	• 활석(고래)
			주-13	타원형	'ㅏ'형	—	—	N	• 활석(고래)
C	경남 김해	6-8C	수-1	부정형	'ㄱ'형	—	—	E	• 활석(고래)
D	경남 사천	청동기 -삼한	가-11	원형	'ㄱ'형	'ㄱ'형	1	E-S	• 판석
			가-17	방형	'ㄱ'형	'ㄱ'형	1	E	• 점토+온돌석
			가-24	부정형	—	'ㄱ'형	—	NE	• 황색고운점토+온돌석
			가-50	말각방형	—	—	1	SE	• 판석
			가-65	원형	—	'ㅁ'형	1	E	• 적갈색점질토+지지석
			가-66	원형	—	'ㅁ'형	—	E	• 판석
			가-72	원형	—	'ㅁ'형	—	E	• 판석
			가-75	반원형	—	'ㅁ'형	—	SE	• 판석
			가-78	원형	—	'ㄱ'형	1	NE	• 점토/판석
			가-79	원형	—	'ㅁ'형	2	E	• 점토+판석
			가-93	타원형	—	'ㄱ'형	1	N	• 점토/판석
			나-5	타원형	—	'ㅁ'형	—	S	• 판석
			나-24	원형	—	'ㅁ'형	—	E	• 문무토기 동체부편 (고래의 뚜껑)
			나-30	원형	고상형	'ㄱ'형	1	N-SE	• 점토+벽석
			나-35	원형	—	—	—	N-E-S	• 점토+판석
			나-36	원형	고상형	—	—	W-N	• 점토/판석
			나-38	원형	—	—		S	• 황색점질토+벽석
			나-39	원형	—	—	—	S	• 점토(고래)
			나-41	원형	고상형	'ㅁ'형	—	NW	• 황색점토+온돌석 (고래)
			나-52	원형	고상형	-	1	SE-S	• 적색점토+온돌석
			나-64	방형	—	'ㄱ'형	—	SE	• 황색점토(벽체보강)
			나-65-1	방형	고상형	'ㄱ'형	1	NE-N	• 점토/판석
			다-2-3	트랙형	—	-	2	NW-S	• 판석(고래)
			다-2-4	원형	—	'ㄱ'형	1	—	• 점토+토기편+판석 (고래)
E	경북 영천	청동기	수-2	—	'ㄴ'형	—	2	E-W	• 적석
		삼국	석-1	—	—	—		NE	• 활석
F	전남 장흥	철기 -삼국	주-18	방형	'一'형	'W'형	2	N	• 판석
			주-20	장방형	'ㄱ'형	'ㅁ'형	1	E-NE	• 판석
G	전북 진안	청동기	주-B1	—	'ㄱ'형	—	—	N-E	• 활석+천석
		청동기	주-B3	—	'ㄱ'형	—	—	W/S	

번호	지역	시대	편호	주거지 평면	구들				
					평면	단면	고래	위치	재료
H	충북 청원	삼국	도-118	마름모꼴	–	–	–	–	• 판석
I	서울 미사리	원삼국	주-A1	呂자형	'L'형	–	–	E	• 점토+강돌(아궁이) • 붉은 점토＋강돌(연도) • 나무(굴뚝)
J	수원 서둔동	청동기 철기	주-7	방형	–	–	–	E-W	• 논흙(아궁이) • 붉은 진흙(구들)
K	전남 광양	삼국	주-12	장방형	'ㄱ'형	'U'형	1	W-NE	• 판석

(5) 결론

고대의 난방시설은 노(爐)에서 화덕, 부뚜막, 쪽구들로 추운 겨울을 더 효율적으로 보내기 위하여 그 모습과 기능이 다양화되고 정교하게 발전하였다.

난방시설의 형식 및 특징은 유구의 주거지 내 위치, 유구 평면, 축조 방법, 축조 재료로 나누어 볼 수 있다.

난방시설의 주거지 내 위치를 보면, 초기에는 주거지 내 중앙에 위치하고, 이후 주거지 가장자리로 이동된다. 이러한 이유는 주거지 내 유효 공간 확보와 추운 겨울철 실내를 더 안락하게 만들기 위함으로 생각된다. 실내 가장자리로 이동한 난방시설은 벽으로 들어오는 찬 외기를 순화시켜주는 역할을 하였을 것이다.

다음으로 난방시설의 평면을 보면, 점 단위 평면에서 점차 선 단위 평면으로 변하고 있음을 알 수 있다. 점 단위 평면의 대표적인 예로는 노(爐), 화덕을 들 수 있고, 선 단위 평면으로는 쪽구들을 들 수 있다. 부뚜막의 경우는 연도가 발달하여 과도기적 성격을 지니고 있다.

난방시설의 축조방식은 무시설식에서 시설식으로 발달하고, 규모가 커지고 기능이 다양화되었다. 유구의 지주를 보면 활석을 땅에 묻거나 묻지 않게 세우는 방법이 있고, 활석 대신 점토를 사용하거나 지주가 없는 경우가 있다. 또한 그 기능이 초기에는 불을 피워 실내 난방을 하는 기능이 점차 조리를 할 수 있는 기능이 추가되어 발달되었다. 일부 유구에서는 난방 기능과 조리 기능을 분리하여 실내에 축조하는 경우도 볼 수 있다.

마지막으로 난방시설의 축조 재료를 보면 지주의 경우 활석을 이용하는 예가 대부분이며, 일부의 경우 점토를 이용하였다. 또한 점토를 사용하여 접착 재료로 사용하거나 미장 재료로 사용한 예를 볼 수 있다. 그리고 덮개돌의 경우 지주와 동일한 재료를 사용하는 경우와 토기를 이용하여 축조하는 경우를 볼 수 있다.

참고문헌

창원대학교박물관, 『창원 가음정동 유적』, 2001.

미사리선사유적발굴조사단·경기도공영개발사업단, 『미사리』, 1994.

(재)경상북도문화재연구원, 『고령 대가야 역사테마 관광지 조성부지 내 고령지산동 유적』, 2007.

익산대학교박물관, 『김해 봉황동 저습지 유적』, 2007.

(사)경남고고학연구원, 『늑도패총』, 2003.

영남문화재연구원, 『영천청정리 유적』, 2001.

목포대학교박물관·한국수자원공사, 『장흥지천리 유적』, 2000.

국립전주박물관·진안군·한국수자원공사, 『진안 용담댐 수몰지구 내 문화 유적 발굴조사 보고서Ⅲ』, 2001.

충북대학교박물관, 『청원 남성곡 고구려 유적』, 2004.

순천대학교박물관, 『광양 칠성리 유적』, 2007.

창원대학교 박물관, 『창원 가음정동 유적』, 2001.

서울대학교박물관, 『한국고고학연보』, 1981.

강원문화재연구원, 『강릉 강문동 철기·신라시대 주거지』, 2004.

(재)호남문화재연구원, 『고흥 방사 유적』, 2006.

(재)호남문화재연구원, 『고흥 신양 유적』, 2006.

(재)호남문화재연구원, 『고흥 한동 유적』, 2006.

(재)호남문화재연구원, 『광주 동림동 유적Ⅱ』, 2007.

(재)호남문화재연구원, 『나주 방축·상잉유적』, 2006.

한신대학교박물관, 『용인 수지 백제주거지』, 1998.

(재)호남문화재연구원, 『익산 사덕 유적Ⅱ』, 2007.

춘천시·한림대학교박물관, 『춘천 삼천동 순환도로구간 문화 유적 발굴조사보고서』, 2002.

(재)호남문화재연구원, 『함평 반암 유적』, 2007.

전남대학교박물관·한국도로공사, 『함평 성천리 와촌 유적』, 2007.

(재)호남문화재연구원,『광주 향등 유적』, 2004.

동의대학교박물관,『대야지주거지II』, 1989.

목포대학교박물관·무안군·한국도로공사,『무안 양장리 유적』, 1997.

여수시·순천대학교박물관,『여수 고락산성II』, 2004.

목포대학교박물관·한국도로공사,『영광 군동 유적』, 2001.

목포대학교박물관·영암군,『영암 선황리유적』, 2004.

전남대학교박물관·전라남도,『주암댐 수몰지구 발굴조사보고서IV』, 1989.

송기호,『한국 고대의 온돌』, 서울대학교출판부, 2006.

신영훈,「우리 문화 이웃 문화」, 문학수첩, 1997.

(재)호남문화재연구원,「함평 노적 유적」, 2005.

5.

문헌과 유구를 통해 본
한국 전통온돌의 역사에 관한 연구

*김준봉
　베이징공업대학교 건축도시공학부 교수
*박주희
　중국 칭화대학교 박사과정

국제온돌학회 논문집 통권 8호, 중국 하얼빈공업대학교 (Vol.8. 2009. pp. 190~196)

(1) 서론

인간이 지구 상에서 불을 발견한 이래 현재에 이르기까지 추위를 막아줄 다양한 난방방식이 개발되고, 발달되어왔다. 과거 동아시아 지역, 특히 한반도 일대에서는 '온돌'이라는 난방방식이 발달하였는데, 이는 여타 지역에서는 찾아보기 힘든 과학적이고 효율적인 난방방식이었다. 온돌은 단순한 난방 도구를 넘어서 한국인의 생활 및 문화와도 매우 밀접한 상관관계를 맺고 있다. 이러한 독특성은 현재까지 이어져, 현대 대다수 사람들이 한옥이 아닌 서양식 공동주택에 거주하고 있지만, 난방방식만큼은 여러 단계의 진화 과정을 거쳐 고유의 좌식 문화에 적합한 바닥난방형식을 취하고 있다.

지구 상에 자원이 점차 고갈되어가고, 환경오염이 심각한 문제로 대두되고 있는 작금에 과거의 난방방식인 온돌이 다시 회자되고 있다. 그 이유는 바로 온돌의 과학적이고 에너지 효율적인 면이 현재에 우리가 반드시 풀어야 할 환경친화적이고 지속 가능한 발전이라는 전 지구적인 과제에 부합되기 때문이다. 그러나 아이러니하게도, 이렇듯 우수한 난방방식인 온돌은 종주국인 한국에서보다 독일, 일본, 중국 등 외국에서 먼저 그 가치를 인정받아, 면밀히 연구되고 제품화되어 주택시장에 급속히 번져나가고 있다. 더욱이 역사적 논제에 늘 민감하게 반응하는 한·중·일 삼국에서는 온돌에 관해 각자의 의견을 달리하고 있다.

이에 본 연구는 우리의 전통난방방식인 온돌의 역사적 발달과정을 문헌과 유구를 통해 파악해 보고자 한다. 이는 온돌 본연의 위상을 확립하고, 온돌이 지닌 다양한 가치를 면밀히 탐구하기 위한 초석이 될 것이다. 또한 온돌 종구국의 위상을 확고히 하는 첩경이 되기 위해서이다.

(2) 문헌과 유구를 통해 본 온돌의 역사

1) 문헌을 통해 본 온돌의 역사

지금까지 구들에 관해 기록된 최초의 문헌은 서기 500~513년 北魏의 麗道元에 의해 작성된 중국의 옛 지리서인 『수경주(水經注)』로 볼 수 있는데, 중국 베이징 동북부 고구려 접경에 위치한 관계사(觀鷄寺)의 구들 형태에 대하여 기록하고 있다.

> "鮑丘水 出御夷北寒中……鮑丘水又东 巨梁北注之 水出土垠县北陈宫山 西南 流径观鸡山 谓之观鸡水 水东有观鸡寺 寺内起大堂 其高广可容千俭下悉结石为之 上加涂墍其内疏通 枝经脉散 其测室外四处爨火 炎热内流 一堂尽温 盖以土寒严 霜气肃猛 出家沙门 卒皆贫薄 施主虑阙道业故崇斯构 是以老都者 多栖托焉."
>
> ― 魏书『水经注』卷四十『鮑丘水条』, 麗道元著

『鮑丘水条』에 의하면, "관계사(觀鷄寺) 사찰 내 전당이 높고 넓어 천명가량을 수용할 수 있다. 지면은 모두 돌로 깔았고, 지붕의 틈새는 모두흙으로 메웠으며, 바닥에는 많은 통로가 있어 마치 경맥이 사면팔방에뻗쳐 있는 것 같다. 바깥의 방 옆으로 네 면에 아궁이가 있어 불을 지피면 열기가 안으로 들어가 전당 전체를 따뜻하게 한다"고 기록되어 있다.

북위는 서기 368년~534년 동안 중국 황하 유역, 즉 지금의 베이징 지역을 지배하던 나라로, 당시 고구려와의 접경 지역에 위치한 관계사의 독특한 취난방법(取暖方法)이 『수경주(水經注)』에 소개되어 있는 것이다. 이는 당시 고구려 지역에 널리 사용되고 있던 구들의 구조와 흡사한 것으로 문헌에 나타난 최초의 기록이다.

이외에 『水經注』보다 100여 년이 지난 중국 당나라 시대의 역사서인 『舊唐書』와 『新唐書』에도 구들에 대해 간략하게나마 언급하였는데, 특히 『新唐書』卷220 『東夷高句麗傳』에 "겨울철에 긴 캉炕을 만들고 아래에 따뜻한 불(숯불, 溫火)을 지핀다"는 내용이 기록되어 있다.

"其俗貧窶者多 冬月皆作長坑 坑下織燃溫火以取暖。"

– 『舊唐書』卷199

"窶民盛冬作長坑 溫火以取暖"

– 『新唐書』卷220 『東夷高句麗傳』

우리나라에서 남아있는 가장 오래된 기록으로는 고려 때 최자(崔滋: 1181~1260)가 『補閑集』에 언급한 내용을 들 수 있다. 내용인즉, "급히 땔 나무로 불을 피워 구들을 따뜻하게 하고 떠나…… 작은 돌을 주워 아궁이를 막고 회를 이겨서 틈을 메우고……"라고 기록되어 있다.

"急燕柴頭 溫其埃而去…… 塡埃求 泥其灰 塗隙而上……"

– 『補閑集』, 崔滋著

한편, 우리나라의 역사 기록 중 발해의 구들에 대한 설명을 『三國遺事』에서 볼 수 있는데, 관련 부분을 해석해 보면 "기단 위 중앙 3개의 방 북 쪽 뒷간에 구들이 있는데 북쪽 뒷간의 것은 한 줄이고 나머지는 두 줄 고래이다. 구들바닥은 방바닥 면적의 1/3 정도로, 고래는 한 자 두께이고 세 치 두께의 구들장을 놓았다 동측 방과 그 북쪽 뒷간의 구들 고래는 합쳐져 북측 방 밖으로 뻗어 나가 방형 평면의 굴뚝에 닿는다. 또 서측 방과 뒷간의 구들 고래도 마찬가지로 합쳐져 북측 방 밖의 굴뚝과 닿아 있다. 굴뚝은 사방 27척의 크기이다(중략)."

〈표 1〉 문헌을 통해 본 온돌의 역사

연대		시대	문헌	주요 내용
B.C.	3000년 이전	신석기	청구학총 (靑丘學叢, 日本)	함경북도 웅기 송평동 구들유적발굴
A.D.	119년	신라	·	아자방 구들 소개
	6세기 초	북위	수경주(水經注)	관계사(觀鷄寺)의 구들형태 기록
	7세기 초	당	구당서(舊唐書) 신당서(新唐書)	고구려 구들에 대한 기록
	1254	고려	보한집(補閑集)	·
	1281	고려	삼국유사(三國遺事)	발해의 구들 소개

앞서 언급한 문헌 외에도, 송나라 사람 신엽질(辛葉疾)이 기술한 『절분록(竊憤錄)』의 학해류편본(學海類編本)[1], 홍호(洪皓)의 『송막기문(松漠

---

[1] "皆入土炕中 跧伏居止 布沒諸草苗于其中 自然溫煖 其他異于人世者 不一今不復錄 大約皆淫淫事也 天輔十五年…… 是歲金圭賜到布呂等物 但冬月極寒 必居土炕中容身 以避寒氣."

記聞)』 고금설해본(古今說海本)의 혼속조(婚俗條)[2], 송나라 사람 우문무소(宇文懋昭)의 『금지(金志)』 초흥풍토조(初興風土條),[3] 청나라 사람 고염무(顧炎武)가 쓴 『일지록(日誌錄)』의 집석본(集釋本) 28권 土炕條[4], 徐珂輯 『淸稗類鈔』 風土類의 北人尚炕條[5] 등 구들에 관한 다양한 기록이 남아 있다.

중국 고문헌에 기록된 고구려의 살림집에 관한 내용에 구들시설[長坑]이 있고 구들로 인해 겨울철에 따뜻하게 지낸다고 하였으며, 중국에는 없는 고구려만의 것으로 표현했다. 우측 '고구려 안악 3호분 벽화'에서 보이는 고구려의 구들은 아궁이와 고래가 직각으로 꺾여 있는 굽은 고래의 원형인 일명 '쪽구들'이다. 특히 '고구려인들이 추운 겨울을 나기 위

〈그림 1〉 고구려 안악 3호분 벽화

2 "婦家 無大小 皆坐炕上 壻薰 羅拜其下謂之男下女 云云."
3 "穿土为壯 熅火其下 而寢食起居其上……"
4 "北人以土为壯, 而空其下以發火, 謂之炕. 古書不載."
5 "北方居民, 室中皆有大炕. 入門, 脫屨而登, 跧坐於炕, 夜則去之, 即以薦臥具. 炕之為用, 不知其所由起也. 東起泰岱, 沿北緯三十七度, 漸迤而南, 越衡漳, 抵汾晉, 逾涇洛, 西出隴阪, 凡此地帶以北, 富貴貧賤之寢處, 無不用炕者. 其製:和土雜磚石為之, 幅寬五六尺, 三面連牆, 緊依南牖之下, 以取光 前通坎道, 炙炭取暖. 若貧家, 則於旁端為竈, 既炊食, 即烘炕, 老幼男婦, 聚處其上. 詩家題詠, 亦往往見之. 『湛然居士集』:「牛糞火煨泥炕暖, 蛾連紙破瓦窗明.」 于忠肅『雲中即事』:「炕頭炙炭燒黃鼠, 馬上彎弓射白狼.」 官友鹿有『煖炕詩』三十二韻, 朱弁有『炕寢詩』三十韻. 又『正字通』:「北方暖牀曰炕.」 此炕之明見於載籍者. 然考其著述時代, 率在遼, 金以前, 炕之義訓, 皆動詞, 形容詞 若以用為名詞者, 則絕未之見也."

해 구덩이를 길게 파서 밑에다 불을 지펴 방을 데웠다'는 문헌 기록이 있어 구들이 우리 민족의 문화 산물임을 보여준다.

또한 단기 2452년(서기119년) 신라 지마왕 때에 만들어졌던 칠불사(七佛寺)의 '亞字房' 구들은 그 역사가 이천 년이 되고 있으며, 1931년 일본인 '후지타 료사쿠(藤田亮策)'의 『靑丘學叢』 기고문[6]에서 신석기시대의 유물들과 함께 출토된 함경북도 웅기 송평동의 구들유적 발굴 결과 그 구조가 오늘날과 같은 전면 구들이었다고 언급하고 있다. 이외에도 문헌과 고고학적 발굴 자료를 근거로 여러 학자들이 그 기원을 밝혀, 구들은 한반도 북부나 과거 우리 조상들의 영토였던 만주 일대에서 늦어도 기원전 3세기경부터 나타나기 시작하였고, 약 10세기경에는 한반도 전역으로 전파된 것으로 주장하는 이들이 많다. 그러나 향후 충분한 역사적 자료들을 찾아 관련 연구를 지속해 나간다면, 온돌의 기원과 발전이 이보다 훨씬 전으로 거슬러 올라갈 수 있다. 그리고 왜곡된 온돌 문화의 역사를 바로 잡을 수 있을 것이다.

---

6 김남응, 『유적으로 보는 구들 이야기』, p 233.

2) 유구를 통해 본 온돌의 역사

〈표 2〉 유구를 통해 본 온돌의 역사

연대		시대	위치	유적
B.C.	3세기	초기 철기시대	수원시 서둔동	7호 주거지
	1~2세기	·	강원도 춘천시 중도	제1호 집터
	1세기	고구려 건국초기	오녀산성(五女山城), 환인현 동화(桓仁县东化)	고구려 병영 및 주거지 온동유적터
A.D.	119년	신라 (금관가야의 담공선사)	경상남도 하동군 화개면 범왕리	칠불사 아자방 (亞字房)
	4~5세기	부여	부여산성	제3호 움집터
	7세기	고구려 후기	국내성 집안(集案)	동대자 유적
	8~10세기	발해	흑룡강성 영안현	상경용천부(上京龍泉府) 궁성 침전터
	10~14세기	고려	인천 강화군 선원면 지산리	선원사지 (禪源寺址)

① 수원시 서둔동―7호 주거지

영변군 세죽리 제일 위층과 2기층 및 3기층 집 자리에서 볼 수 있는 "ㄱ"자형 한줄 고래와 이러한 형태의 움집들 중 지금까지 발견된 긴 고래구들 유적 중 가장 오래된 것으로 알려진 수원시 서둔동 유적에서 볼 수 있는 터널식 구들의 모습도 발견하게 되는데, 특히 7호 주거지는 아궁이를 서쪽에, 굴뚝을 동쪽에 세웠고 30㎝의 얇은 흙으로 된 토판 3장을 조립하여 터널 모양으로 구들 고래를 만들었던 것으로 알려진다.[7]

초기철기시대(B.C 300~)의 시기로 추정되는 이 유적에서는 특이하게

---

7 임병태, '수원 서둔동 주거지 발견', 「박물관 신문」, 1982, p 126,.

구들 쪽은 붉은 진흙을 사용하고 아궁이 쪽은 논흙과 같은 것을 사용하여서 고래의 내부는 흙이 불에 구워져 토기처럼 단단한 것을 볼 수 있다. 이것은 이미 이 시기에 토양의 특성에 대한 높은 과학적 지식들을 가지고 있었음을 단적으로 보여준다.

② 강원도 춘천시 중도-제1호 집터

유적으로 알 수 있는 구들의 역사에서, 기원전 1~2세기의 것으로 알려진 강원도 춘천시 중도 유적 중 제1호 집터를 보면, 동서 5.4m, 남북 5m의 방형으로, 남북을 긴축으로 하는 길이 120㎝, 폭 92㎝의 노(爐)가 움집 터 중앙에서 북으로 50㎝ 치우쳐 있는데, 노(爐)의 서쪽으로 높이 14㎝, 길이 40㎝, 폭 12㎝의 큰 돌이 하나 놓여있고 그 외 3곳에 이보다 낮게 6~7개의 납작하고 길쭉한 냇돌을 진흙으로 싸 두르고 바닥에도 진흙을 발라 놓았다. 이 바닥의 진흙을 벗겨보니 크기 5~15㎝ 가량의 둥글납작한 냇돌을 50여 개 빽빽하게 타원형으로 깔아 놓은 것이 조사되었다.

이 노(爐)의 서북쪽 바로 곁에서 완전한 항아리 모양의 토기가 2개 나왔는데 탄화된 좁쌀이 가득 들어 있었고, 토기 바깥 면에도 탄화물이 묻어 있었다. 이 노(爐)자리와 연결되는 듯한 진흙구조물이 중앙부를 비스듬히 가로지른 굴뚝시설로 추정되고 있다.

이 진흙구조물은 동쪽 벽에 있는 진흙대의 폭이 1.5m이고 이것이 좁아지면서 움집 벽의 어깨 위로 올라가 폭이 70~75㎝으로 좁아지며 길이는 1.5m이고 높이가 30㎝가량 되었다. 동쪽에 붙은 진흙더미 속에서 화구(불문)와 같은 터널이 나왔는데 높이 23㎝, 폭이 50㎝이고 그 속에는

2.5㎝의 나무판자가 가로막혀 있었으며 이 구조물이 굴뚝같은 시설로 추정된 것이다.

③ 오녀산성－고구려 온돌유적

오녀산 성곽은 고구려 초기 옛 도성의 유적으로 「1996~1999, 2003년 오녀산 성곽 조사발굴보고서」에 의하면, 산 위와 산 아래의 동측 담장변 두리에서 "병영" 21곳, "주거지" 3곳 등 도합 30곳을 발굴하였다. 이 발견으로 풍부한 고구려 난방시설 자료를 확보하게 되어, 고구려 온돌의 연구와 역사적 고증에 중요한 밑거름이 되었다. 또한 고구려 온돌 역사는 동북 지역 난방설비 발전사에 중대한 의의를 갖고 있다.

발굴된 유적 내 주택은 원형과 원각정방형 두 가지 종류가 있는데 모두 반지하 동굴식 건축이다. 또한 주택유지는 대형건축유지, 병영건축유지, 거주주택유지 등으로 나뉜다. 주택 내의 난방설비는 두 가지로 나뉘는데 하나는 온돌이고, 다른 하나는 화로벽이다. 이 중 온돌을 설치한 주택이 비교적 많고, 화로벽을 설치한 주택은 상대적으로 적다. 온돌의 평면형태는 접자(摺子)형과 두면 혹은 삼면 장방형 온돌로 구성된 고리모양온돌(环炕)로 구성되어 있다. 온돌의 구조는 부뚜막, 고래, 고래뚝, 구들장면, 구새 등이 연결된 긴 온돌이다. 부뚜막은 일반적으로 온돌 혹은 화로벽 끝에 설치되고, 구새는 절대다수가 실외 각 모서리에 설치된다.

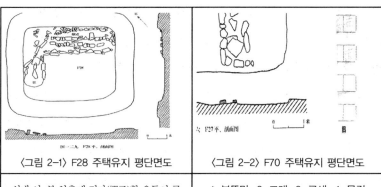

〈그림 2-1〉 F28 주택유지 평단면도	〈그림 2-2〉 F70 주택유지 평단면도
실내 서, 북 양측에 접자(摺子)형 온돌이 구축되었는데 북측 온돌보존이 비교적 완비하고, 세 갈래의 고래가 있다. 안의 너비 0.2~0.4m, 높이 0.1m이다. 서측 온돌은 길이 3.1m, 넓이 1.2m, 북측은 길이 4.8m, 너비 1.9m이다. 부뚜막은 서측 온돌 남쪽의 지면 위에 위치하고 있는데 원형이고 직경이 0.6m이다. 내부에 적색으로 탄 흙과 목탄이 존재한다.	1. 부뚜막 2. 고래 3. 구새 4. 문길 실내 서, 남, 북 세 방향에 각 온돌이 있고 "U"자 형태로 분포되고, 온돌평면은 장방형을 나타내며 부뚜막, 고래, 구새는 각기 독립적으로 설치하고 세 방향 온돌이 각각 하나의 온전한 시스템이다. 서측 온돌은 서측 벽체를 따라 세 갈래의 고래를 설치하고, 부뚜막은 남측에 설치하고 남측온돌과 같이 사용한다. 남측온돌은 남측 벽체를 따라 두 갈래의 고래를 설치하고 부뚜막은 서측에 설치하였다.

〈그림 2〉 오녀산성 고구려 온돌 유적

④ 칠불사(七佛寺) 아자방(亞字房)

칠불사 아자방은 A.D.119년 담공 선사(曇空禪師)가 축조한 것으로 온돌이 아(亞)자 모양인 아자방식(亞字房式) 고래온돌의 시초가 되었다. 또한 전해 내려오는 말에 의하면, 한 번 불을 때면 그 온기가 100일 동안 지속되었다고 한다. 그러나 이후 임진왜란, 6·25전쟁 등에 의해 훼손되어 후에 여러 차례 복원의 노력이 있었으나, 안타깝게도 현재는 원형의 모습과 기능을 찾아보기 힘들다.

아자방의 온돌 구조를 살펴보면, 대개의 온돌방 구조가 일자형(一字形)인데 반해, 아자방은 격자형(格子形)을 띠고 있다. 이는 중국 만주지방의 일반적인 'ㄷ'자 형태와는 전혀 다른 '十'자 형태이다.

불을 때는 곳은 큰 함실아궁이를 두어 불길이 부채살 모양으로 들어가 남북으로 놓인 줄고래를 통해 북쪽 벽 외부 가운데에 있는 굴뚝으로 연기를 내보냈다. 고래의 폭은 약 30㎝로 일률적이었고, 고임돌의 높이는 40㎝ 이상인데 아궁이 쪽은 더 깊게 하여 구들장도 더 두껍게 얹히도록 했다. 그 높이를 모두 합하면 아랫목의 두께가 1.8m가 넘는 큰 규모였다.

〈그림 3〉 七佛寺 亞字房 외관(左)과 내부(右) 모습[8]

아자방이 갖는 온돌의 역사적 의의는 상당하다. 여태껏 학계에서는 『水經注』에 적힌 온돌에 대한 기록을 역사적 기준으로 삼아왔다. 그러나 이보다 훨씬 이전에 축조된 아자방 구들의 실존 근거가 밝혀진다면,

---

8 한국 문화재청 웹사이트, http://www.cha.go.kr/

우리 난방문화에 대한 역사는 새롭게 쓰여야 할 것이다.

⑤ 부여산성－제3호 움집터

1980년 발굴 조사된 부여산성 내 제3호 움집터에서는 직선형의 부뚜막을 겸한 구들이 발견되었는데 진흙과 모래를 섞어 다져 쌓은 둑 남쪽 끝에 바닥보다 5~6㎝ 낮은 아궁이가 집 안쪽으로 꺾여 있으며 구들 고래의 길이는 3.7m로 아궁이에서 백제 토기가 발견된 것으로 보아 4~5세기의 유적으로 추정되고 있다.

⑥ 국내성 집안(集案)－동대자 유적

국내성 집안(集案)에 있는 고구려 후기의 동대자 유적을 살펴보면 동서 35m, 남북 15m의 긴 사각형 바닥에 동서로 2개의 방이 있으며 동쪽 방 안에 있는 아궁이에는 깊이 0.6m, 폭 2m의 큰 구덩이가 발견되었고 여기에는 구들 고래에 이르기까지 자갈과 기와 조각들이 깔려 있었으며, 고래의 폭은 70㎝, 깊이는 25㎝, 길이는 방 안에서 약 10m가 되었으며 서쪽 방에서는 두 줄 고래와 시대를 달리한 3줄 고래도 일부 발견되었다.

⑦ 상경용천부(上京龍泉府) 궁성 침전터

고구려의 문화를 그대로 이어 받은 발해의 유적 중 지금의 흑룡강성 영안현에 있는 상경용천부(上京龍泉府) 궁성 침전터에서 발굴된 구들은 동서 약 30m에 남북 17.3m에 이르는 규모로 3개의 방이 각각 "ㄱ"字形의 두 줄 고래로 축조되었고 조선시대 궁궐과 같이 건물 뒤 북쪽 양측에 세운 두 개의 굴뚝에 연결되어 있다. 여기 나타난 굴뚝 기초는 건물기단 북벽에서 약 5m 떨어졌고 한 변은 약 5m로 정방형을 이루고 있다. 이곳의 구들도 고구려의 구들과 같이 방 안에 아궁이를 두고 아궁이의 방향이 고래와 거의 직각이며, 굴뚝까지 연결된 내굴길 역시 두 줄로 만들어져 마치 조선시대 궁궐에서 볼 수 있는 형태와 비슷하다.

고구려 이전부터 지금의 한반도와 만주 전체에 이뤄진 주거문화에서 하나의 맥으로 면면히 이어온 우리 선조들의 역사적 흔적을 찾을 수 있다. 건축술의 발달과 구들의 발달은 모두 같이 이루어졌으리라 보는 것이 타당하다. 만주일원의 고구려와 발해는 온돌문화로 보면 당연히 하나의 민족문화이다. 아무리 동북공정으로 중국이 만주의 역사를 왜곡한다 해도 이 문화를 이어온 한반도의 대한민국은 만주를 지배하고 다스려온 민족이라 의심할 여지가 없다.

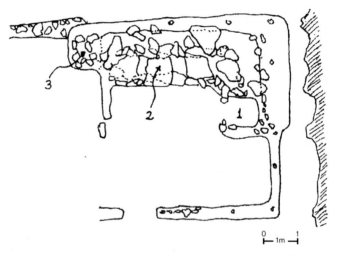

〈그림 4〉 발해 유적 중 상경용천부 궁성 남벽 문터 집자리[9]
1.아궁이 2.구들돌, 고래 3.굴뚝자리

9 주남철, 『한국건축사』, 고려출판부.

구들의 과학적 기술발달은 고려를 거쳐 조선시대에 들어오면서 더욱 발전된 양상으로 일반에 퍼져 모든 사람들에게 기본적인 주거난방이 되었다. 조선시대의 일반적 구들형태는 방바닥에서 두 자 반에서 석 자까지 낮게 부엌바닥을 만들고 부엌바닥에서 한 자 반 정도 높이로 부뚜막을 만들어서 크고 작은 솥 두 개 또는 세 개를 얹히도록 아궁이를 만들었다.

⑧ 강화도 선원사(仙源寺)

인천 강화군 선원면 지산리에 위치한 고려 시대에 창건된 선원사는 원래 해인사에 있는 『高麗大藏經』을 만들어 보관하던 절로, 이 사찰 터에서는 지금까지 알려졌던 서너 줄 고래와는 달리 열다섯 줄 고래의 형태가 있어 발전된 구들의 형태가 나타나 있다.

〈그림 5〉 선원사지 G지구 건물 구들 유적 　〈그림 6〉 선원사지 겹방 구들로 추정되는 발굴 유적

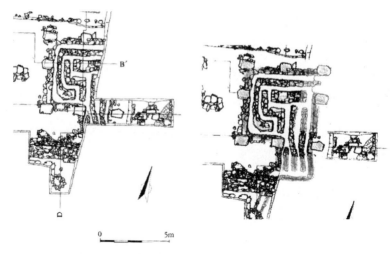

〈그림 7〉 선원사지 구들 유적도면   〈그림 8〉 선원사지 복원가상도면 中 1

3) 조선시대의 궁궐온돌

전통건축물들 중에서 가장 고도의 기술집약적인 내용을 찾을 수 있는 궁궐을 본다면, 남아 있는 ○○당(堂)과 ○○전(殿) 등으로 되어 있는 궁전건축물의 구들 중 연경당 본채의 부뚜막 아궁이를 제외하면 공통적으로 모두 난방만을 위한 함실아궁이로 되어 있고 구들 개자리가 없으며, 숯을 연료로 사용하였는데, 아궁이 바닥과 이맛돌까지는 100cm~120cm 높이를 가지고 있다.

고임돌은 화강암 다듬은 것이나 전(塼) 또는 강회벽돌로 만들었으며 함실바닥은 강회다짐을 했고 3~5개의 굽은 고래가 대표적이다. 구들돌은 화강암을 다듬어 썼다. 내굴길은 마당 밑에서 굴뚝개자리로 끌어왔고 구들의 규모에 따라 크기가 다르며 경사지게 되어 있다.

〈그림 9〉 자경전 함실아궁이(2004년)

　궁궐의 구들 중에는 '탕방'이라는 겹구들 양식이 알려져 있는데, 줄
고래 형식의 아랫단 구들에서 올라온 열기가 윗단의 방사형 고래를 지나
는 특이한 양식으로 급작스러운 바닥 온도의 변화 없이 장시간 온기를
유지할 수 있는 구조로 되어 있다.

　일제강점기 동안 이러한 전각들에 일본인들이 살면서 그 원형을 훼
손 또는 파괴시켰는데 아직까지 복원을 기다리는 것이 많다. 온돌을 사
랑하는 이들이 이 일을 속히 이루어야 한다.

4) 온돌과 관련한 조선시대 문헌 고찰

　우리나라 구들의 역사 중 다음과 같은 조선왕조 후기의 상황은 놀라
움과 궁금증을 동시에 불러온다. 성호 이익이 쓴『星湖僿說』에 지나친
온돌방의 확산을 개탄하며 "청나라에는 아무리 큰 집이라 해도 온돌없
이 마루방에서 살며 백수를 누리는 사람이 있는데, 우리는 너무 몸을 편

하게 하여 병이 드는 일이 많다. 100년 전에는 대궐에도 온돌방이 한 두 칸이었고, 일반 백성들의 집에서는 노인과 병자가 기거하는 곳에 온돌을 두었다"고 적었다. 이는 게으름을 경계하고 지나친 땔감의 낭비를 우려했다는 것을 엿볼 수 있는 내용이다. 반상의 빈부격차가 벌어져 있던 시대에 일반 민초들의 가옥에서 쓰는 구들은 낙후된 구조로 낮은 열효율로 인한 연료의 낭비로 점차 사회적 문제로까지 확대될 수밖에 없었다.

조선왕조 말기에 지어진 실학서(實學書)인 서유구의 『林園經濟志』는 우리나라 문헌 중에 유일하게 건축과 조경 등에 대해 상세하게 기록된 농촌 경제 정책서이다. 방대한 내용이기에, 돌베개에서 펴낸 『산수간에 집을 짓고』를 중심으로 당시의 상황을 살펴보면, 시기적으로 국력이 쇠퇴하고 일반 백성들의 삶은 곤궁하였으며 중국문물을 지상최대의 본보기로 삼는 시대적 상황이었다.[10] 건축의 이상향도 상당수가 중국의 형식을 따르고 있고 심지어 『熱河日記』의 저자인 연암 박지원도 구들에 관해서는 중국식 炕의 우수함이 우리나라 온돌보다 뛰어나다고 하였으며, 심지어는 "서둘러 캉(炕)의 제도에 의거하여 바꾸는 것이 옳다"고 적었다.[11]

『謏聞事設』에는 조선왕조 후기에 구들 구조를 개량하기 위한 설계도와 상세한 시공법이 기록되어있는데, 직돌식(直突式) 온돌구조와 풍조

---

[10] 서유구 著, 안대회 譯, 『산수 간에 집을 짓고(임원경제지에 담긴 옛사람의 집짓는 법)』, 돌베개
[11] 『金華耕讀記』.

식(風灶式) 온돌구조로 구분하였고 고임돌은 규칙적인 허튼고래의 배열로 그려져 있다. 이는 이천 년 전 亞字구들 구조는 고사하고 오백여 년 전의 줄 고래 구들 구조에도 훨씬 못 미치는 초보 수준의 구조로 이 시기의 온돌문화는 발전은커녕 오히려 쇠퇴했다고 볼 수 있다.

<표 3> 조선후기 문헌으로 본 온돌의 역사[12]

서명	작가	주요 내용
성호사설(星湖僿說)	이익(李瀷, 1681~1763)	지나친 온돌방 확산 개탄
임원경제지(林園經濟志)	서유구(徐有榘, 1764~1845)	온돌 만드는 법 소개/중국의 제도와 비교하여 우리 제도의 문제점 지적
열하일기(熱河日記)	박지원(朴趾源, 1737~1805)	구들의 결점/중국식 炕 소개
금화경독기(金華耕讀記)	서유구(1764~1845)	부뚜막 시공법/중국식 炕 소개
증보산림경제(增補山林經濟)	유중림(柳重臨, 1766 저술)	부뚜막 재료 만드는 방법 소개
소문사설(謏聞事說)	이작(李杓, 18세기 저술)	구들 설계도 및 시공법 작성

『熱河日記』에서 묘사된 조선후기 우리 구들의 결점을 분석해보면, 당시 일반 민가에서 사용하는 구들의 낙후된 구조와 재료의 부실 등의 문제로 인한 땔감의 낭비를 지적하고 있다. 그러나 이는 전문적인 장인이 만든 양반집이나 사찰의 구들과는 거리가 먼 얘기로, 당시 반상 간의 빈부격차가 심한 시대적 상황이 빚어낸 결과일 뿐, 결코 우리 구들 자체의 문제점이라고 보기는 힘들다. 열악한 자원과 형편에 처한 평민들이 그나마 추운 겨울 생을 유지할 수 있었던 유일한 수단이 구들이었다고

---

12 1766年(영조42) 유중림(柳重臨)이 홍만선(洪萬選)의 『山林經濟』를 증보하여 간행한 농사요결서(農事要訣書).

볼 수 있다. 실제 올바른 시공과 좋은 재료를 사용할 경우, 현대적 난방 방식에 비해 오히려 열효율이 뛰어난 것으로 밝혀지고 있다.

『金華耕讀記』에 기록된 바에 의하면

> "어떤 사람들은, 우리나라 사람들이 온돌방에 익숙하기 때문에 온돌방 제도는 그대로 두고 구들장 까는 것을 제도에 따라 한다면 편하기도 하고 땔감도 절약할 수 있다고 말하며 사람들은, 덜 땔감을 절약하는 까닭은 넓이가 한 길을 넘지 않아서 굴뚝과 부엌에 가깝기 때문에 불길에 쉽게 미칠 수 있어서라고 한다……(중략)…… 만일 제도를 모방하려 한다면, 방에 놓는 구들장의 길이와 넓이를 줄여서 방구석에 서 방문턱까지의 척도를 영조척(營造尺)으로 十 尺에서 一二 尺를 더 넘기지 않도 록 해야 겨우 가능하다."

어떤 이유로 조선후기의 구들구조가 이렇게 원시적으로 퇴보하여, 오히려 중국식 炕의 제도를 모방하려는 시도를 하게 되었을까? 무엇보 다 당시 시대적 상황의 영향이 크다 하겠다. 중국 문화에 심취한 양반계 층, 즉 士大夫들이 오랫동안 이어져 내려온 우리 고유의 전통문화를 괄 시하고, 궁핍한 민가에서는 제대로 된 구들을 만들고 좋은 땔감을 사용 할 수 없었기에 비롯된 것이라 하겠다. 그러나 구들이 사회적 문제로 대 두되어 실학자들에 의해 그 문제점들이 밝혀짐에 따라 정확한 시공법과 적합한 재료 등에 대한 연구가 진행되어 대중화를 시도하게 되는 전화위 복의 기회가 되었다고도 볼 수 있다.

(3) 맺음말

이상에서 본 바와 같이, 우리의 구들은 문헌상에 나타나 있는 것보다 훨씬 전부터 한반도에서 사용되고 있었다. 그 또다른 증거로 평양의 낭랑고분(B.C. 108)에서 구들의 유적이 발굴되었다는 학계의 보고가 있다. 이렇듯 초기 구들의 역사는 대단히 깊다는 것을 알 수 있으며 지금으로부터 약 5만 년 전이라고 추측되는 회령 오동의 구석기시대 주거지 유적에서 구들로 추정되는 형태의 바닥과 벽이 발굴됨으로써 그 시기를 구석기시대까지 거슬러 올라가게 한다.

다른 면으로는 중국 고고학 연구소에서 발표한 5, 6천 년 전 우리 선조들의 강역인 지금의 만주 지방에 지어졌던 피라미드 유적에서 그 당시의 과학적 문화 수준으로 볼 수 있어서, 최소한 수천 년의 역사가 구들속에 있다고 할 수 있으며 이는 서기 119년에 축조된 아자방 구들을 생각할 때 충분히 공감하게 된다.

현재 국내에서는 선조들의 온돌문화를 다양한 방법으로 활용하여 현재의 온돌문화를 이어오고 있고, 이에 대한 문헌과 유구에 대한 연구를 통해 국내 온돌의 우수성을 알리고 보급하고자 연구를 진행하였다.

우선 문헌에서 나타난 온돌에 있어서, 역사적으로는 국내의 문헌보다 중국의 것이 앞서고 있지만, 중국의 문헌에서 보이듯이 국내에서도 온돌이 존재하였다고 소개하였고, 근세 일본의 문헌에서는 국내의 온돌은 신석기시대부터였다는 증거를 보여주듯이 한국의 온돌 역사가 주변국보다 훨씬 오래 되었다는 것을 알 수 있다.

유구를 통해 나타난 국내의 온돌은 철기시대부터이며, 시간이 흐르면서 궁중 중심의 것으로 발전하며 많은 연구와 시행을 거쳐 오면서 일반화되어왔다. 조선시대에는 서민들의 온돌 사용에 대해, 시공법이나 재료의 문제, 자원의 황폐화 등으로 인해 실학자들의 원성을 사며 중국식의 온돌을 추천하기도 하였으나, 정확한 시공법과 재료 등을 소개하여 온돌의 효율을 높이며 대중화를 꾀하기도 하였다.

동아시아 각국의 온돌은 그 시대와 문화에 맞게 다양하게 발전해왔으며, 이는 온돌이 생활의 일부이고 그 필요성에 의해 발전되어왔다는 것을 의미한다. 하지만 중국이나 일본이 우리의 온돌처럼 발전하지 못한 이유는 늘 혼란스런 사회 분위기와 생활 습성의 차이로 인해 지속적으로 발전되지 못하였기 때문이다.

그러나 최근 중국에서는 온돌의 기원을 중국으로 보고 동북아시아로 전파되었다고 주장하고 있다. 이에 대해 우리는 여러 사료(史料)를 통해 바로 잡고, 계속적인 연구와 발굴을 통하여 온돌의 우수성을 널리 알리고 보급해야 할 것이다.

마지막으로 우리 전통온돌에 대한 연구는 역사적 고증 및 과학적 분석뿐만 아니라, 더불어 전통온돌을 현대에 맞게 보편화, 대중화할 기술의 개발도 필요하다. 다시 말해, 온돌 관련 학술 연구, 기술 개발의 촉진을 통해 온돌의 독보적인 우수성을 세계에 널리 알리고, 미래의 발전된 난방법으로 연구, 발전시킬 수 있도록 해야 할 것이다.

참고문헌

『전통온돌의 계승과 현대적 이용』, 國際溫突學會志, 2008.

金俊峰 · 李新昊 · 吳洪植, 『온돌, 그 찬란한 구들문화』, 青红, 2008. 2.

김남응, 『유적으로 보는 구들 이야기』, 檀國大學校出版部, 2004.

임병태, '수원 서둔동 주거지 발견', 박물관 신문, 1982.

주남철, 『한국건축사』, 고려출판부.

서유구 著, 안대회 譯, 『산수 간에 집을 짓고(林園經濟志에 담긴 옛사람의 집 짓는 법)』, 돌베개.

『오녀산성곽조사발굴보고서』, 1996~1999, 2003年.

Web site

한국 문화재청 웹사이트, http://www.cha.go.kr/

老北京网, 文化影像记录, http://www.oldbeijing.org/

昔河사진문화연구소, http://www.beautia.co.kr/

6.
조선 온실건축에 이용된 온돌의 독창성과 과학성

*조동우
한국건설기술연구원, 수석연구원
*유기형
한국건설기술연구원, 선임연구원
*정해권
한국건설기술연구원, 연구원

국제온돌학회 논문집 통권 제5호, 한국토지주택공사 (Vol. 5, 2006, pp, 157~170)

(1) 서론

1) 연구의 목적

우리나라는 춥고 긴 겨울을 갖고 있는 특성으로 인하여 예로부터 건축에서도 자연환경을 가능한 적극적으로 이용하여 실내에서 생활하기에 적합한 환경을 이루고자 하였다. 우리나라 전통 건축물의 재료 및 구성 요소를 살펴보면 구조재는 목재를 이용하고, 벽체는 주로 황토와 볏짚 같은 친환경 재료를 이용하여 외부 환경을 차단하는 벽체를 구성하였다. 또한, 바닥에는 구들을 놓아 불을 때서 부족한 난방열을 공급하였다. 이때 온돌에 사용하는 장작과 같은 난방 재료는 공급열의 다소를 조절하기 어렵기 때문에 한번에 과대한 열이 실내에 공급되지 않고 실내 온도가 적절히 유지될 수 있도록 바닥의 구들이나 벽체는 충분히 두꺼운 구조로 구성하여 실내 온도의 변화폭을 일정 온도 범위 내로 조절하는 방법을 취하였다. 또한, 창호 및 문에는 한지를 이용하여 바람은 차단하면서 자연 채광이나 일사의 일부분이 실내로 유입되도록 하였다. 이와 같은 건축 방식은 주로 주택을 구성하는 방식에서 주류를 이루었다. 그런데 최근에 발견된 산가요록(山家要錄)이라는 자료에 의하면 이와 같은 온돌시스템이 주택뿐 아니라 조선시대 동절기에 채소를 기르기 위해 온실 건축에도 활용된 사실이 밝혀졌다.

본 연구에서는 조선시대의 자료를 토대로 복원한 온돌을 이용한 온실 건축에 대하여 실내온열환경에 대한 실측 및 분석을 실시하여 조선온실 건축의 온열 환경을 평가한다. 또한 현재 농사를 위해 통상적으로 이용하고 있는 비닐온실과 한지온실 간의 차이점을 비교하기 위해 비닐온실 모델과 한지온실 모델을 제작하여 이들의 비교 실험하고, 조선시대에 이용된 한지온실건축에서 식물이 생장하기에 적합한 환경을 이룰 수 있었는지를 평가하고자 한다.

2) 연구의 내용 및 방법

본 연구에서는 산가요록에 기록된 조선온실이 동절양채(冬節養菜)를 할 수 있는 온실, 즉 식물이 생장할 수 있는 기능과 환경을 갖출 수 있었는지를 파악하기 위해 복원된 조선온실에서의 열환경 특성을 측정 분석하였다. 또한 한지온실과 비닐온실의 축소모형을 제작하여 이에 대한 열환경 특성의 차이를 비교하였다.

그리고 한지온실의 특성을 살펴보기 위하여 본 연구에서는 비닐에 의한 온실모형 공간과 한지에 의한 온실모형 공간을 소규모로 제작하였다. 측정 기간은 2002년 3월 21일부터 3월 30일까지 일주일 동안 데이터로거(datalogger)를 이용하였으며 측정 항목은 실내온도, 바닥 및 벽체온도, 한지 및 비닐표면온도, 상대습도, 복사온도, 외기온도 등으로 매 10분 간격으로 측정하였다.

(2) 조선온실 건축에 대한 고찰

1) 조선온실 건축

조선온실은 1450년 의관(醫官) 전순의(全楯義) 선생이 편찬한 산가요록(山家要錄)에 기록된 온실건축부분의 기록대로 당시 궁중의 꽃과 정원을 관장하는 관청인 장원서(掌苑署)에서 관리했던 500년 전의 옛 온실건축을 재현하면서 거론되기 시작하였다. 산가요록의 자료를 살펴보면 산가요록의 식품 부분 중간에 동절양채(冬節養菜)라는 작은 제목이 있고 다음과 같이 풀이하고 있다.[1]

"집(온실)을 짓되 크고 작음은 임의대로 한다. 삼면은 막아 쌓고, 기름종이를 바른다. 남면은 전면에 살창을 내고 기름종이를 바른다. 바닥에 구들을 만들되 연기가 나지 않게 한다. 구들 위에 흙을 한 자 반 정도의 높이로 쌓고 온갖 봄채소를 재배할 수 있다. 저녁에는 바람이 들지 않게 하며 천기가 극히 차가운 즉, 두텁게 비개를 엮어 살창을 가린다. 날씨가 따뜻하면 철거하고 매일 물을 이슬같이 뿌려준다. 방안은 항상 온화하고 윤기가 있게 하며 흙이 마르지 않게 한다. 또 이르기를 밖에 가마솥을 걸어 조석으로 솥에서 나는 습기를 벽 안으로 끌어 방 안을 훈훈하게 한다."

이상의 내용으로 보아 이 건축물은 기능면에서 오늘날의 온실과 일치한다. 강희안의 양화소록(養花小錄)에 나오는 움집[土宇]과는 가온(加

---

1 김영진, 「농상집요(농상집요)와 산가요록(산가요록)」, 조선 초 과학영농온실 복원기념 학술심포지엄, 2002. 3. 30.

溫)을 하였다는 점에서 구별이 되나 때로는 움집과 혼용하기도 한 것으로 판단된다. 명종 7년(1552) 1월 12일자의 실록을 보면 "겨울철에 꽃을 기르는 토우(土宇)와 시목(柴木)의 역사(役事) 때문에 백성들이 많이 시달린다"는 기록이 있기 때문이다. 곧 움집이 가온을 하지 않았다면 시목에 대한 언급이 필요 없기 때문이다.

산가요록의 편찬연대를 그가 편찬에 가담한 의방유취(醫方類聚, 1445)와 유사한 시기로 본다면 대략 1450(세종 32년)경으로 추정된다. 이는 네덜란드의 무이젠버그가 쓴 온실의 역사(history of green house)를 보면 유럽에서는 1619년경이며 난로(stove)로 가온하였다는 기록과 비교해 볼 때 전순의의 온실은 이보다 약 170년경 정도 앞선 것으로 판단할 수 있다.

2) 복원된 조선온실 건축

이와 같은 산가요록의 자료를 토대로 (사)우리문화가꾸기회가 농림부, 문화관광부, 경기도의 지원을 받아 2002년에 경기도 양평에 복원하였다. 전체적인 규모는 면적이 약 60㎡으로 전면이 10m, 측면이 6m, 높이 0.6~2.0m인 구조를 이루고 있다. 건축 방법은 자료에 나와 있는 대로 삼변에 황토담을 약 30㎝ 두께로 쌓고 남쪽엔 한지에 기름을 바른 창들을 경사지게 달아 햇볕을 투과할 수 있도록 하였다〈그림 1〉. 또한, 바닥에는 구들을 설치한 후 약 40㎝의 두께가 되도록 흙을 쌓고 그 위에 목재를 대고 45㎝의 흙을 깔아 채소를 심을 수 있도록 하였다〈그림 3〉.

〈그림 1〉 복원된 15세기 조선온실 건축의 전경

〈그림 2〉 복원된 조선온실 살창 〈그림 3〉 조선온실의 내부 구조

북측 면의 온실 벽과 맞붙여 주택의 부엌 구조와 유사하게 불을 때어 구들 및 밑바닥의 온도를 조절할 수 있도록 부뚜막을 설치하였고 온실이 있는 고래 쪽으로 가열된 열기가 통과하여 남쪽의 양측에 있는 굴뚝을 통하여 연기가 배출될 수 있도록 하였다. 또한 부뚜막 위에 솥을 걸고 불을 때어 물이 끓으면 온실 안과 연결된 연결구를 통하여 잠열을 갖고 있는 수증기가 온실 내로 유입되어 온도와 습도를 조절할 수 있도록 하였다〈그림 4〉.

〈그림 4〉 수증기가 유입구를 통해 온실 내로 유입되고 있는 모습

(3) 조선온실건축에 사용된 온돌의 구성

우리나라 온돌난방을 역사적으로 살펴보면, 신석기시대에는 냇돌이나 할석, 점토대를 두른 노(爐)가 주거지 중앙에 나타나며, 청동기 및 철기시대 초기에 들어 취사와 난방용으로 爐가 2개 이상 분리되기 시작하였다. 이후 철기시대 초기 및 삼국시대 초기에 들어 중앙의 爐는 하향식으로, 그리고 벽 쪽의 취사용 爐는 부뚜막 형태로 정착된다. 이러한 형태는 삼국시대 및 고구려시대에 들어 취사와 난방이 결합된 전통온돌의 형태인 ㄱ자형 구들로 합쳐져 남쪽으로 전파되며, 고려시대 중기에 들어 아궁이가 방 밖으로 나가고 방 전체 온돌이 정착하게 된다. 조선시대 초기의 기록인 신증동국여지승람(新增東國與地勝覽, 1399)에 의하면 객관(客館), 학교, 역원(驛院)에는 일찍부터 황해도부터 제주에 이르기까지 온돌 난방방식이 채용되었음을 기록하고 있다.[2]

---

2 여명석 외,「전통온돌의 시대적 변천과 형성과정에 관한 연구」, 대한건축학회논문집, 1995. 1.

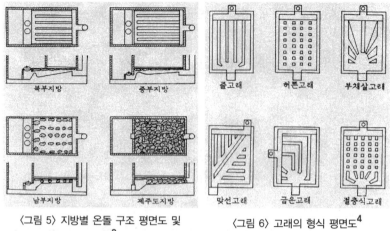

〈그림 5〉 지방별 온돌 구조 평면도 및 단면도[3]

북부지방　　중부지방　　남부지방　　제주도지방

줄고래　　허튼고래　　부채살고래　　맞선고래　　굽은고래　　절충식고래

〈그림 6〉 고래의 형식 평면도[4]

상류사회에서도 난방법으로 사용하게 된 온돌은 인조왕대에 와서 국가가 정책적으로 온돌의 보급을 장려하고 있다. 온돌방에 장판을 한 기록은 조선 초기부터 발견된다.[5]

조선시대의 부엌은 방바닥에서 2.5~3자를 낮추어 바닥을 만들고 이 바닥에서 1.5자 내외로 부뚜막을 만드는데 부엌의 바닥을 낮추는 이유는 불길이 방고래로 잘 들이도록 하기 위함이다. 아궁이에서 방고래로 급경사를 이루다가 약간 낮아지는 부넘기가 있는데 이는 불길이 잘 넘어가고 불이 거꾸로 내지 않도록 해준다. 부넘기에서 굴뚝이 있는 개자리까지는 약간씩 경사지게 되고 경우에 따라 구들장을 놓을 때도 약간씩 경사를 두게 되어 아궁이 쪽이 약간 낮게 되는 경우가 있다. 또 불길

3 김선우, 「한국 주거난방의 사적고찰-온돌을 중심으로」, 대한건축학회지, 1979. 10.
4 정기범, 「전통온돌의 구조와 열 성능」, 동국대학교 대학원 박사학위논문, 1992.
5 주남철, 「한국주택건축」, 일지사, 1986.

이 고래에서 굴뚝으로 연결되기 전에 고래보다도 깊게 파여진 골이나 웅덩이가 있어 재나 연기가 일단 머무르게 하는 개자리가 있으므로 여기서 굴뚝으로 연결되어 굴뚝 밑에 개자리를 하나 더 둔다.

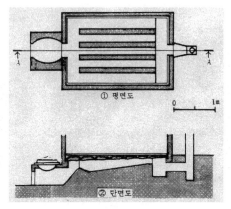

<그림 7> 온돌의 구조 개요도

(4) 조선온실의 온열환경 평가

1) 측정 개요

본 연구에서는 산가요록에 기록된 조선온실이 동절양채를 할 수 있는 온실, 즉 식물이 생장할 수 있는 기능과 환경을 갖출 수 있었는지를 파악하기 위해 복원된 조선온실에서의 열환경 특성을 측정 분석하고, 또한 한지온실과 비닐온실의 축소 모형을 제작하여 이에 대한 열환경 특성의 차이를 비교하였다. 측정 기간은 2002년 3월 21일부터 3월 30일까지 일주일 동안 데이터로거를 이용하였다. 측정 항목은 실내온도, 바닥 및 벽체온도, 한지 및 비닐표면온도, 상대습도, 복사온도, 외기온도 등으로 매 10분 간격으로 측정이 이루어졌다.

〈그림 8〉 복원된 조선온실 내 온열환경 측정 장면

2) 조선온실의 온열환경 특성 분석

산가요록에 따라 복원된 조선온실은 태양복사열이 기름을 입힌 한지의 투과체를 통해 온실 내로 투과된 후에 실내 바닥 및 황토 벽체에 흡수된 후 장파장의 복사열로 바뀌게 되면서 한지를 통해 다시 투과하여 나가지 못하게 됨으로써 온실 내의 온도가 상승하게 되는 것이다. 그러나 추운 겨울에는 일사만을 이용하여 충분히 온실 내의 온도를 유지하기 어렵기 때문에 하루에 2차례 2시간씩 아궁이에 장작불을 때서 부족한 열량을 온돌로 공급하였으며, 한편 낮에 투과된 일사열에 의해 실내가 과열이 되는 경우에는 기름한지를 바른 살창을 열어 식물이 생장하기에 양호한 온도 조건이 유지되도록 하였다.

〈그림 9〉는 측정 기간 중 가장 추운 시점에 온실 내에서 측정된 실내 온도의 변화를 나타낸 것이다.

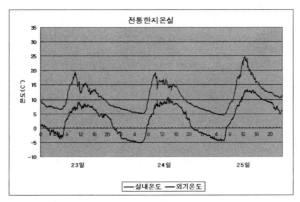

〈그림 9〉 조선온실 내의 실내온도 및 외기온도 분포

그림에서 보는 바와 같이 외기 평균 온도가 3.5℃를 나타내고 있을 때, 온실 내 평균 온도는 10.9±4.6℃를 유지하고 있었다. 외기온도가 13℃일 때에 온실 내에서 한낮의 최고 온도는 24.6℃까지 상승하였으며, 측정 기간 중에 외기온도가 가장 낮은 -5.2℃일 때에도 온실 내의 최저 온도는 4.6℃이상을 유지하였다.

측정 시, 복원된 온실의 남면에 설치된 살창과 온실 사이에 틈이 있었으며, 이 틈을 통해 틈새바람이 들어왔다. 이와 같은 살창의 틈새에 공기막이 이루어지도록 2겹으로 문풍지를 적절히 배치해 놓았을 경우 실내온도는 더욱 안정적인 모습을 나타낼 것이라 판단한다.

또한 측정 기간 중 한지온실 내에서 측정된 실내온도, 실내복사온도 및 한지의 표면온도의 변화를 측정하였다〈그림 10〉. 여기서, 실내 복사온도는 글로브온도계(glove thermometer)를 이용하여 측정한 것으로 이는 식생이 느끼는 온도를 의미하며, 한지표면온도는 온실 내에서 한지의 표면온도를 측정한 것이다.

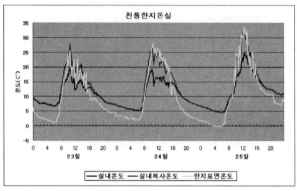

〈그림 10〉 조선온실 내의 실내온도, 복사온도 및 한지표면온도

온실 내의 실내 평균 온도가 10.9±4.6℃를 유지하고 있을 때에 실내 평균 복사온도는 약 1.8K 정도 높은 12.7±6.8℃를 나타내고 있다. 실내 복사온도는 주간에는 일사의 영향을 받아 실내온도보다 높게 유지하고 있으며, 야간에는 실내온도와 동일한 변화를 나타내고 있다.

한편, 한지표면온도는 평균 9.9℃를 나타내고 있으며 주간에는 실내 복사온도와 동일한 온도 분포를 유지하고 있으며, 야간에는 온도가 매우 떨어지고 있으나 0℃ 이상을 유지하고 있는 모습을 나타내고 있다.

이와 같은 현상은 한지온실이 일사가 실내로 투과되어 실내온도를 상승시키고 식생이 성장할 수 있도록 온도를 유지하면서 보온을 하는 온실로서의 기능을 뚜렷이 하는 것이라 볼 수 있다.

다음으로 동절양채가 생장을 하는 가장 중요한 위치인 바닥부분의 온도, 실내온도 및 벽체 내 표면의 온도 측정 결과는 〈그림 11〉과 같다.

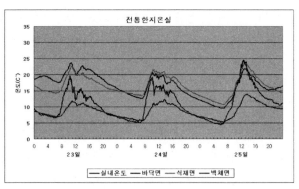

〈그림 11〉 조선온실 내의 각 부위 온도 분포

바닥면의 온도는 16.7±3.5℃를 나타냈으며, 바닥면에서 약 45cm 높이인 식생이 위치하고 있는 식재면 바닥의 표면온도는 16.6±3.0℃를 나타냈다.

바닥면과 식재면의 표면온도는 실내온도보다는 평균 6℃ 정도 높은 온도를 유지하고 있었다. 이것은 겨울철 온실 내를 유지하기 위해 하루에 2차례씩 온돌 난방을 하여 바닥면을 가열시킴으로써 나타난 현상이라 볼 수 있다. 또한, 바닥면의 최고상승온도는 23.6℃, 식재면의 최고상승온도는 23.4℃를 나타내고 있다. 그리고 바닥면과 식재면의 표면온도는 거의 유사한 온도를 가지면서 변화를 하는데 이는 구들위에 충분한 두께의 흙이 있어 아래에서 공급된 열이 아주 서서히 위로 전달되기 때문으로 판단된다. 이와 같은 온도 범위는 동절양채가 성장하기에 적절한 온도 내에서 유지되고 있다.

한편, 벽체의 내표면 온도는 평균 8.8℃ 정도를 유지하고 있으며, 30cm 두께의 벽체는 실내온도를 안정시키기 위한 일정 역할을 하고 있다.

장작불을 때서 부족한 열량을 공급하더라도 바닥면의 온도 편차는 2K 이내로 매우 안정되어 있었다. 이것은 약 20㎝ 정도의 구들과 흙의 영향에 의한 축열(thermal storage) 및 시간 지연(time-lag)효과로 인해 안정된 온도를 나타낸 것으로 판단된다. 한편, 그 위에 식생을 위해 마련된 토양층 부분에서는 온도편차가 1.5K 정도로 더욱 작게 나타나 아궁이에 장작불을 때는 온돌방식의 조선온실이 식물 생장에 좋은 환경을 제공해 주는 수단으로 충분히 활용이 되었다는 사실이 입증되었다.

다음으로 식생의 높이에 따라 어느 정도 수준의 온도를 갖게 되는지를 파악하기 위해 온실 내의 수직 높이에 따른 온도를 측정하였다〈그림 12〉. 수직면으로 3점의 온도를 측정하였는데 온실 공간 내에서의 실내온도는 동일한 온도대를 형성하고 있었다. 주간에는 일사에 의해 천장(한지표면)의 온도가 가장 높고, 야간에는 바닥면의 온도가 가장 높은 분포를 이루어 온 실내 공간의 실내온도가 안정적으로 유지되고 있다.

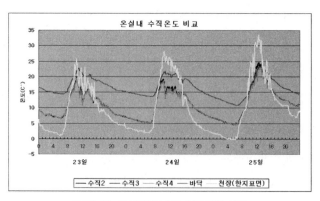

〈그림 12〉 조선온실 내의 수직 온도 분포

이와 같은 측정 결과를 살펴 볼 때, 본 한지온실은 동절양채가 생장하기에 충분한 환경적 조건을 갖추고 있다는 것을 알 수 있다.

(5) 한지온실과 비닐온실에 대한 온열환경 비교

1) 측정개요

한지온실의 특성을 살펴보기 위하여 본 연구에서는 비닐에 의한 온실모형 공간과 한지에 의한 온실모형 공간을 소규모로 제작하였다. 제작된 온실모형 공간을 한지온실의 앞마당에 놓고 주변을 흙으로 다져서 공기가 통하지 않게 하였다. 온실모형 공간은 순수한 자연실온 상태에서 상대적인 온열환경 특성을 비교해 보았다. 측정 시기는 2002년 3월 23일부터 3월 25일로 한지온실의 측정 시기와 동일하며, 측정 항목은 실내온도, 복사온도, 온실을 구성하는 온실막 표면온도 및 상대습도 등이다.

〈그림 13〉 한지온실과 비닐온실 모형공간 설치 모습

2) 측정결과 및 분석

외기온도가 -5.2℃에서 13.3℃까지 변화할 때, 비닐온실 모형공간과
한지온실 모형공간에서의 실내온도의 변화를 측정하였다〈그림 14〉.

먼저 비닐온실의 실내온도는 평균 9.3℃를 나타냈으며, 한지온실
의 실내온도는 평균 9.0℃를 나타내어 두 온실의 조건이 매우 유사한 것
으로 분석되었다. 한편, 비닐온실 모형공간 내의 최고온도 및 최저온도
는 30.7℃와 -2.1℃, 한지온실 모형공간 내의 최고온도 및 최저온도는
28.5℃와 -1.8℃로 나타났다.

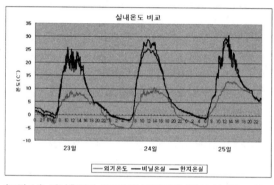

〈그림 14〉 비닐온실과 한지온실 모형공간에서의 실내온도 분포

또한 비닐온실 모형공간 내의 온도편차는 ±9.8K, 최대 온도진폭은
32.8K, 한지온실 모형공간 내의 온도편차는 ±8.8K, 최대 온도진폭은
30.3K로 나타났다.

즉, 평균 온도는 두 경우 모두 유사하지만, 한지온실 모형공간 내에서
의 온도변화폭이 상대적으로 작아 식물의 성장에 한지온실 모형공간이

약간 유리한 것으로 분석된다.

이것은 한지가 비닐보다 보온성과 일사투과율이 상대적으로 낮아서 나타난 결과라고 볼 수 있다. 그러나 두 경우 모두 외기온도가 가장 낮은 조건에서 실내온도가 0℃ 이하로 낮아져 보조적인 난방을 필요로 하는 것으로 분석되었다.

〈그림 15〉는 〈그림 14〉에 전통 한지온실의 실내온도를 추가하여 나타낸 것이다. 전통 한지온실의 실내온도는 모형 한지온실의 실내온도에 비해 매우 안정적인 모습을 나타내고 있다. 이는 전통 한지온실공간이 온돌구조에 의한 보조난방과 바닥 및 3면 벽체에 의한 축열 기능, 높은 습도 조건에 의한 잠열상태 유지, 그리고 상대적으로 넓은 공간에 의한 열의 확산을 이루고 있기 때문으로 분석된다.

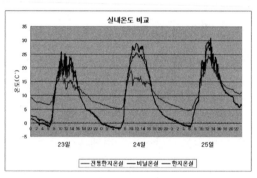

〈그림 15〉 비닐온실과 한지온실 모형공간 및
한지온실 간의 실내온도 분포

다음으로 비닐온실 모형공간과 한지온실 모형공간에서의 실내 복사온도의 변화에 대한 측정을 실시하였다〈그림 16〉.

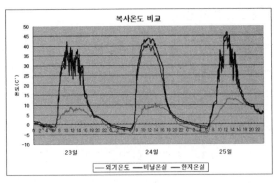

〈그림 16〉 비닐온실과 한지온실 모형공간에서의 복사온도 분포

먼저 비닐온실 모형공간의 실내 복사온도는 평균 13.8℃를 나타냈으며, 한지온실 모형공간의 실내온도는 평균 12.3℃를 나타내어 비닐온실 모형공간의 온도가 1.5℃ 정도 높은 것으로 분석되었다. 한편, 비닐온실 모형공간 내의 최고온도 및 최저온도는 46.8℃와 -2.3℃, 한지온실 모형공간 내의 최고온도 및 최저온도는 43.9℃와 -3.0℃로 나타났다.

두 경우 모두 최고 실내온도보다 최고 실내복사온도가 16℃ 정도 높게 나타나 주간에 일사에 의한 온실효과에 의해 복사온도가 크게 상승하는 것을 알 수 있다.

〈그림 17〉은 비닐온실 모형공간과 한지온실 모형공간에서의 비닐표면과 한지표면에서의 일변화 온도를 나타낸 것이고 〈그림 18〉은 비닐온실 모형공간과 한지온실 모형공간을 적외선카메라로 촬영한 사진을 나타낸 것이다.

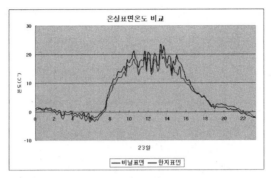

〈그림 17〉 비닐온실과 한지온실 모형공간에서의 온실표면온도 분포

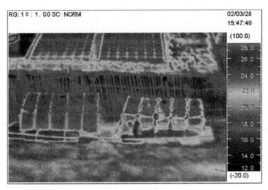

〈그림 18〉 비닐온실과 한지온실 모형공간에 대한 적외선촬영

먼저 비닐 표면의 온도는 평균 5.6℃를 나타내었으며, 한지 표면의 온도는 평균 6.5℃를 나타냈다. 전체적으로 비닐온실 모형공간에서의 실내온도 및 복사온도가 높게 나타난 반면, 표면온도의 비교에서 한지표면의 온도가 0.9℃ 높게 나타난 것은 매우 특이한 현상이라 할 수 있다. 이는 미세한 차이지만 한지의 열전도율이 비닐의 열전도율보다 낮아 실내의 열이 외부로 손실되는 것을 줄여주는 효과로 나타난 현상인 것으로 분석된다.

마지막으로 외기온도가 -5.2℃에서 13.3℃까지 변화할 때, 비닐온실 모형공간과 한지온실 모형공간에서의 상대습도 변화를 측정하였다〈그림 19〉.

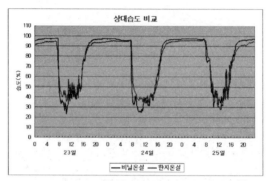

〈그림 19〉 비닐온실과 한지온실 모형공간에서의 상대습도 분포

비닐온실의 상대습도는 평균 77±26.2%를 나타냈으며, 한지온실의 실내온도는 평균 76±23.2%를 나타내어 두 온실의 조건이 매우 유사한 것으로 분석되었다. 그러나 그림에서 살펴보면 한지온실 모형공간이 비닐온실 모형공간에 비해 상대적으로 주간에는 습도가 약간 낮고, 야간에는 약간 높은 특성을 나타내고 있다. 이것은 한지온실 공간이 식물 생장에 보다 긍정적인 조건으로 나타날 수 있다.

일반적으로 온실은 외기와 차단이 되어 실내습도가 외부보다 높아지게 된다. 이 경우 온실막의 온도는 실내온도보다 낮기 때문에 온실막에 이슬이 맺히는 현상이 발생한다. 온실막에 맺힌 이슬은 온실 하부로 떨어지며 이때 식생의 잎에 떨어질 경우 식생에 나쁜 영향을 주게 된다. 본 측정 시에 한지는 그 특성상 흡습성과 투습성이 비닐보다는 높아 표면에서 이슬맺힘 현상이 거의 발생하지 않았으나, 비닐표면에서는 많은 부분에서 이슬맺힘 현상이 나타나 있었다.

본 조사 및 실험에서 비닐온실과 한지온실에 대한 온열환경성능을 비교해 본 결과, 조선시대의 온실이 오늘날의 온실과 비교해 보아도 전혀 손색없는 시설인 것으로 평가되었다.

(6) 결론

최근에 발견된 산가요록(山家要錄)이라는 자료에 의해 조선시대 동절기에 채소를 기르기 위해 온실건축에도 온돌이 활용된 사실이 밝혀졌다. 주거용으로 개발된 온돌을 과감히 농사에 도입하고 흙이나 한지와 같은 평범한 재료들을 온실에 적합한 소재로 활용하였다는 주목할 만한 사실이다.

본 연구에서는 산가요록에 기록된 조선온실이 동절양채(冬節養菜)를 할 수 있는 온실, 즉 식물이 생장할 수 있는 기능과 환경을 갖출 수 있었는지를 파악해 보기 위해 복원된 조선온실에서의 열환경 특성을 측정 분석하고 또한 한지온실과 비닐온실의 축소모형을 제작하여 이에 대한 열환경 특성의 차이를 비교해 보았다.

산가요록에 따라 복원된 조선온실은 태양복사열이 기름을 입힌 한지의 투과체를 통해 태양복사열이 온실 내로 투과된 후에 실내 바닥 및 황토 벽체에 흡수된 후 장파장의 복사열로 바뀌게 되면서 한지를 통해 다시 투과하여 나가지 못하게 됨으로써 온실 내의 온도가 상승하는 온실효과 현상이 나타났다. 이와 같은 현상은 한지온실이 일사가 실내로 투과되어 실내온도를 상승시키고 식생이 성장할 수 있도록 온도를 유지하면서 보온을 하는 온실로서의 기능을 뚜렷이 하는 것이라 볼 수 있었다.

또한, 한지온실의 특성을 살펴보기 위하여 본 연구에서는 비닐에 의한 온실모형 공간과 한지에 의한 온실모형 공간을 소규모로 제작하였다. 한지는 통기성(공기 및 수분 투과성), 유연한 접힘, 강인성 및 빠른 흡수성, 그리고 보온성 등이 비닐에 비하여 성능이 뛰어난 것으로 나타났다.

본 조사 및 실험을 통해 비닐온실과 한지온실에 대한 온열환경성능을 비교해 본 결과, 조선시대의 온실이 오늘날의 온실과 비교해 보아도 전혀 손색이 없는 첨단 영농시설인 것으로 평가되었다.

참고문헌

김영진, 「농상집요와 산가요록」, 조선 초 과학영농온실 복원기념 학술심포지엄 논문집, 한국농업사학회·(사)우리문화가꾸기회, 2002. 3. 30.

김용원(2002), 「복원된 조선 초기 과학영농 온실의 실증적 고찰」, 조선 초 과학영농 온실 복원기념 학술심포지엄 논문집, 한국농업사학회·(사)우리문화가꾸기회, 2002. 3. 30.

이호철(2002), 산가요록의 '동절양채' 농법과 온돌, 조선 초 과학영농 온실복원기념 학술심포지엄 논문집, 한국농업사학회·(사)우리문화가꾸기회, 2002. 3. 30.

이종호 외, 「한지(창호지)의 열적 성능에 관한 연구」, 대한건축학회지, 1984. 4.

주남철, 「한국주택건축」, 일지사, 1986.

장경호, 「우리나라 온돌과 부뚜막, 건축사 통권 270호, 1991.

김인석, 「온돌의 구조원리와 난방효과에 대한 고찰」, 서울대 석사학위논문, 1963.

정기범, 「전통온돌의 구조와 열성능」, 동국대학교 대학원 박사학위논문, 1992.

선우, 「한국 주거난방의 사적고찰-온돌을 중심으로」, 대한건축학회지, 1979. 10.

여명석 외, 「전통온돌이 시대적 변천과 형성과정에 관한 연구」, 대한건축학회논문집, 1995. 1.

7.

전통구들의 고래 내부 유동 방향성에 따른 수치해석적 열특성 비교 분석

*문종민
　서울시립대학교 대학원 기계정보공학과 연구원
*리신호
　충북대학교 지역건설공학과 교수
*리광훈
　서울시립대학교 기계정보공학과 교수

국제온돌학회 논문집 통권 제5호, 한국토지주택공사 (Vol.5. 2006. pp. 299~303)

ABSTRACT

Traditional Gudle has been continuously used since it was invented, and will be used continuously. But recently, we used rarely. One of the reason is temperature in floor is different between the upper side of the floor(away from the Agoongi(fireplace-gate) and the warm part of Gudle room and it is difficult to control the Gudle room. So flow field in traditional Gudle must be known for uniform temperature in floor. Recently, many fluid engineer have been performed the numerical analysis for the understanding of thermal and flow field based on the development of CFD(Computational Fluid Dynamics). In this paper, to find out the variation of temporal temperature in floor of traditional Gudle, we have performed numerical analysis. Initial temperature in floor is $20°C$ after 880seconds later, maximum temperature become $21.01°C$. 1hour later, maximum temperature in floor become $34.5°C$ because continuously increase from 880second.

Keywords: CFD(Computational Fluid Dynamics)

기호설명

A_{ebu}, B_{ebu} : 반응 실험계수

g : 중력가속도 (m/s²)

k : 난류에너지 (m²/s²)

P : 압력 (N/m²)

R : 반응속도

T : 온도 (°C)

x : 거리 (m)

μ : 점성계수 (N·s/m²)

σ : 온도의 표준편차

Nu : Nusselt number, $\dfrac{hD}{k}$

Ra : Rayleigh number, Gr·Pr

F : 확산 에너지 플럭스 (W/m²)

h : 엔탈피 (kcal/kg)

m : 질량 (kg)

Q : 유량 (m³/s)

t : 시간 (sec)

u : 속도 (m/s)

ε : 난류 소산율 (m²/s²)

ρ : 밀도 (kg/m³)

τ_{ij} : 전단응력 (N/m²)

Pr : Prandtl number, $\dfrac{\nu}{\alpha}$

Re : Reynolds number, $\dfrac{\rho \upsilon D}{\mu}$

(1) 서론

우리 한민족의 고유 난방방식인 온돌은 그 열적 특성과 효율 면에서 우수하다고 평가되고 있으며, 실제적인 실내 난방 쾌적감도 동서고금을 통틀어 다른 난방기구와 비할 수 없다고 알려져 있다.

1) 그 근거는 인체공학적으로 두한족열(頭寒足熱)을 유지하는 것이 건강 비결 중 한 가지로 알려져 있으며, 이는 인간의 취침 및 휴식 간의 신체 온도 분포가 건강과 밀접한 연관이 있다는 것을 알 수 있다. 때문에 온돌에 의한 난방방식은 비단 겨울철에 따뜻하게 지내기 위한 목적성 외에도 인체공학적으로 건강한 생활이라는 내적 의미를 담고 있다. 이러한 온돌을 구성하는 구들의 연구를 통해 우리 조상들의 지혜를 엿볼 수 있으므로, 구들의 구조와 원리를 이해할 필요성이 있다. 이미 여러 가지 모델링과 실제적인 실험을 통해 구들 내부를 구성하는 고래 구조 및 아궁이, 부넹이, 구들개자리 등으로 이루어진 유체의 통로에 대해 수많은 연구가 있어 왔으며, 이러한 연구로 인해 유체역학 및 열역학적으로 고래 내부 형상 및 개자리의 구조, 고래 바닥 기울기 등이 난방 효과에 미치는 영향들을 알 수 있게 되었다. 그러나 이러한 직접적 모델링에 비해 수치해석적인 연구 자료는 흔하지 않다.

그간 정기범(1993)은 전통 구들이 시간에 따라 어떻게 온도 변화를 가지는지에 대한 실험과 2차원 수치적인 해석을 병행하였으며, 박준정(2005)은 구들 내부 화구의 개수에 따른 열전달 효과에 대해 수치 해석적인 연구를 하였다. 전통 구들의 고래 형상은 아궁이와 굴뚝의 위치에 따라 유동 방향성이 대칭성을 지니는가, 지니지 않은가로 크게 둘로 나누었으며, 줄고래 형식의 경우 아궁이와 굴뚝이 일직선상에 위치하므로 유동 방향성이 대칭성을 지니지만, 되돈고래 형식의 경우는 아궁이와 굴뚝이 같은 방향에 위치하기 때문에 대칭성을 지니지 않는다. 이번 연구는 유동방향성이 대칭성을 갖는 고래 형식과 대칭성이 없는 고래 형식간의 유동 형태와 열효율을 비교하여 고래 형식이 갖는 의미를 각각의 연소기체의 흐름을 수치해석적으로 시간에 따라 추적하여, 연소 기체가 지닌 열에너지가 시간에 따라 방바닥의 온도 분포에 어떠한 영향을 미치는지에 대해 살펴보았다.

(2) 지배방정식 및 전산해석 방법

구들 내부의 유동형태에 가장 큰 영향을 미치는 건 연소 후 연기이다. 연소를 통해 열에너지를 가진 연기가 구들 내부를 통과하면서 열 교환을 통해 재실자가 방바닥에서 직접적으로 온기를 느낄 수 있는 원리에 따라 연소에 대한 열 유동장에 대한 이해가 필요하다. 때문에 연소 이후 발생되는 연기를 추적하기 위해 시간에 따른 유동 형태를 알아야 했다.

비정상항이 포함된 열적 유동장을 지배하는 방정식은 다음과 같다.

(1) $$\frac{1}{\sqrt{g}}\frac{\partial}{\partial t}\left(\sqrt{g}\rho\right)+\frac{\partial}{\partial x_i}\left(\rho\tilde{u}_j\right)=0$$

(2) $$\frac{1}{\sqrt{g}}\frac{\partial}{\partial t}\left(\sqrt{g}\rho u_i\right)+\frac{\partial}{\partial x_i}\left(\rho\tilde{u}_j u_i - \tau_{ij}\right)=-\frac{\partial P}{\partial x_i}$$

$$\frac{1}{\sqrt{g}}\frac{\partial}{\partial t}\left(\sqrt{g}\rho h\right)+\frac{\partial}{\partial x_i}\left(\rho\tilde{u}_j h - F_{h,j}\right)$$

$$(3) \quad = \frac{1}{\sqrt{g}} \frac{\partial}{\partial t} \left(\sqrt{g} \rho P \right) + \frac{\partial}{\partial x_i} \left(\tilde{u}_j P \right) - P \frac{\partial u_j}{\partial x_j} + \tau_{ij} \frac{\partial u_j}{\partial x_j}$$

아래 방정식은 연소문제에 많이 사용되는 모델인 Eddy Break-up 모델이며, 이 모델은 초기 난류 유동이 연소에 미치는 영향을 고려해야한다. 본 연구에서 사용된 Eddy Break-up 모델은 다음 식과 같다.

$$(4) \quad R_F = -\frac{\rho \varepsilon}{k} A_{ebu} \min \left[Y_F, \frac{Y_0}{S_0}, B_{ebu} \frac{Y_p}{S_p} \right]$$

$$S_0 \equiv n_0 M_0 / n_F M_F, S_p \equiv n_p M_p / n_F M_F$$

연료가 비록 장작 및 석탄 같은 고형이라고 하더라도 이는 연소 가능한 기체 상태에서의 화학반응이라고 볼 수 있으며, 이를 기체 상태로 가정했을 때의 에너지 준위는 Hess' Law를 통해 알 수 있다. 이렇게 대략적으로 장작의 에너지 준위를 계산하였을 경우 장작 1kg당 대략 4,000Kcal의 열량이 발생한다고 볼 수 있다. Eddy Break-up 모델은 이러한 연료의 에너지 준위(Kcal/Kmol)와 연료 자체의 분자구성비($C_x H_y O_z$)를 통해 연소 시 발생하는 열량과 연소 가스($H_2 O$ 및 CO_2)의 양을 Scalar양으로 표현함으로써 유동장에 실려 나가는 모델링을 하는 데 유용하다.

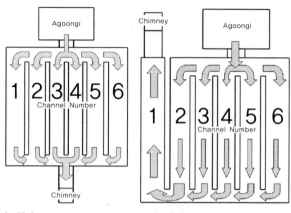

〈그림 1〉 Schematic diagram of Jul GUDLE.

〈그림 2〉 Schematic diagram of Doidon GUDLE.

본 연구에 대한 전산 해석 방법은 기본적으로 유체의 운동량 방정식인 Navier-Stokes 방정식이다. 이를 차분화해서 전산 해석하기 위해 사용된 이산화 방법은 유한체적법(FVM)이고, 방정식의 대류항 처리는 2차 정확도를 지닌 Upwind Scheme을 사용하였으며, 압력항 처리는 SIMPLE 알고리즘을 사용하였다.

전산 해석될 모델이 이루는 격자는 전체적으로 비균일 hexahedron 격자계로 구성되어 계산의 정확도를 높였다. 격자 의존성 및 시간 의존성을 위해 초기 격자수 2만 개에서 4만 개, 8만 개로 2의 제곱승, 세제곱승의 일만 배에 해당하는 격자 의존성 테스트를 취했으며, 시간 분할은 2초 1초 0.5초씩 2배씩 격감해가며 시간 의존성 테스트를 취했다. 또한 수렴 판정은 잔류항이 10^{-3}미만이 된 경우 수렴이라고 간주하였다. 때문에 본 연구에서 첨부한 결과들은 되돈고래구들의 경우 8만 개의 격자를 1초씩 시간 분할한 것을, 줄고래구들의 경우 4만 개의 격자를 1초씩 시간 분할한 것을 사용하였다.

(3) 해석대상 및 경계 조건

1) 해석대상

대칭구조를 지닌 줄고래구들과 비대칭구조를 지닌 되돈고래구들을 비교하기 위한 형상을 만들었다. 방바닥의 물성은 열저항이 큰 점판암으로 하였다. 관찰 대상이 되는 방바닥의 전체 면적은 3.6m × 2.5m로 줄고래와 되돈고래의 두 가지 형식에 일정하게 유지하였다. 〈그림 1〉은 줄 고래구들의 전체적인 형상이며, 〈그림 2〉는 되돈고래의 형태를 보여주고 있으며 이는 실제적으로 설계된 설계 도면을 통해 형상을 최대한 유사하게 나타낸 것이다. 이 두 형상의 가장 큰 차이는 출구 연도의 길이이며, 되돈고래 구들의 출구 연도는 방바닥의 온도 분포에 영향을 미치는 요인이 된다.

2) 경계조건

아궁이를 통해 들어오는 입구와 굴뚝을 통해 나가는 출구에 각각 Pressure 경계조건을 적용하였다. 외부 공기의 온도는 겨울철 환경에 맞추어 섭씨 0℃로 적용하였다. 고래 내부로 유입되는 이산화탄소와 수증기의 Reynolds Number는 약 5,300~5,700 사이로 난류 유동이기 때문에 k-ε high Re number 난류 모델을 사용하였다. 아궁이로 들어가는 연료량은 시간당 10kg의 연료에 해당하는 만큼 유입된다고 했고, 연소 시간은 1시간으로 완전 연소한다고 가정하였다.

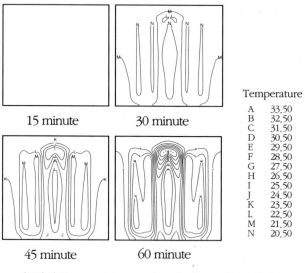

Temperature
A 33,50
B 32,50
C 31,50
D 30,50
E 29,50
F 28,50
G 27,50
H 26,50
I 25,50
J 24,50
K 23,50
L 22,50
M 21,50
N 20,50

15 minute 30 minute

45 minute 60 minute

〈그림 3〉 Temporal temperature in floor of Jul GUDLE

연소 조건은 줄고래와 되돈고래 두 가지 형상에 모두 동일하게 적용
하였으며 각각의 방바닥에 대류 열전달 경계조건을 주어 방 안 공기는
20℃로 주었다. 이 때 적용된 대류 열전달 계수는 다음 식으로부터 얻어
졌다.

$$Nu_L = 0.68 + \frac{0.670 Ra_L^{1/4}}{\left[1 + \left(0.492/\text{Pr}\right)^{9/16}\right]^{4/9}}$$
(5)

(4) 결과 및 고찰

본 연구에서 가장 우선적으로 열전달 효과를 파악할 수 있는 요소로
는 방바닥에 나타나는 온도 분포가 되겠다. 〈그림 3〉은 줄고래구들의 방

바닥 온도 분포이며, 〈그림 4〉는 되돈고래구들의 방바닥 온도 분포이다. 그리고 각각의 그림은 15분 후, 30분 후, 45분 후, 그리고 최종적인 60분 후의 온도 분포를 나타내고 있다. 각각의 그림에서 나타난 대로 아궁이 쪽에서 고래로 유입되는 아랫목에 해당하는 부분의 온도가 가장 높다.

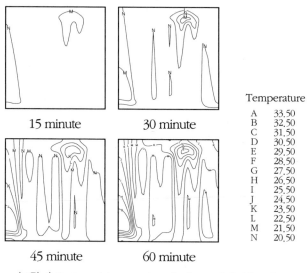

	Temperature
A	33.50
B	32.50
C	31.50
D	30.50
E	29.50
F	28.50
G	27.50
H	26.50
I	25.50
J	24.50
K	23.50
L	22.50
M	21.50
N	20.50

〈그림 4〉 Temporal temperature in floor of Doidon Gorae

또한 고온의 연소 기체와 저온의 방바닥과의 열전달을 통해 점차적으로 방바닥의 온도가 아랫목(아궁이 방향의 방바닥)부터 윗목으로(굴뚝 방향의 방바닥) 전달되어 감을 볼 수 있다. 온도 분포 역시 그 형상에 따라 줄고래 구들은 대칭성을 보인다.

또한 줄고래는 윗목과 아랫목의 온도차가 모든 시간에 대해 크게 나타났다. 그러나 되돈고래의 경우 윗목과 아랫목의 온도차가 점차 줄어들어 1시간 후에는 아랫목과 윗목의 온도차가 거의 없음을 알 수 있다.

시간에 따른 온도 변화를 정량적으로 파악하기 위해 〈그림 5〉에서 줄고래 구들과 되돈고래 구들의 평균 온도 분포에 대해 보여준다. 초기부터 2,100초까지는 되돈고래 구들의 평균 온도가 더 높다. 그러나 2,100초 이후에는 줄고래구들의 평균 온도가 더 높다. 그리고 최종적으로 1시간 이후에는 줄고래 구들이 되돈고래 구들보다 평균 온도가 1℃ 더 높은 것을 알 수 있다. 온도의 증가폭으로 미루어 봤을 때, 1시간 이후로 시간이 지나면 평균 온도의 격차는 더 커질 것이다. 때문에 더 높은 온도 분포를 원한다면 되돈고래 구들보다 줄고래 구들의 성능이 더 우수하다고 할 수 있다.

〈그림 6〉은 줄고래구들과 되돈고래구들의 표준편차를 시간에 따라 나타낸 것이다. 초기에는 줄고래구들이 좀 더 온도 편차가 작았다가 2,700초 이후에는 편차가 커졌음을 보여준다. 2,700초 이후에 서는 되돈고래 구들의 방바닥 온도 분포가 줄고래 구들보다 더 균일함을 의미한다. 이러한 온도분포에 영향을 미치는 요인으로는 출구 연도의 저속상태로 유동이 흘러감을 보이고 있다.

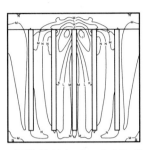

```
           Velocity
     A    0.3420
     B    0.3167
     C    0.2914
     D    0.2661
     E    0.2408
     F    0.2155
     G    0.1903
     H    0.1650
     I    0.1397
     J    0.1144
     K    0.8911E-01
     L    0.6383E-01
     M    0.3854E-01
     N    0.1325E-01
```

〈그림 5〉 Velocity distribution in Jul Gorae

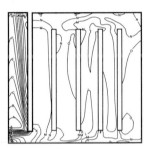

```
           Velocity
     A    0.8404
     B    0.7827
     C    0.7250
     D    0.6673
     E    0.6096
     F    0.5519
     G    0.4942
     H    0.4366
     I    0.3789
     J    0.3212
     K    0.2635
     L    0.2058
     M    0.1481
     N    0.9036E-01
     O    0.3267E-01
```

〈그림 6〉 Velocity distribution in Doidon Gorae

   하지만 되돈고래구들의 경우 굴뚝으로 향하는 출구 연도(1번 연도)에
서 나머지 고래를 지나는 모든 유동이 합쳐지면서 급격히 유속이 빨라짐
을 보인다. 이러한 유속의 증가는 유량의 증가와도 연관이 있으며, 각 연
도에서의 유량은 〈그림 7〉에 나타내었다. 되돈고래구들의 출구 연도는
다른 나머지 연도의 유동이 모두 만나 굴뚝으로 향하는 연도이며 다른
연도에 비해 그 유량값이 크다. 또, 출구 연도의 유량은 다른 연도의 유
량의 합과 거의 일치한다.

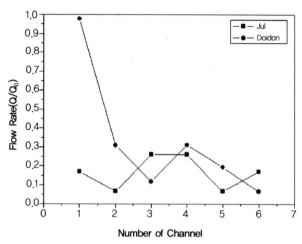

〈그림 7〉 Flow rate and average temperature in each Gorae

(5) 결론

본 연구에서는 유동의 형태가 다른 줄고래구들과 되돈고래구들을 해석 대상으로 3차원 unsteady 전산해석을 수행하였고 각각의 시간에 따라 방바닥에서 온도분포가 어떻게 변하는지에 관해 알 수 있었다. 본 연구의 결과는 다음과 같다.

1) 줄고래의 경우 시간이 지남에 따라 윗목과 아랫목 간의 온도차가 증가하고 방바닥에서의 온도 표준편차 역시 증가하는 것을 확인했다.

2) 되돈고래의 경우 시간이 지남에 따라 윗목과 아랫목 간의 온도차
가 균일하게 유지되며, 방바닥에서의 온도 표준편차가 줄고래에
비해 비교적 적게 증가한다.

3) 각 방바닥의 온도분포에 가장 큰 영향을 미치는 것은 고래에 흐르
는 유량이며, 각 연도의 유량 차이가 클수록 방바닥의 온도분포의
표준편차도 더 커진다.

4) 되돈고래의 윗목에 가장 큰 유량이 흐르기 때문에 윗목의 온도가
줄고래에 비해 약 7℃ 이상 높다. 이러한 비대칭적 부분이 방바닥
의 온도 편차를 줄이는 데 큰 영향을 끼쳤다.

참고문헌

Kim J. B. and Rhee S. H., 『자랑스런 우리의 문화유산 온돌 그 찬란한 구들문화』, 청홍, 2006.

Rhee, S. H. 2004. *Korean traditional Ondol's present status and modernization view*. International Society of Ondol 3: 47~57.

Cha, J. H. 1970. *Thermal characteristics of Ondol heating system with its geometry*. KSME journal 10(4): 213~226.

Lee, T. S., K. K. Cho, and S. S. Kwon 1972. *An experimental study on thermal performance of Ondol*. KSME journal 12(3): 209~222.

Jung, K. B. 1989, *Thermal characteristics by the alteration of flue structure*, Journal of Architectural Institute of Korea, Vol. 5 No. 1, pp. 145~151.

Jung, K. B., 1992, *Thermal characteristics by the alteration of cavity structure*, Journal of Architectural Institute of Korea, Vol. 8 No. 8, pp. 149~157.

Jung, K. B., 1993, *A flow distribution of traditional Ondol*, Architectural Institute of Korea, Vol. 9, No.4, pp. 81~87.

Pack, J, J., 2005, *Numerical Analysis for Temporal Variation of Temperature in Tranditional Ondol*, International Journal of Ondol, Vol 1, No. 1, pp. 15~19.

Patankar, S. V., 1980. *Numerical Heat Transfer and Fluid Flow*, New York, McGraw-Hill.

동아시아 구들과 온돌문화

8.

일본의 고대 온돌(ONDOL, 溫突) 문화와 현대의 바닥난방

*류경재

아시아경제문화연구소(일본) 소장

국제온돌학회 논문집 통권 제5호, 한국토지주택공사 (Vol.5, 2006, pp. 107~120)

(1) 머리말

한반도의 고대 온돌 유적으로는, 신석기시대의 유적들이 발견되고 있으며, 비교적 완전한 유적들 중에 오래된 것은 기원전 1~3세기경의 것이다. 한반도의 온돌문화 발전과 변천에 관한 유적은, 한반도 각지는 물론 중국 동북부에서도 발굴되고 있다. 일본의 온돌 유적은, 3~6세기(고분 시대)에 고대 한반도에서 일본 열도에 건너간 소위 도래인(渡來人)들이 지은 것으로 추정되고 있다. 현재 이러한 유적들은 일본의 많은 지역에서 발굴 조사되고 있다.

일본에서 발견된 고대 온돌 유적은 대체로 2가지 종류가 있다. 하나는, 돌로 쌓은 고래인 석조연도(石組煙道)를 길게 뺀 온돌 유적이다. 또 하나는, 주거의 벽을 따라 뺀 형태인데, 취사용 화덕의 뜨거운 연기를 금방 실외에 배출하지 않고, 실내벽을 거쳐 나아가다가, 마지막에 실외로 빠져 나가는 구조이다. 후자는, 통칭 「L자형 화덕」이라고 부르고 있다.

한반도에서 보여지는 현대의 온돌은, 고대의 것과 비교하면 구조적으로는 많은 차이가 있지만, 방바닥 밑으로 뜨거운 기운을 넣어 방을 덥게 하는 장치로서의 원초(原初)적 방식은 일맥상통한다. 근대까지의 온돌 구조가, 고래 위에 구들장을 덮고 그 위에 방바닥을 만들고 불을 때어 방을 덥히는 직화(直火) 방식의 난방 구조이지만, 현대의 온돌이라는 구조적 의미는, 여러 가지 방식으로 바닥을 데우는 다양한 구조들을 통칭하여 온돌(溫突)이라고 해야 할 것이다.

일본에서 발굴되고 있는 온돌 유적은 한반도의 원형과 공통점을 가지고 있다. 고대에 일본으로 전파된 온돌문화는, 현대 일본에서 새로운 모습으로 나타나 널리 보급되고 있다. 특히 현대 일본인들은, 온돌방은 바닥으로부터의 습기가 차단되어, 실내의 쾌적함을 유지하는 것으로 인식하고 있다. 특히, 온돌의『두한족열(頭寒足熱)』에 의한 건강 증진이나 습기 방지, 항균, 냄새 제거 등의 기능들이 주목받으면서 근 몇 십 년간 급속히 보급되고 있다.

(2) 고대 석조고래온돌유적(古代 石組煙道 溫突遺構)

일본에서 돌로 고래를 만든 석조연도(石組煙道) 구조를 가지는 온돌 유적은, 시가 현 오쓰 시(滋賀縣大津市)의 아노(穴太) 유적, 나라 현 다카이치 군(奈良縣高市郡)다카토리초(高取町)의 시미즈다니(淸水谷) 유적, 간가쿠지(觀覺寺) 유적 등이 있다.

이러한 유적에서는, 한반도로부터 온 도래인들의 주거인 대벽건물(大壁建物)에 온돌 유적이 설치되어 있는 경우가 많다. 아노(穴太) 유적이 있는 오쓰(大津)북쪽 지역은 고대의 三津氏, 穴太村主氏, 志賀漢人氏, 大友村主氏 등, 백제계 도래인들이 집거하고 있었던 지역이다.

아노(穴太)유적의 서쪽 지역인 히에이잔(比叡山)기슭 일대에는, 석실 구조를 가지고, 돔(dome)형의 무덤인 횡혈석실분(橫穴石室墳)이 많이 발굴되고 있다. 이러한 고분에는 다양한 미니어처(miniature) 취사 도구가 부장품으로서 매장되어 있다. 이러한 부장품의 고고학적 특징으로부터 이 지역이 한반도에서 온 도래인들의 집거처의 하나였던 것을 알 수 있다.

최근 7세기 전반의 유적으로 추정되는, 유존상태가 상당히 좋은 온돌시설 3기가 발굴되었다. 유적 중의 1기는, 「穴太 유적의 특수한 부뚜막(화덕) 온돌(溫突) 유적」을 전시하기 위해 오쓰시(大津市) 역사박물관 앞으로 이전되었다. 일본인들의 온돌 문화에 갖고 있는 깊은 흥미를 엿볼 수 있다.

奈良縣 高市郡 高取町의 淸水谷 유적은, 2001년 11월에 진행한 공장 건설의 사전 조사에 의해 발견되었다. 그 후 대벽건물 3동이 발굴되었는데, 그 중의 1동에는 온돌이 설치되어 있다. 이 유적은 5세기 후반경의 것으로 추정되며, 일본에서 최고로 오래된 온돌유적이다. 이 淸水谷 유적에 설치된 온돌은, 고대 석조구조는 확인되지 않지만, 아궁이나 고래에, 구들개자리 등의 특징을 갖추고 있다. 구들개자리와 고래의 형태는 서로 차이가 있지만, 고래의 크기를 조절하는 지혜를 보이고 있다. 굴뚝에 가까운 고래는 작게 만들고, 굴뚝에서 먼 고래는 크게 해서.고래를 통과하는 뜨거운 기의 양을 균일하게 하는 고도의 기술을 구사한 것을 알 수 있다.

같은 지역인 高取町의 觀覽寺 유적은, 도로 건설을 위한 시굴 현장에서 2004년 1월에 발견된 것이다. 이 유적의 대벽건물에도 온돌이 설치되어 있다. 양쪽 유적의 주변 지역은, 5세기 초두, 백제에서 도래한 東漢氏 거점의 하나이기도 하다. 東漢氏는, 한반도에서 뛰어난 문화와 기술을 일본에 전파하여, 고대 일본의 문화적 초석을 쌓는 데 큰 공헌을 했다. 東漢氏는 6세기 중엽에, 야마토 정권에서 두각을 나타내고, 당시의 최고 권력자 소가씨(蘇我氏)와 밀접한 관계를 유지하면서 번영을 거듭하여, 8세기의 초경에는 이미 큰 권력권을 형성하고 있었다.

清水谷遺跡(5世紀)　　　　　　　觀覺寺遺跡(5世紀)

* 奈良縣高市郡高取町
** 사진출처: 高取町敎育委員會

〈그림 1〉 석조연도의 온돌 유적

현재, 일본에서 최고의 국보급으로 지정되어 있는 기토라 고분은, 상기의 觀覺寺 유적에서 동쪽 700m에 위치하고 있다. 이는 키토라 고분이 한반도의 도래인과 깊은 관계가 있다는 것을 보여준다. 2004년 10월에는, 같은 지역인 高取町의 모리카시타니 유적에서 대벽건물과 온돌 형태의 유적 수 채가 발견되었다. 이 지역에 도래인의 마을이나 촌락이 많이 존재하고 있었다고 생각된다.

(3) 고대 L자형 화덕 온돌

'L자형 화덕'이라고 불리는 온돌 형태의 유적은, 취사용 화덕을 주거의 벽에 설치하고, 그 고래를 실내의 벽을 따라 빼어, 마지막 코너에서 L

자형으로 돌아 실외로 배출하게 되어 있다. 이 구조는, 벽에 따라 실내로 뻗은 고래길이 난방의 역할을 하고 있다. 이것도 온돌 중 하나의 형식이기에, 온돌 형태의 유적이라고 부르고 있다. 특히 고래의 형태가 L자형인 것에서 통칭 'L자형 화덕'이라고 부르고 있다.

이러한 화덕은, 한반도에도 유사 유적이 존재하고 있다. 한반도의 고고학 연구자들은, 난로형 화덕이라고 기술하는데, 일본 연구자들과 마찬가지로 이것을 온돌의 원형 유적의 일종으로 보고 있다.

矢崎町藥師遺跡(7世紀)　　　　　額見町西遺跡(3~6世紀)

* 石川縣小松市
** 사진출처: 小松市敎育委員會

〈그림 2〉 L자형 화덕 유적

2005년 8월 22일, 이시카와 현 고마쓰 시 야자키초(石川縣 小松市 矢崎町)의 유적에서, L자형 화덕을 설치한 아스카시대(7세기 중반)의 주거 유적(약 36㎡)이 발견되었다. L자형 화덕은, 온돌의 원초적인 형태라 할 수 있다. 이 유적의 특징으로부터, 이 일대는 한반도에서 건너온 도래인들의 촌락이었던 것으로 추정된다. 여기는, 지금까지 小松市에서 발굴된 도래인계 촌락에서 북동에 약 3km 위치하고 있어, 小松市 남부에 광범위한 도래인계 촌락이 있었던 것으로 보인다.

화덕 자리는, 한 변이 6m 정도인 사방형 주거의 서북 측에 설치되어 있으며, 점토로 굳힌 폭 0.8m, 깊이 1.5m의 화덕이 있다. 그리고 벽에 따라 L자형으로 구부러진 길이 약 5m의 「고래길」을 확인할 수 있다. 화덕 온돌을 구비한 유적은, 일본 내에서는 규슈(九州) 북부나 긴키(近畿) 지방의 약 40군데의 유적에서 발견되었다. 北陸에서는 지금까지 小松市의 3군데의 유적에서 출토되었다.

이시카와 현 고마쓰 시 누카미마치(石川縣 小松市 額見町) 유적은, 1995년부터 2000년까지, 6년 간의 발굴조사로 기원 7세기부터 12세기의 사이에 번영한 촌락 유적이며 건물의 실수가 700동 정도 있었을 것으로 추정하고 있다. 현재까지, 이 유적에서 23채의 「L자형화덕」 온돌 형태의 유적이 발견되었다. 하나의 유적에서 이렇게 대량으로 발견된 것은 처음이다.

또한, 이 유적에서는 수공업 생산과 관련된 유적도 많이 발굴되었으며, 주변에서는 제철(製鐵) 유적군이나 제도(製陶) 유적군 등도 발견되어, 額見町 유적이 한반도의 도래인들의 대규모 촌락이었던 것을 알 수 있다.

일본에서 온돌 유적이 발견된 지역을 살펴보면 다음과 같다〈표 1〉.

〈표 1〉 온돌 유적이 발견된 지역

地域	縣	市町村
九州地方	福岡縣	新吉富村, 桂川町, 川崎町, 岡垣町, 宗像市, 津屋崎町, 福岡市, 春日市, 筑紫野市, 夜須町, 小郡市, 豊前市
	佐賀縣	中原町
中國地方	鳥取縣	倉吉市
	岡山縣	山陽町
近畿地方	京都府	園部町, 綾部市, 福知山市, 宇治市
	滋賀縣	大津市, 栗東市, 日野町, 能登川町, 長浜市, 高月町, 余呉町, 安土町, 秦荘野町
	奈良縣	高取町, 御所市
	兵庫縣	神戸市
	大阪府	堺市
	和歌山縣	和歌山市
關東地方	東京都	府中市
北陸地方	石川縣	小松市

출처:『朝鮮新報』(2005. 2. 18) 참고.

(4) 현대 일본의 주택과 바닥난방

고대 일본에서 만들어졌던 두 가지 종류의 온돌 유적은, 한반도에서 발굴된 온돌 유적과 일맥상통하고 있다. 일본의 고대 온돌문화는 한반도에서 일본 열도로 건너온 도래인들에 의해 전파된 것이다. 그러나 중세부터 근대까지의 유적에서는 온돌 구조가 발견되지 않고 있다. 그 이유의 하나로, 일본의 온난다습한 기후를 들 수 있다. 온돌이 최초에 일본 열도로 전파되었을 때는 한반도 고향땅의 풍습을 지켜, 유사하게 만들었지만, 따뜻하고 다습한 일본열도에서는 세월과 더불어 쇠퇴했다고 생각된다.

일본 열도의 기후는 습기가 많기 때문에, 거주 주택은 통풍성이 좋은 구조를 할 수밖에 없었다. 따라서 기밀성이 높은 거주 주택은 습기로 인한 결로(結露)가 생기기에 건재가 부식되는 등 문제가 생긴다. 이러한 이유 때문에, 고대의 도래인들도 서서히 온돌로부터 난로, 화로나 벽난로 등 국소난방을 채용하게 되었다.

현재, 일본에서 사용하는 현대식 온돌형 바닥난방은, 상당히 최근의 것이다. 일본에서 온돌형 바닥난방은 1960년대에 전기 가열식으로 등장했다. 그 당시는 전기요금이 비교적 비싸고, 경제적으로 일반서민들이 채용할 수 있는 것이 아니었다. 일본의 바닥난방은, 처음에는 주택용이 아니고, 노면동결을 방지하기 위해서, 도로 밑에 전열선을 매설한 것부터 시작되었다고 말하는 사람들도 있다(1963년 古河電工의 도로 시공).

그 후 1965년에 처음으로 건물 내에 온돌형 바닥난방이 가나가와 현(神奈川縣) 현청 회의장에 채용된 것이 본격적인 바닥난방의 등장이라고 할 수 있다. 그러나 일반 주택에 채용되기 시작된 것은 1970년대에 들어서부터이다. 온수식 바닥난방은 그 후 1975년경부터이다. 그 후에도, 전기식과 온수식을 포함하는 바닥난방은 유치원이나 학교, 기업 등에만 채용되었고, 일반 주택에서는 그다지 보급되지 않았다. 특히, 당시의 설비나 시공이 상당히 고액이었기 때문에, 바닥난방을 채용한 집들은 상당히 고급주택이었다.

일본에서 온돌형 바닥난방이 본격적으로 보급되기 시작한 것은 동경가스회사의 TES온수식 바닥난방이 판매되기 시작하면서부터이다. 1990년대에 들어서면서 TV에서도 빈번한 CM이 흐르기 시작했고, 런닝코스트도 저렴해져, 건강에 좋은 효과적인 난방으로 단숨에 인지도가 높아졌다. 또한 최근에 등장한 것이 PTC식(炭素粒子面形發熱體)의 바닥난방이다. 이러한 PTC식도 처음에는 주차장이나 지붕 위의 융설을 위해, 외부에 설치되었던 것이다. 그 후, 2000년경부터 실내용으로서 개발되어, 주택 리폼(reform)에도 대응하기 쉽고, 런닝코스트도 저렴하게 되어 보급율이 높아졌다.

(5) 현대 바닥난방의 종류와 특징

현대 일본의 온돌형 바닥난방을 발열방식으로 분류하면, 전기발열체와 온수발열체의 두 가지 종류로 나눌 수 있다. 또한 구조적으로 분류하면 직접난방식과 축열식으로 분류할 수 있다. 직접난방식은 가장 일반적인 바닥난방이며 발열체가 직접 바닥을 데우는 방식이다. 그리고 축열식은 발열체가 먼저 축열체를 뜨겁게 데우고 난 후, 그 축열체의 뜨거운 열을 간접적으로 밑바닥에 전달하는 방식이다.

이니셜코스트(initialcost)나 메인터넌스(maintenance)성에서 전자를 선호하는 사용자가 많지만, 열 효율성이나 일정한 온도를 유지하는 성능 등의 이유로 후자를 채용하는 케이스도 늘어나고 있다.

이들의 종류와 특징을 살펴보면 다음과 같다.

〈표 2〉 바닥난방의 종류와 특징: 직접가열식

종류		장·단점
GAS온수식 바닥난방	장점	• 동경GAS의 CM의 의해 가장 유명해진 방식. • 가스를 이용하므로 Running cost가 싸다. • 온수식의 특징인 부드러운 따뜻함이 있다. • 대응하거나 인정하고 있는 Floor 재료가 많다.
	단점	• 직접 가열식 중에서 Initial cost가 높다. • Panel두께가 12mm 정도 있어, 바닥을 올리지 않으면 안 된다. • 온수 공급기가 고장 나면 바닥난방도 작동하지 않게 된다(온수공급기의 수명은 평균 10년).
등유식온수 바닥난방	장점	• 난방 코스트가 저렴하다. • 온수식의 특징인 부드러운 따뜻함이 있다.
	단점	• 기본적으로는 GAS온수식과 같은 결점이 있지만 그 위에, 등유를 보급하지 않으면 안 되는 점이 있다.
전열선식 바닥난방	장점	• 전열선으로 직접 가열하기 때문에 빨리 따뜻해진다. • Initial cost가 싸다
	단점	• Running cost가 높다. • 전체의 온도가 똑같지 않다. • 자기파가 발생한다. • 시공 시에 주의하지 않으면 누전의 위험이 있다.
특수합금 관전기식 바닥난방	장점	• 빨리 따뜻해진다. • 온수식보다 Initial cost가 싸다. • 얇으므로 Reform에 적합하다.
	단점	• 온수식보다도 Running cost가 높다. • 전체의 온도가 똑같지 않다. • 전자파를 발생할 가능성이 있다. • 시공 시에 주의하지 않으면 누전의 위험이 있다.
PTC·Carbon섬 유식바닥난방	장점	• 빨리 따뜻해진다. • Initial cost가 온수식보다도 싸다. • 일반적으로 Running cost도 온수식보다 싸다. • 얇으므로 Reform에 적합하다. • 전자파의 발생이 적다.
	단점	• 실적이 적다. • 전체의 온도가 균일하지 못한 상품이 있다.

<표 3> 바닥난방의 종류와 특징: 축열식바닥난방

종류		장·단점
Control 축열식 바닥난방	장점	• Running cost가 싸다. • 방열을 이용하기 때문에 24시간 전관난방 등에 적합하다.
	단점	• 미세한 온도 조절을 할 수 없다. • 부분 난방(부엌 혹은 세면실 등)에는 부적합하다. • Control내에 배선하므로 Maintenance성이 좋지 않다 • 가열이 느리다. • 방열 작용이 계속되므로 불필요한 때에도 난방 효과가 지속된다. • Initial cost가 높다. • 마루 밑의 Control부분부터 만들기에 Reform에서는 원칙적으로 는이용할 수 없다.
전기식 축열Board 바닥난방	장점	• 심야전력을 이용하면 Running cost등이 싸다. • 방열을 이용하기 때문에 24시간 전관난방 등에 적합하다.
	단점	• 미세한 온도 조절을 할 수 없다. • 부분난방(부엌 혹은 세면실 등)에는 부적합하다. • 가열이 느리다. • 방열작용이 계속되므로 불필요한 때에도 난방 효과가 지속된다. • Initial cost가 높다. • Reform에서는 이용할 수 없는 경우가 있다.

(6) 시공 예를 통해 보는 현대의 바닥난방 구조

여기에서는 시공 예를 통해서 현재의 바닥난방의 구조와 선택 편리성을 살펴보기로 한다. 일본에서 현재 이용되는 시공 방법은 몇 십 종류이상에 달한다. 지면의 제한으로 최근 많이 보급되고 있는 몇 가지 시공예를 보기로 한다.

1) 시공 예: 온수식

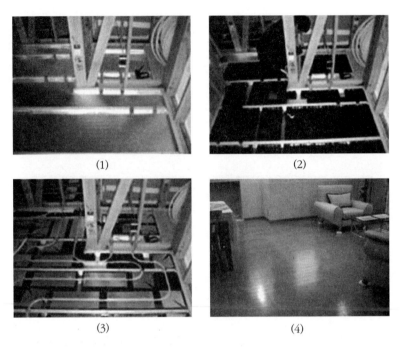

(1)   (2)

(3)   (4)

* 사진출처: 일본 바이오 테크니컬 주식회사

〈그림 3〉 온수식 원적외선 바닥난방

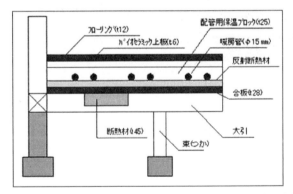

* 출처: 일본 바이오 테크니컬 주식회사

〈그림 4〉 온수식 원적외선 바닥난방의 구조도(도면1)

2) 시공 예: 전기식

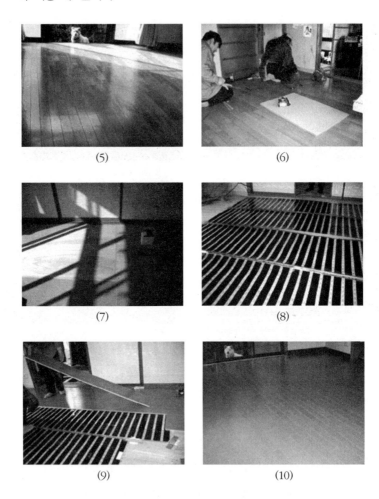

(5)

(6)

(7)

(8)

(9)

(10)

* 사진출처: 유한회사 쇼에이알루미늄건재

〈그림 5〉 전기식 Ondemand 바닥난방

3) 시공 예: 도입선택과 편리성

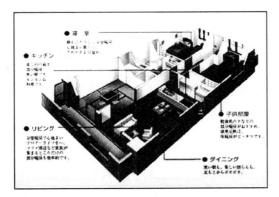

〈그림 6〉 도입선택A: (도면2)

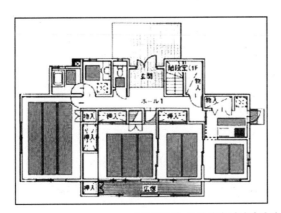

* 도면출처: 주식회사 미사와상회

〈그림 7〉 도입선택B: (도면3)

(7) 맺음말

고대 한반도와 일본에서 보급된 온돌식 바닥난방은, 아궁이에서 굴뚝까지 화기(火氣)를 잡아두는 구들 구조이며, 열이 오랫동안 구들에 머물게 하는 대량의 축열 기능과, 장시간의 방열 기능을 갖고 있다. 때문에 구들에 불을 넣지 않는 긴 시간에도 구들은 일정한 온도를 유지하는 과학적이며 위생적인 특성을 지니고 있다.

한반도와 일본의 고대 온돌문화는 지역에 따라 구조적인 차이는 조금씩 있지만, 불길이 주거 내를 통과하는 원초(原初)적인 공통성에는 차이가 없다. 일본에서 발견된 「석조온돌유적」과 「L자형 화덕」도 한반도와 같은 원형이다. 추후, 한반도와 일본의 온돌 유적에 관한 비교연구는, 구조적인 특징만이 아니라 주변의 조사와 당시의 생활을 고고학적인 분석을 초월한 역사민속학적으로 살펴볼 필요가 있다. 이러한 연구가 고대 부족의 이동이나 확산, 문화 전파를 더욱 정확히 파악하는 근거를 제공해 주리라 믿는다.

일본의 주택은 다습한 기후특성상, 통풍성을 중요시하는 구조로 발달했다. 고대 일본에서, 기밀성이 높은 주택을 지으면, 환기가 충분히 되지 않아, 결로가 생기면서 곰팡이가 발생하고 건재가 부식되는 등 폐단이 많았다. 때문에 일본의 주택은, 대륙의 나라들과 비교하면 기계 환기가 확립되는 현대까지는, 기밀성 확보에 관해서는 상당히 뒤져 있었다고 생각된다. 주택 내의 난방에 관해서도, 고대의 한 시기 번성했던 온돌문화가, 난로나 화로, 고타쓰라고 하는 국소난방문화로 변용되었다.

하지만 고대에 번성했던 뛰어난 온돌문화가 현대 일본에서 다시 활기를 되찾고 있다. 발열체나 구조에 관해서도 다양한 개발이 진행되어, 사람들의 쾌적한 생활에 공헌하고 있다. 특히, 건강 지향의 원적외선방사형이라고 일컬어지는 플로어히팅시스템(floor heating system)은 시장에서 각광을 받으면서, 해외에도 수출하고 있다. 고층빌딩에 대응하는 첨단의 바닥난방 소재는, 1㎡당 20kg(온수 포함) 이하의 초경량이라고 하는 특성이 있기 때문에, 고층 구조 건축물에도 많이 채용되고 있다. 뿐만 아니라 온돌식 플로어히팅시스템은 새롭게 작은 블록식 연결 방식도 개발되어, 필요한 장소에만 간단히 시공할 수도 있다.

신소재를 채용한 보온 블록은, 2중 공기층을 형성하여 열 손실을 차단하기 때문에, 에너지 효율이 상당히 높아졌다. 그 외에 바이오 세라믹을 이용한 원적외선 복사식은 난방 비용의 저하와 건강 증진에 좋아 주목받고 있다.

상기의 최신 난방시스템을 채용한 건물들은, 바닥으로부터의 습기가 완전히 차단되어, 실내의 쾌적함을 유지하는 동시에, 곰팡이 발생을 막는 항습, 항균, 냄새 제거 등의 효과가 뛰어나다. 최근의 플로어히팅시스템은 몇 년 전 보다 더욱 저가격으로 시공할 수 있게 되어 그 보급의 행보가 빨라지고 있다. 일본인의 온돌식 바닥난방에 관한 관심은 높아지는 추세에 있으며 신축 주택을 구입할 경우 바닥난방을 필수항목으로 체크하는 시대가 일본에도 도래하고 있다. 온돌문화의 온고지신이 현대 일본에서 느껴진다.

참고문헌

阿部猛編,『日本古代史事典』, 朝倉書店, 2005. 8.

關西學生考古學硏究會編集部,『關西學生考古學硏究會會報』No. 20, 2005. 10. 2.

金俊峰·李信昊,『온돌: 그 찬란한 구들문화』, 지상사, 2006. 1.

金俊峰,『중국 속 한국 전통민가』, 지상사, 2005. 11.

後藤久監修,『最新住居學入門』, 實敎出版, 2004. 4.

杉山信三·小笠原好彦編,『高句麗의 都城遺跡와 古墳－日本都城制의 源流의 探
    究』, 同朋舍, 1992. 8.

『朝鮮新報』, 2005. 2. 18.

高橋龍三郎編,『村落와 社會의 考古學(現代의 考古學6)』, 朝倉書店, 2001. 10.

中西章,『朝鮮半島와 建築』, 圖書出版理工學社, 1989. 8.

奈良縣高市郡高取町,「大和의 渡來人와 高取」第3回高取町文化財講演會, 2005.
    2. 12.

伊丹潤,『朝鮮의 建築과 文化』, 求龍堂出版, 1983. 1.

財團法人石川縣埋藏文化財센터,『石川縣埋藏文化財情報』, 第16號(2006. 9)~第
    1號(1999. 3).

財團法人滋賀縣文化財保護協會,『滋賀文化財通信4』.

文化廳文化審議會,「文化審議會第2回文化審議會文化財分科會議事要旨」(議事
    錄) 2001. 3. 16.

『讀賣新聞』, 2005. 8. 23.

9.

호주 바닥난방 시스템의
현재와 미래

*조셉 윤
국제통상전략연구원 원장
Director, Institute for International Commerce
Research
28 Dash Cr. Fadden ACT Australia 2904

국제온돌학회 논문집 통권 제5호, 한국토지주택공사 (Vol.5, 2006, pp. 210~218)

(1) 개관

고고학적인 발견과 역사 기록에 따르면 고대 로마인들이 처음으로 바닥난방시스템을 사용하였다. 4, 5세기에는 바닥난방시스템이 한반도 전역에서 널리 사용되었고 이를 온돌이라고 한다. 온돌이라는 명칭은 중국 한자에서 나온 말로 "따뜻한 구덕"을 의미한다. 『구당서』에는 온돌에 관해 다음과 같이 기록하고 있다. "겨울에 (한국)사람들은 긴 구덕을 만들고 그 안에 불을 지펴 몸을 따스하게 유지한다."[1]

전통적으로 온돌의 열원은 화덕이었다. 화덕은 부엌이나 방의 측벽에 붙어 설치되었다. 부엌에는 2개 또는 3개의 화덕이 있고 부엌 부위에 화덕 수만큼 온돌방이 위치했다. 화덕의 불은 온돌방을 덥힐 뿐만 아니라 밥과 국을 조리하는 데에도 사용되었다.

온돌방은 열 효율성이 매우 뛰어나다. 한번 불을 지피면 봄과 가을에는 열흘, 겨울에는 3일 동안 온기가 유지된다.[2]

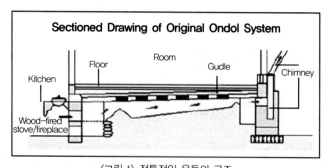

〈그림 1〉 전통적인 온돌의 구조

1 Watch Tower Bible and Tract Society of Pennsylvania, *Ondol A Unique Home Heating System*, 200.

2 Bae Keun-min, *Warm Welcome for Ondol*, Korean Times, 11-10-200.

방바닥을 놓기 전에 더운 공기가 지나가는 구들골을 먼저 만든다. 구들골은 5~7㎝ 두께의 평평하고 얇은 돌로 반듯하게 덮는다. 화덕에 가까운 바닥이 자연스럽게 더 따뜻하므로 열손실을 막기 위해 더 두꺼운 돌을 사용한다. 구글골을 덮은 돌 위에 황토를 깔고 평평하게 맞춘다. 마지막으로 바닥지를 여러 겹 깔아 방바닥을 완성한다. 이렇게 조성된 전통적인 온돌방은 화덕에서 먼 쪽이 대체적으로 덜 따뜻하다.

오늘날에는 한국의 가정에서 전통적인 온돌을 찾기 어렵다. 현대화된 가정집과 고층아파트에는 신식 온돌인 온수 및 전기 바닥복사난방방식을 사용한다.

(2) 새로운 바닥난방 시스템

온돌은 연료의 측면에서도 현대화된 기술에 적응해왔다. 온돌은 원래 장작을 때어 온기를 공급했지만, 현대 주택과 아파트에서는 바닥에 파이프를 매설하고 콘크리트로 덮은 후 비닐장판이나 장판지로 마감한다.

오늘날에는 장작으로 덥혀진 공기를 대신하여 가스보일러나 기름보일러로 가열된 온수가 매입된 파이프를 통과한다. 이로써 바닥의 갈라진 틈으로 새어 들어오는 해로운 가스에 중독되는 위험성이 최소화되었으며 뜨거운 바닥에 화상을 입는 일도 사라지게 되었다. 온돌은 이러한 현대화 작업을 통해 국제적으로 잘 알려진 난방시스템으로 자리 잡아 가

고 있다.[3]

최근에 한국기술표준원(KATS)에 따르면, 국제전기기술위원회(IEC)가 유럽이 제안한 적정 바닥온도를 거부하고 문화와 기후에 따라 가정 난방의 적정 온도를 달리 적용할 수 있게 해야 한다는 한국 측 입장을 받아들였다.[4]

서구의 생활패턴의 영향 아래 개발되어 해외에서 판매량이 증가하는 새로운 유형의 온돌 제품이 있다. 돌침대가 1998년을 기점으로 가구시장에서 빠르게 성장하고 있는 것이다. 1990년대 초반에 처음 시장에 등장한 돌침대는 전기로 가열되는 탄소 필름이나 구리 코일을 바닥에 깔고 그 위에 돌을 얹어 만든 침대이다. 돌침대는 온돌시스템을 기반으로 개발되었다.

이 신제품은 온돌을 선호하나 서구식 침대에서 잠을 자는 장년 고객들 사이에서 특히 인기가 높다.

바닥난방시스템의 장점

바닥 밑을 가열하여 난방하는 방식(underfloor heating)은 중앙난방시스템의 독특한 전통적인 형태로서, 새롭게 관심을 끌고 있다. 이 방식이 주로 복사열을 이용하여 실내난방을 조절하는 것에 반하여 대부분의 실내난방방식은 대류방식이다. 바닥밑 가열방식은 콘크리트나 목조바닥에 사용될 수 있으며, 모든 바닥마감재(돌, 타일, 나무, 비닐, 카펫 등)에 적용된

---

3 Wikipedia, underfloor heating, http://www.answers.com/topic/underfloor-heatin.
4 Korean Agency for Technology and Standards,
   http://ats.go.kr/english/com/sitemap.asp?OlapCode=ATSU2.

다. 또한 층에 구애받지 않는다. 다만 바닥마감재는 난방 성능에 영향을 미칠 수 있으므로 마감재 선택은 신중을 기해야 한다.

가열된 공기가 천장으로 상승하면서 열손실이 많은 대류방식에 비해 복사난방의 우월성이 널리 알려졌다. 복사난방은 방과 신체 모두 아래쪽을 덥혀준다. 이는 인간은 사지가 머리보다 더 따뜻해야 이상적이라는 점에서 자연에 얻는 온기와 같은 느낌을 준다. 복사열은 주택의 공기 중 수분함량에 영향을 미치지 않으므로 복사난방에서는 가습장치가 따로 필요 없다. 복사난방이 먼지와 집먼지 진드기가 공기를 타고 순환하는 것을 줄여주므로 특히 천식 환자에게 유리하다. 동시에 바닥밑 난방으로 발생되는 온기 중의 수분 함량은 집먼지 진드기가 서식하기에는 너무 낮다.[5]

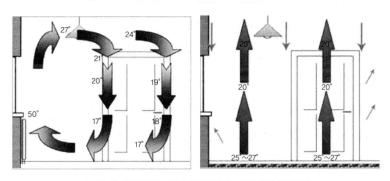

〈그림 2〉 전통적인 대류난방방식과 바닥 밑 난방방식

---

5 Australian Government, *Understanding and Improving Field Accommodation Systems*, Antarctic Division, 200.

바닥밑 난방은 눈에 보이지 않으며 보기 싫은 라디에이터가 차지하는 소중한 벽 공간을 잠식하지 않는다. 어떤 의미에서 바닥 전체가 라디에이터인 셈이다. 또한 복사방식에서 공기는 자동온도 조절장치에 맞춰진 온도까지만 가열되므로 복사열의 관류에 따르는 열손실이 줄어든다.

바닥밑 난방의 두 가지 시스템

바닥밑 난방방식에는 크게 온수 방식과 전기 방식의 두 가지 시스템이 있다.

1) 온수 방식

온수 방식은 덥혀진 물이 바닥에 매입된 파이프를 통과하는 방식이다. 파이프로는 표준적인 폴리에틸렌 플라스틱 파이프가 사용되며 동관은 필요치 않다. 비용과 마찰계수의 관계를 고려할 때 5/8인치 파이프가 가장 이상적이다. 3/4인치나 1인치 파이프는 비싸고 3/8인치나 1/2인치 파이프는 마찰이 너무 커져 온수를 펌핑하는 데 많은 에너지가 낭비되며, 열 사이펀 효과에 필요한 최소 직경이 5/8인치이기 때문이다.

바닥밑 가열 방식의 열원으로는 가스, 기름, 고체 연료가 모두 가능하다. 바닥밑 난방방식에는 보일러나 지열이용 히트펌프(ground sourced heat pump)가 가장 효율적으로 사용된다. 바닥밑 난방은 최하 섭씨 35도에서도 4.0의 효율성으로 히트펌프가 가동되나, 벽 라디에이터 방식에서는 히트펌프의 효율성이 3.5로 감소한다. 온수 바닥밑 난방방식(wet underfloor heat)을 적용하면 반대의 작용도 가능하다. 즉 냉각기에서 공급되는 찬물이 건물의 열에너지를 뺏어간다.

온수 바닥밑 난방방식은 설치비용이 라디에이터 방식보다 비싸지만 장기적으로는 더 경제적임이 입증되었다. 특히 단열이 잘된 대규모 건물에서 그 경제성이 더 뛰어나다. 콘덴싱 보일러를 사용할 경우 일반 난방방식에 비해 40%까지 에너지 절감이 가능하며, 일반 보일러로 사용하더라도 15%의 에너지가 절감된다.[6] 콘덴싱 보일러는 저온에서 물의 순환 기능에 의해서 성능이 개선될 수 있다. 이음을 두지 않는 단일 파이프의 사용으로 습식 바닥밑 난방방식은 유지 관리가 거의 필요 없게 되었다. 이런 파이프는 수명이 100년에 이른다.

2) 전기 방식

전기 바닥밑 난방방식의 장점 가운데 하나는 바닥의 두께를 줄일 수 있다는 점이다. 바닥의 최종 마감재의 두께를 최소 3mm까지 낮출 수 있다. 많은 경우 마목스(Marmox)와 같은 단열판 위에 전기선이 직접 배선되고 그 위에 타일을 전용접착제로 붙이거나 수평맞춤용 라텍스 컴파운드를 도포한 후 바닥마감재로 마무리한다.

전기 바닥밑 난방방식은 열선이 마감재 바로 아래 설치되므로 난방에 걸리는 시간이 단축된다. 전기료를 절약하는 한 가지 방법은 열선을 콘크리트 바닥판 위에 단열재를 설치하고 그 위에 열선을 깐 후 심야 전기를 이용하여 야간에 난방하고 낮에는 콘크리트 바닥판에 축열된 열매스로부터 나오는 복사열로 주택을 난방하는 것이다. 이런 방식을 취할

---

6 http://www.uhma.org.uk/Tec2.ht.

경우에는 타일 바닥마감재가 가장 효과적인데, 왜냐하면 타일은 다른 재료보다 열을 저장하고 전달하는 데 탁월하여 마치 축열 히터와 같은 효과를 발휘하기 때문이다.

하지만 설치의 용이성에도 불구하고, 바닥밑 난방방식은 다른 형태의 전기 난방방식과 마찬가지로 환경친화적이지는 않다. 이 방식의 열효율성은 높지만 대부분의 전기는 화석 연료를 사용하여 원거리에서 생산되기 때문이다. 많게는 전체 에너지의 2/3가 발전소와 송전 과정에서 손실된다.[7]

(3) 호주의 바닥난방 시스템

호주 정부의 에너지 절약 정책

에너지의 효율성을 향상시키는 것이 호주 정부의 최우선 정책 과제이다.[8] 상업 부분에서 에너지 효율성을 제고하게 되면 매년 약 10억 달러 정도의 GDP 증가를 가져다 줄 것이다. 약 250개의 호주 기업이 연간 500조 줄(Joule)의 에너지를 사용하며 이는 호주 전체 기업 부분의 에너지 사용량의 60%를 넘는 것이다.

연간 500조 줄(Joule) 이상의 에너지를 사용하는 모든 기업은 가까

---

7 CBS Radiant Heating Systems, MYTHS about Floor Heating, 200.
8 Australian Government, Securing Australia's Energy Future, 2005.

운 장래에 5년마다 엄격한 에너지 효율성 평가를 받아야 하며, 그 결과를 공개해야 한다. 이런 정책은 국제적으로도 가장 엄격한 조치이며 대기업들로 하여금 종합적이고 정기적으로 에너지 관리를 하도록 할 것이다.

이런 평가는 산업체 의견과 외국의 사례를 참조하여 호주 정부가 개발할 예정인 가이드라인에 따라 수행될 것이다. 새로운 가이드라인은 전 기업 활동에 대한 철저한 검사를 기반으로 한다. 이는 기존의 공장시스템에 대한 감사뿐만 아니라 잠재적인 시스템에 대한 체계적인 분석을 포함하는 것이다. 이런 평가는 현재 시행 중인 호주에너지감사표준(Australian Energy Audit Standard)의 Level 3 수준보다 엄격한 것이 될 것이다.

호주 정부는 이 조치를 도입하기 위하여 향후 5년간 1,700만 달러의 예산을 책정해 놓았다. 이 예산은 평가 가이드라인의 개발, 프로그램의 교육, 인증시스템 개발, 도입 초기 단계에서의 지원 모델 평가를 위해 사용될 것이며, 새로운 프로그램에서 얻은 교훈을 다른 산업 분야로 확대하는 데에도 활용될 것이다.[9]

바닥난방방식의 장점

현대적인 바닥난방방식은 전통적인 대류방식과 역사이클 공기조화방식에 비해서 많은 장점을 갖고 있다. 바닥은 면적이 넓기 때문에 주위의 공기온도를 조금 낮춰도 이상적인 쾌적감을 얻을 수 있다. 이 결과 먼

---

9 Ibid., pp. 12~52.

지의 순환을 줄일 수 있으며 낮은 에너지를 사용하여 더 쾌적한 조건을 얻게 된다.

이런 장점은 전통적인 차가운 바닥재인 타일이나 나무 바닥으로 된 방에서 더욱 커진다. 왜냐하면 이런 재질이 실내에 돌풍을 일으키거나 냉점을 만드는 대신에 난방 시스템으로 작동하기 때문이다.

호주에서 바닥난방의 장점은 다음과 같이 알려져 있다.

- 실내 전체에 걸쳐 쾌적하고 균등한 온도 분포
- 머리보다 발이 더 따뜻하다.
- 유지, 관리가 필요 없다.
- 돌풍이 없다.
- 눈에 보이지 않는다.
- 먼지의 순환을 크게 줄인다.

(4) 호주의 바닥난방방식의 사례

서브플로어 난방방식(Sub-floor heating)

1) 패시브솔라 온기난방 시스템으로 가열된 공기는 자연스런 공기의 순환 원리에 따라서 바닥 아래 위치한 가열된 공기의 분배 지점으로 이동한다.

2) 가열된 공기는 닫힌 바닥 아래 공간을 통하여 순환하면서 열을 열

저장 물질과 바닥재 자체에 전달한다. 더운 공기가 열전달 과정을 거치면서 차가워지면 건물의 반대쪽에 위치한 찬 공기 공급 지점에 모이게 된다.

3) 찬 공기 획득지점으로부터 아직 온기가 남아있는 공기를 공기 히터에 보내 재가열하여 바닥 아래 위치한 서브플로어 히팅 시스템 내로 순환시킨다.[10]

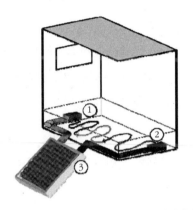

〈그림 3〉 서브플로어 패시브솔라 온기난방방식

상변화물질을 이용한 열에너지 저장

물이 얼음으로 변하는 것처럼 어떤 물질이 하나의 상태에서 다른 상태로 변화하면 그 과정에서 상당한 양의 에너지가 흡수되거나 방출된다. 적당한 물질을 사용하면 이와 같은 '잠복해 있는' 에너지를 이용하

---

10 Australian Government Antarctica Division, Understanding and Improving Field Accommodation Systems For Antarctica, 2004.

여 열에너지를 저장할 수 있다. 특정한 소금이나 밀랍 종류를 포함하여 열에너지를 저장하는 데 적합한 물질들이 현재 상변화물질(Pcm) 에너지 저장용 구조재 등으로 상업화되었다. 이런 제품들은 셀 형태나 구조용 시팅(sheeting)에 이르기까지 다양한 제품으로 출시되었다.

공기나 글리콜(glycol) 등의 상변화물질 순환액은 패시브솔라 시스템으로 생산된 열에너지를 저장하여 야간이나 구름이 낀 주간과 같은 시스템이 작동하지 못하는 기간에 사용될 수 있기 때문에 패시브솔라 난방시스템과 잘 어울린다.

셀에 저장된 상변화물질 열저장 시스템은 다음 〈그림 4〉와 같이 적용된다. 〈그림 4〉는 공기를 순환액으로 사용하는 예를 보여주고 있지만, 글리코도 비슷한 원리로 사용될 수 있다.

- 단단한 바닥재, 아래의 상변화물질로부터 열을 받아 서서히 분배한다.
- 얇은 단열층, 상변화물질로부터 상부의 차가운 바닥에 전달되는 열의 전달 속도를 낮춘다.
- 셀에 저장된 상변화물질, 패시브솔라 난방시스템을 통해 가열된 공기를 순환시킨다.
- 두꺼운 단열재, 열을 아래쪽(외부)으로 뺏기지 않도록 한다.
- 구초체의 외부피복재, 서브플로어 시스템이 외부환경에 노출되어 단열성능이 저하되는 것을 방지한다.[11]

---

11 Ibid.

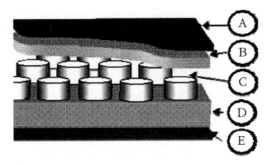

〈그림 4〉 상변화물질-서브플로어 난방 시스템

(5) 호주의 바닥난방 시스템의 미래

다른 서구 국가들과 마찬가지로 바닥난방방식은 호주에서 아직 보편적이지 않다. 하지만 최근 들어 바닥난방은 대안적인 난방방식으로 주목받고 있다. 〈그림 5〉에서 보듯이 바닥난방은 사용이 증가하고 있다.[12]

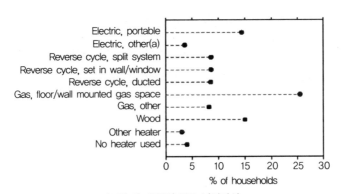

〈그림 5〉 호주의 주요 난방방식

12 Australian Bureau of Statistics, Domestic Use of Water and Energy, South Australia, Oct 2004.

호주에서 바닥난방이 차지하는 비율은 아직 낮지만 빠르게 증가할 것이다. 이러한 추세는 중국인, 한국인, 일본인과 같은 동아시아 이민자들이 급증하는 것과 맞물려 있다. 호주 정부는 2050년까지 총인구를 2,700만 명으로 늘리겠다고 결정했다. 〈그림 6〉은 호주의 인구 증가 추이를 보여준다.[13] 이 시나리오에 따라 바닥난방을 경험한 이민자들이 급증할 것이고 이에 따라 바닥난방도 빠르게 증가할 것이다.

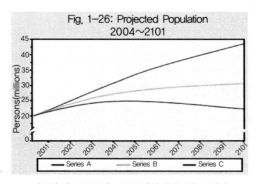

〈그림 6〉 2050년~2100년의 호주 인구 예상

이런 이민 추세에 따라 〈표 1〉에서 보듯이 더 많은 동아시아 이민자들이 호주에 들어올 것이다.[14] 바닥난방에 익숙한 동아시아의 이민자들은 부엌이나 화장실에 바닥난방을 설치할 것이다.

13 Department of Immigration, Immigration Update, December 2005.
14 Department of Immigration, Settler Arrivals 2005-2006.

TABLE 1.2(CONTD)	SETTLER ARRIVALS BY BIRTHPLACE, 1995~96 TO 2005~06										
BIRTHPLACE	1995~96	1996~97	1997~98	1998~99	1999~00	2000~01	2001~02	2002~03	2003~04	2004~05	2005~06
NORTHEAST ASLA											
China(f)	11,247	7,761	4,338	6,133	6,809	8,762	6,708	6,664	8,784	11,095	10,581
Hong Kong(g)	4,361	3,894	3,194	1,918	1,467	1,541	931	1,029	1,125	1,273	1,031
Japan	593	485	508	578	553	604	571	607	706	749	755
Korea	704	707	596	627	768	1,344	759	903	1,075	1,788	2,117
Macau(g)	124	97	57	56	43	28	29	25	26	31	21
Mongolia	1	1	3	1	2	3	3	11	5	15	15
Taiwan	1,638	2,180	1,518	1,556	1,699	2,599	1,715	1,109	881	776	752
TOTAL NORIHEAST ASLA	18,668	15,125	10,214	10,869	11,341	14,881	10,716	10,348	12,602	15,727	15,272

호주의 건설 산업은 최근에 건물에너지효율성표준을 발표했으며 주택 시장에서 알레르기를 일으키지 않는 시스템이 점차 확산되고 있다. 호주는 지난 8년간 호황기에 있었고 이에 따라 건설 붐도 당분간 계속될 것이다. 따라서 호주에서의 바닥난방 시스템의 전망도 밝다고 할 것이다.

하지만 국제전기기술위원회(IEC)가 온도 규정을 아래와 같이 최종 결정했다.

"피부나 발바닥이 직접 접촉하는 바닥의 표면 온도는 제한되어야 한다."

이 결정에 따라 한국의 건설업체와 건자재 업체들은 해외시장을 개척할 때 안전규정에 대비해야 할 것이다. 만약 바닥 온도에 대한 IEC의 표준이 매우 낮게 결정된다면 온돌 난방방식은 위기에 처할 가능성이 있다. 그러므로 ICE의 결정에 어떻게 대응하느냐는 한국의 자랑스러운 발명품인 온돌과 바닥난방 시스템을 보호하는 데 중대하고도 긴급한 책무가 될 것이다.

10.
중국 옛 발해 지역
난방시설유적의 재해석[1]

*김준봉
베이징공업대학교 건축도시공학부 교수
*방학봉
연변대학교 교수

국제온돌학회 논문집 통권 7권, 전남대학교, Vol 7, 2008, P. 110~119.

1 이 글은 평생 발해 연구로 일생을 바친 중국 연변대학 역사학과 방학봉 교수와 필자가 함께 연구
한 내용을 재정리하였음을 밝혀둔다.

(1) 발해 난방시설의 종류

지금까지의 발해 유적의 고고조사발굴자료에 의하면 발해난방시설로 상경룡천부 궁성(上京龍泉府宮城) 내의 제4궁전(宮殿)의 본전(正殿－본채), 제4궁전의 배전(配殿－곁채), 상경성 궁성 내의 서구침전터(西區寢殿址), 화룡현 서고성(和龍縣西古城) 내의 제4궁전과 제1호 집터(第一号房址), 훈춘시 팔련성(琿春市八連城) 내의 제2궁전터, 훈춘시 량수향 정암산성 병영터(琿春市涼水鄉亭岩山城兵營址), 오매리 절골 발해절터(梧梅里庙洞渤海庙址), 신포금산건물지(新浦金山建筑址), 청해토성건물지(青海土城建筑址), 동녕현 단결유지상층(东宁县团结遗址上层), 훈춘시 영의성터(琿春市英義城址), 훈춘시 솔만자집터(琿春市甩弯子房址), 발해상경룡천부 궁성 남벽 3호 문터 근처 집터(渤海上京龙泉府宮城南墙3号门址;近处房), 해림시 도구유지(海林市渡口遗址), 해림시 하구유지(河口遗址), 해림시 진흥유지(振兴遗址), 해림시 목란집동유지(木兰集东遗址), 해림시 응취봉유지(鹰嘴锋遗址), 해림시홍농성지(兴农城址), 동녕소지영유지(东宁小地营遗址), 화전현 마안석말갈집터(桦甸县马鞍石鞑鞨房址), 강원 송수진 영안촌유지(江源松樹镇永安村遗址), 김책시 성상리토성(金策市城上里土城), 콘스탄티노프카취락지(康斯但丁诺夫卡村落址), 스티로레첸스코고성건축터(斯塔罗列琴斯克古城建筑址), 코르사코프스카손락유지(科尔萨科沃村落址), 보리쉬브카촌락유지(鲍里索夫卡村落遗址), 크라스끼노성터(克拉斯基诺城址), 크리스끼노성북 34호구역유지(克拉斯基诺城北34号区遗址)…… 등 29개 곳이 있다. 이 조사발굴자료를 통하여 우리는 발해의 온돌문화, 발해의 건축, 발해 민속(民俗)을 연구함에 있어서 아주 고귀한 실증적 자료를 가지게 된 셈이다.

이상의 자료에 의해 발해 난방시설의 종류를 찾아보면 주로 두 가지가 있는데, 첫째는 구들(火炕-온돌)이고 둘째는 화로벽(벽난로형, 火墙)이다. 이외 화로(火盆)와 불구덩이(火地-땅을 "凹"형으로 파고 그에 화로처럼 불을 담아 놓는 것)같은 것도 있었으리라고 짐작되지만, 건축 유지가 너무 심하게 파괴된 탓으로 아직 찾지 못하였다. 벽난로형(火墙)은 발해 사회에서 널리 사용되지 않았다. 29개 발해 난방시설 유지 가운데서 화로 벽이 있었던 유지는 오직 동녕소지영유지(东宁小地营遗址) 한 곳 뿐이다. 동녕 소자영유지는 흑룡강성 동녕현 도하진 소지영촌(黑龙江省东宁县道河镇小地营) 동쪽에 위치했다. 집터는 반지혈식(半地穴式)이고 동남향(东南向)이다. 집터 내에 화로벽 유지가 있다. 화로벽은 돌에 풀과 진흙을 섞어 이겨 쌓았다. 서쪽 벽과 북쪽 벽을 따라 "┌"형 내굴길(烟道)이 있고 아궁이(灶)와 아궁이 후렁이(灶炉)가 있는데 아궁이 후렁이는 가마 밑 모양으로 생겼다.[1]

구들은 발해사람들이 널리 보편적으로 사용하던 난방시설의 일종이다. 발해사람들은 주로 구들로 취난(取暖)하고 추운 겨울을 지냈다. 29개 발해 난방시설 유지 가운데서 구들시설이 있는 유지는 28개로서 절대 다수를 차지한다. 화로벽 유지는 오직 하나뿐이다.

지금까지 조사된 구들에 관한 자료를 종합해보면 구들은 아궁이, 아궁이 후렁이, 부넘기, 구들고래, 고래개자리, 굴뚝, 굴뚝개자리, 구새(烟

---

1 김태순:『흑룡강성 발해고고의 주요한 성과』, 손진기, 손해.
　주편:『고구려발해연구집성』(발해권)(3) p. 57.

筒-연통) 등의 절차로 이어졌다. 그러나 그 집의 성격과 규모가 다름에 따라 구들시설이 달랐다.

구들시설이 잘 보존되어 있는 유지로는 상경성(上京城) 내의 제4궁전과 서구침전(西区寢殿)······ 등이 있다. 서구침전은 좌, 중, 우 3간으로 구성되었다. 실내에 난방시설이 있다. 구들고래는 푸른 벽돌과 암키와로 쌓고 판돌을 덮어 온돌외면을 만들고 그 위에 회를 발랐다. 실내 구들은 두줄고래구들이다. 세 개의 방과 서쪽, 북쪽 회랑에 구들이 있다. 아궁이는 둥글게 움푹 패였다. 구들골은 1개 혹은 2개인데 벽에 붙어 그것과 평형으로 놓였다. 북쪽 회랑의 동서 두 개의 구들골은 외골이고 나머지는 모두 2골이다. 구들골은 모두 북쪽에 있는 2개의 굴뚝으로 뻗어나갔다. 동쪽 방내의 아궁이는 동쪽 벽 중간쯤 되는 곳에 설치되었고 구들고래는 동쪽 벽을 따라 북으로 가다가 북쪽 벽에 이르러 북쪽 회랑의 구들과 한곳으로 모여서 북쪽에 있는 굴뚝에 닿았으며 가운데 방, 서쪽 방 및 북쪽 회랑 서쪽의 4개 구들의 아궁이는 서쪽 방의 동쪽 벽과 가운데 방 서쪽 벽 중간쯤 되는 곳에 설치되었고 구들고래는 벽을 따라 북으로 가다가 북쪽 벽에 이른 다음 다시 북쪽 벽을 따라 서쪽으로 가다가 서북모서리에 이르러 가운데 방, 서쪽 방 및 북쪽 회랑 서쪽의 4개 구들의 골을 서로 합쳐서 서북쪽 굴뚝으로 들어갔다.

동서 두 개의 굴뚝은 대칭으로 섰으며 그 형태와 크기가 같다. 굴뚝은 개자리목과 굴뚝의 두 부분으로 이루어졌다. 이면에서 제4궁전과 흡사하다. 서구침전도 왕이 사용하던 침전이다.[2]

---

2 주국심, 김태순, 리현철 저: 『발해고도(渤海古都)』 p.275.
  흑룡강인민출판사 1996년 출판.

(2) 발해구들의 평면 형태와 위치

발해구들의 평면형태(平面形态)는 주로 4가지로 나누어 볼 수 있는
데 첫째는 "ㄱ"자형(字形)이고 둘째는 "ㄷ" 혹은 "U"자형이며 셋째는
"ㅡ"자형이고 넷째는 "ㅓ" 혹은 "ㅜ"자형이다.

"ㄱ"자형 혹은 "ㄷ"자형 구들을 곡측형(曲尺形) 혹은 절측형(折尺
形)구들이라고 한다. "ㄱ"형 구들은 발해사람들이 널리 보편적으로 가
장 많이 사용하던 구들 평면 형태이다. 상경성 내의 제4궁전의 본채(正
殿)와 곁채(配殿), 서구침전(西区寝殿), 서고성(西古城) 내의 제4궁전과 제
1호 집터, 오매리절골절터(梧梅里庙洞庙址), 신포금산건물터(新浦金山建
筑址), 동녕단결유지상층(东宁团结遗址上层), 해림시 도구유지(海林市渡口
遗址)⋯⋯ 등 유지에 설치된 28개 구들의 평면 형태는 모두 "ㄱ"자형 혹
은 "ㄷ"자형이다.

"ㄷ"자형 혹은 "U"자형의 구들을 고리모양온돌(换炕)이라고도 한
다. 고리모양온돌은 해림시 하구 유지(海林市河口遗址), 해림시목란집동
유지(海林市木兰集东遗址), 해림시응취봉유지(海林市鹰嘴锋遗址), 크라스
키노성터(克拉斯基诺城址)⋯⋯ 등 유지에서 볼 수 있다.

"ㅡ"자형의 구들을 일면구들(一面炕) 혹은 쪽구들(条炕)이라고도 한
다. "ㅡ"형의 구들은 상경성 내의 서구침전터(西区寝殿址), 동녕현소지
영유지(东宁县小地营遗址), 스타로레첸스코예촌락지(斯塔罗列琴斯科村落
址)⋯⋯ 등 유지에서 볼 수 있다.

"ㅜ"자형 혹은 "ㅓ"자형의 구들은 상경성 내의 제4궁전 곁채(配殿)
와 서구침전터에서 볼 수 있다.

고리모양구들(环炕), 쪽구들(一面炕), "ㅜ"혹은 "ㅓ"자형 구들은 "ㄱ"자형 구들에 비해 상대적으로 광범히 사용되지 못하였다.

주거지 내에 설치된 구들의 위치를 살펴보면 서쪽과 북쪽에 제일 많이 시설되고 동쪽에 시설한 것은 그 버금에 간다. 남쪽에 시설한 것은 비교적 적다. 이러한 사실은 발해시기에 주거지 내에 구들을 시설할 때 서쪽과 북쪽을 많이 선택했고 그 버금으로 동쪽을 선택했으며 남쪽은 아주 적게 선택하였다는 것을 알 수 있다. 이것은 주거지(住居址—住宅址)를 남향(南向)하고 출입문이 남쪽에 만들어지는 것이 일반적인 상황이었다는 것과 관련된다.

(3) 발해구들의 구조(渤海火炕的构造)

지금까지 조사 발굴된 구들(火炕)에 관한 자료를 종합해보면 구들은 대략 아궁이(灶), 아궁이 후렁이(灶炉), 부넹기(灶喉), 구들개자리(灶座), 구들고래(炕洞), 구들고래뚝(炕垄), 고래개자리(炕洞座), 굴뚝(烟囪), 굴뚝개자리(烟堡), 구새(烟筒) 등의 절차로서 서로 이어졌다. 그러나 그 집의 성격과 규모가 다름에 따라 구들시설이 달랐다.

① 아궁이(灶)는 일반적으로 구들고래와 직선으로 놓이지만 간혹 "ㄱ"자형(字形) 혹은 "ㄷ"자형으로 설치되는 경우도 있다. 예를 들면 오매리절터 구들의 아궁이는 "ㄱ"자형으로 목이 꺾였다.

아궁이는 일반적으로 구들 혹은 화로벽(火墙)의 한끝에 있다. 구들과 화로벽은 중요하게 주택(住宅)의 지리적 위치와 풍향을 고려하여 설치했다. 그러므로 그 위치도 각각 다르다. 어떤 것은 북측 온돌의 서측에 설치되었는데 그 모양은 반원식(半圓式) 얕은 구덩이(浅坑)이며, 어떤 것은 서쪽 온돌의 북측에 설치되었는데 평면은 원형(圓形)이고 얕은 구덩이다. 어떤 것은 서쪽 온돌의 남측에 설치되었는데 평면은 장방형이며, 어떤 것은 서쪽 온돌의 북쪽 끝에 설치되었는데 평면은 원형(圓形)이고 얕은 구덩이다. 어떤 것은 서쪽 온돌의 남쪽 끝에 설치되었는데 평면은 불규칙(不規則)적인 원형이다. 그 중에서도 서쪽 온돌에서 시작한 것이 대부분이다.

실내에 설치된 아궁이는 대부분 실내에 꾸며진 구들 수에 따라 달라졌다. 주택 내에 구들이 하나 놓였으면 아궁이는 하나고 구들이 둘이 놓였으면 아궁이도 두 개 설치되고 구들이 3개이면 아궁이도 3개 설치되었다. 한 개의 주택 내에 구들 세 개와 아궁이 3개가 설치된 유적은 많지 않다. 화로벽(火墙)의 아궁이 위치도 구들의 아궁이 위치와 같다.

아궁이로부터 굴뚝까지 이르는 구간은 점차적으로 높아졌다. 하여 구들 각 부문 가운데서 굴뚝 부분이 제일 높고 아궁이 부위가 제일 낮다. 상경성 내의 제4궁전과 서구침전의 아궁이 후렁이(灶炉)는 둥글게 움푹하게 패였고 부넘기(灶喉) 뒤에 구들고래가 있으며 구들 고래 뒤에 고래개자리(坑洞座)와 굴뚝(烟囱)이 있다. 아궁이 후렁이로부터 굴뚝까지 이르는 사이는 점차적으로 높아졌다. 그래서 아궁이 후렁이 부분이 제일 낮고 굴뚝 부분이 제일 높다.

② 구들고래는 외고래, 두고래, 세고래 등이 있었는데 두고래가 대부분이다. 상경성(上京城)내의 서구침전(西区寝殿) 내에는 발해구들의 전체 면모를 능히 설명할 수 있는 난방시설로서의 구들이 있다. 이 집터에

7개의 구들이 있는데 이것은 당시 구들 발전의 구체적인 과정을 보여준다. 구들의 고래는 1~2고래이다. 여기의 구들 형식을 보면 서쪽 회랑의 것을 내놓고는 모두 두고래구들 하나에 외고래구들 하나씩이 붙어있다. 외고래구들은 대체로 두고래구들이 굴목과 잇닿은 곳에서 두고래구들과 합쳐진다. 외고래는 구조와 위치로 보아 두고래구들에 불이 잘 들게 하기 위하여 설치한 보조적인 고래로 인정된다.

두고래구들터는 발해구들터 가운데서 절대다수를 차지한다. 예를 들면 상경성 내의 제4궁전의 본채(正殿)와 곁채(配殿), 서고성(西古城) 내의 제4궁전과 제1호 집터, 오매리절터(梧梅里庙址), 동녕단결유지(东宁团结遗址), 크라스키노성터(克拉斯基诺城址)······ 등 유지의 구들에는 모두 두고래가 시설되었다. 간혹 세고래구들도 있었는데 매우 희소하였다. 정암산성(亭岩山城) 내의 병영터(兵营址) 내의 구들은 실내 북쪽 절반쯤 되는 곳에 놓였는데 구들고래는 셋이다.

구들고래뚝은 벽돌, 토피(土坯), 기와, 돌, 풀, 흙······ 등 여러 가지 자료를 사용하여 쌓았다. 청해토성(青海土城) 집터 내의 구들고래는 두 가지 형식으로 되어 있다. 하나의 형식은 뚝을 만들고 그 위에 구들장을 놓은 것이고 다른 하나의 형식은 구들바닥에 2~3개의 홈을 파고 구들장으로 덮은 것이다.[3] 어떠한 자료로 어떻게 쌓는가 하는 것은 그 주거지의 성격과 규모에 따라 달라졌다. 하여 어떤 구들의 고래뚝은 벽돌로 쌓고 어떤 것은 암키와로 쌓았으며, 어떤 것은 돌로 쌓았고 어떤 것은 강돌과 풀, 진흙을 섞어 쌓았다. 서구침전, 서고성 제4궁전과 제1호 집터의 구들

---

3 채태형: 『조선단대사(발해사3)』 p.190~191. 과학백과사전출판사 2005년 6월 출판.

고래뚝은 모두 토피(土坯)를 4장 포개서 높이 30cm, 고래 안 너비 40cm 정도로 쌓고 그 위에 두께 10cm 정도의 판돌(板石)을 구들장으로 덮었다.

③ 구들판(炕面)은 구들고래와 고래뚝 위에 약 10cm 좌우의 판돌(板石)을 덮고 굄돌(墊石)을 받쳐 고정시킨 다음 그 위에 흙에 모래를 섞어 이겨 두벌 내지 세벌을 발랐다. 황실(皇室) 내의 침전, 관부(官府), 귀족(貴族), 부귀(富貴)한 사람 주거지의 구들판에는 백회(白灰)로 마감하였다. 그러나 평민주거지 구들판(平民住宅炕面)에는 회를 바르지 못하였다.

구들판은 전체 구들의 면적에 따라 그에 상응하게 시설되기 때문에 구들 면적을 알면 구들판의 면적도 알 수 있다. 크라스키노성터(克拉斯基诺城址) 북부(北部) 제34호 구역(区域)에서 총 길이 14.8m에 달하는 구들유지(炕址)를 발견하였다. 그 연대는 대략 10세기(十世紀) 즉 발해 말기로 추정된다. 이 구들유지는 "ㄱ"형 구들로 서쪽 길이 3.7m이고 북쪽 길이 6.4m이며 동쪽 길이 4.7m이고 폭(宽)은 1.0~1.3m이다.[4] 서구침전구들의 너비는 약 1.2~1.4m이고 제일 큰 구들판석(炕板石)의 길이는 78cm이며 너비는 69cm이며 두께는 12.5cm이다. 나머지 판석(板石)의 길이와 두께는 모두 좀 작았고 두께는 약 10cm였다.[5]

아궁이로부터 굴뚝에 이르는 사이의 구들은 좀 경사지게 하여 연기가 고래를 통해 굴뚝으로 잘 통하도록 하였다. 그래서 구들의 꼬리 부분이 머리 부분보다 좀 높다.

서고성 내성 내의 제1호 집터에는 난방시설이 있다. 구들의 형태는

---

4 김준봉 주편: 『국제온돌학회지』, 2006년도 통권 제5호. p. 291.
5 중국사회과학원고고학연구소편: 『류정산과발해진』, p. 68. 1997년 『중국대백과전서출판사(中国大百科全书出版社)』 출판.

"ㄱ"자형이다. 아궁이(灶址)는 실내 동쪽 벽 중부에 설치되고 아궁이를 이어 두고래가 북행하여 동쪽 벽과 북쪽 벽이 합치는 곳에서 북쪽 벽을 따라 서행하다가 서북 벽 모서리에 이르러 북벽을 뚫고 집 밖으로 나가 굴뚝(烟囱)과 연결되었다. 구들고래는 두고래로서 아궁이로부터 동북 벽까지의 거리는 2m 좌우이고, 동북모서리 벽으로부터 서북 벽 모서리까지 이르는 고래의 남은 길이는 6m이다. 고래의 너비는 대부분 0.35~0.4m이고 제일 넓은 곳은 약 0.5m이며 제일 좁은 곳은 약 0.2m이다. 고래벽(烟墙－炕垄－炕墩)은 토피(土坯)로 쌓았고 남은 너비는 약 0.2~0.35m이다. 굴뚝 기초와 굴뚝개자리(烟堡) 부분은 "ㄷㄱ"형으로 되었는데 기단은 흙을 다져쌓고 그 바깥면은 강돌로 쌓았다. "ㅁ"형을 이룬 부분의 한 변의 길이는 2.4m이고 "ㄴ"형을 이룬 부분의 길이는 2.7m로서 "ㄷㄱ"형의 총길이는 5.1m이다. 구들고래는 아궁이 부분으로부터 굴뚝에 이르는 사이는 점차 조금씩 높아졌다.

④ 굴뚝은 주로 바깥벽의 한 모서리에 설치하였다. 상경성(上京城) 내 제4궁전 본채(正殿) 안의 구들골은 북쪽으로 뻗어 집 밖으로 나가 개자리목을 거쳐 굴뚝에 다다랐다. 개자리목도 2개의 골로 되었는데 골은 벽돌로 쌓고 그 위에 판돌을 덮었다. 제4궁전의 서쪽 곁채(配殿)는 3간으로 된 집이고 실내에 구들 시설이 있다. 동쪽 방의 구들과 그 북쪽 회랑의 구들이 한곳으로 모여서 북쪽에 있는 굴뚝에 닿았으며 서쪽 방과 북쪽 회랑의 구들이 한곳으로 모여서 북쪽에 있는 굴뚝에 닿았다.

서구침전(西区寢殿)에도 구들시설이 있다. 구들골은 모두 북쪽에 있는 두 개의 굴뚝으로 들어갔으며 가운데 방, 서쪽 방 및 북쪽 회랑 서쪽의 4개 구들의 골은 서로 합쳐서 서북쪽 굴뚝으로 들어갔다. 동서 두 개의 굴뚝은 대칭으로 섰으며 그 형태와 크기가 같다. 굴뚝은 개자리목과 굴뚝의 두 부분으로 이루어졌다. 개자리 목은 앞 부분의 높이 0.4m이고 뒷부분의 높이 0.8m이며 너비 3.2m, 길이 5.2m되는 경사진 뚝을 흙으로 다져쌓고 그 위에 2개의 골을 파고 골 위에 암키와를 덮고 다시 판돌을 덮는 방법으로 만들었다. 개자리목 곁에는 회를 발랐다. 개자리목이 끝나는 곳에 방대형의 굴뚝이 섰다. 굴뚝의 밑변의 길이는 약 5m이며 남아 있는 높이는 1.7m이다. 굴뚝 바깥에는 다듬은 돌로서 한층 한층 안으로 좁혀쌓았다.

이와 같이 이 집은 여러 개의 구들에서 나오는 연기를 불과 2개의 굴뚝으로 뽑은 잘 짜인 난방 체계를 갖춘 집이다. 또 두 개의 굴뚝을 같은 형태와 크기로 만들었으며 집 뒤에 대칭으로 세워서 집을 더욱 아름답게 하였다.

제4궁전의 본채와 곁채, 서구침전터는 집의 생김새나 구들 및 굴뚝을 쌓은 방법에서 모두 같다. 이런 형식의 집터는 상경성에서 뿐만 아니라 서고성(西古城)과 팔련성(八連城)에서도 드러났다. 이러한 정황으로 보아 이와 같은 생김새의 집과 집안에 설치된 구들의 정황은 발해시기 넓은 범위에서 존재했을 것으로 추정된다.[6]

발해의 평민주거지(平民住宅址)에 설치된 굴뚝의 실황(实况)에 대한 조사 발굴 보도 자료가 미흡하기 때문에 평민주거지 굴뚝 정황을 잘 알 수 없다. 『오녀산성 고구려 난방시설 보도 자료(五女山城高句丽取暖设施 报告资料)』에 의하면 굴뚝의 절반은 집 밖에, 다른 절반은 벽 안에 설치한

---

6 주영헌: 『발해문화』 p.45~48.

유지가 있다. 그러나 발해주거지 유지에서는 아직까지 발견하지 못하였다.

⑤ 발해의 구들에는 "조돌"이 있는 집터와 "조돌"이 없는 집터가 있다. "조돌"은 주로 외고래구들인데 그 구조와 위치로 보아 집 안의 원고래구들(正炕洞)에 불이 잘 들게 하기 위한 『조돌』(보조적 구들고래) 기능을 수행하는 것이다. 이에 속하는 집터로는 상경성 내의 제4궁전과 서구침전, 서고성궁성 내의 제4궁전, 오매리절터를 들 수 있다. 서구침전 내의 북쪽 회랑에 있는 두 개의 외고래구들은 그 위치와 구조로 보아 방 안의 구들에 불이 잘 들게 하기 위한 조돌이었던 것으로 보인다. 서고성(西古城) 제4궁전 내의 2간(兩間) 주실(主室)과 외랑(外廊) 구역에 취난시설이 있다. 조돌은 두간(兩間) 주실의 서쪽과 북쪽 외랑구역 내에 설치되었다. 서쪽 조돌은 주실(主室) 서쪽간 서쪽 안벽에 붙여 설치된 구들과 평행하여 서쪽 벽 바로 바깥 중부로부터 북행하여 서쪽 벽과 북쪽 벽이 합하는 모서리에서 북쪽 벽을 따라 서행해 오는 구들고래와 합류하여 굴뚝으로 나갔다. 북쪽 조돌은 주실 남북행 중추선에서 동으로 좀 치우친 곳에서 시작하여 서쪽 주실 북쪽 벽 내의 구들과 평행으로 서쪽으로 가다가 서북 벽 모서리에 가서 합류하여 굴뚝으로 나갔다. 조돌의 고래 수는 서(西), 북(北) 각기 두고래이다.

구들은 있으나 『조돌』이 없는 집터는 발해 주거지 터 가운데서 다수이다. 이에 속하는 집터로는 솔만자집터(甩弯子房址), 정암산성병영터(亭岩山城兵营址), 단결유지집터(团结遗址房址)…… 등이 있다.

(4) 주거지의 성격과 구들의 실태

지금까지의 발해난방시설유지에 근거하여 발해 주거지(住宅址)의 성격과 그에 따른 구들의 실태(实态)를 주로 궁성(宮城) 내의 침전(寢殿)과 관서(官署) 및 주거지, 평민주거지(平民住宅址), 병영(兵营)과 초소(哨所), 사원유지(寺庙址) 등으로 나누어 볼 수 있다.

① 궁성 내 침전으로 상경성 내의 제4궁전 즉 제4궁전의 본채와 곁채, 서구침전, 서고성 내의 제4궁전, 팔련성 내의 침전터 등이 있다. 상경성 내의 제4궁전과 서구침전은 발해왕의 침전이다. 서구침전(西區寢殿)은 토방, 계단, 벽, 문, 바닥, 기둥, 주춧돌, 지붕, 회랑, 집 주위에 물도랑 낸 것 등이 잘 갖추어진 당시로서는 최고급에 속하는 집 가운데 하나였다. 이 건물은 화려하고 장엄하게 지어진 살림집이다. 난방시설도 그에 알맞게 구들의 각 부분 즉 아궁이, 아궁이 후렁이, 부넘기, 구들개자리, 고래, 고래뚝, 구들판, 고래개자리, 조돌, 굴뚝, 굴뚝개자리, 구새(烟筒) 등이 빠짐없이 잘 시설되었다. 구들은 판돌을 정연하게 펴고 흙을 발랐고 그 위를 또 회로 다시 잘 발랐다.

② 도성(都城) 내의 관부(官府), 문위집(門衛房─문을 지키는 집), 오경(五京), 부(府), 주(州) 등의 주요한 집들은 궁성 내의 침전처럼 화려하고 웅장하게 건축되지는 못하였지만, 당시로서는 상류에 속하는 집들이었을 것이고 그에 알맞은 난방시설이 있었을 것이다.

1981~1984년 기간 흑룡강성 문물고고직원(黑龙江省文物考古工作者)들은 발해 상경성 3호문터(三号门址)를 정리할 때 집터 하나를 발견하였다. 상경룡천부 궁성 남쪽 성벽 중심에 오문(午门─五凤楼)이 있고 오문

좌우에 1, 2호문이 있으며 1, 2호문 서쪽에 있는 문을 3호문이라 하고 동쪽에 있는 문을 4호문이라고 한다. 3호문 남북 쪽에 각기 집터 하나씩 있다. 남쪽의 집터는 파괴가 너무 심하여 그 원 형태를 알아볼 수 없다. 그러나 북쪽의 집터는 보존 상태가 비교적 좋고 평면 형태는 정방형(正方形)이다. 집터는 지상건물터(地上建築址)로 실내에 구들 시설이 있다. 구들은 깊이 0.13~0.18m 되고 두고래구들로서 남북향으로 놓였다. 구들고래 위에는 현무암판석(玄武岩板石)을 덮어 온돌면을 삼았고 구들고래는 서남모서리에 가서 연통과 이어졌으며 아궁이는 서북모서리에 설치되었다. 아궁이 밑은 호형(弧形)으로 생겼고 아궁이벽은 돌로 쌓았는데 거주지면보다 0.24m 높다. 아궁이 후렁이 안의 흙은 불에 굽혀 홍갈색으로 되었다. 아궁이는 후렁이를 통해 직접 구들고래와 연접되고 고래는 직접 개자리 및 구새와 연결되었다.[7]

지방의 주급(州級)에 해당되는 살림집에도 그에 알맞은 구들 시설이 있었다. 영의성(英義城)은 동경룡원부(东京龙原府) 산하의 한 개 주(州) 소재지이다. 그것은 국왕의 침전, 부(府)의 중심 건물과는 비길 바 못 된다. 그러나 영의성 내의 살림집에도 그에 알맞은 구들시설이 있었다. 집터가 몹시 파괴되어 그 형태를 알아보기 매우 힘들다. 그러나 집터와 그 주변에 기왓조각이 많이 널려 있는 것으로 미루어 보아 이 집은 기와를 덮은 집이었겠다고 판단되며 구들시설도 그에 알맞게 시설되었을 것이라고 짐작된다.

③ 병영(兵营)과 초소(哨所)는 화려하고 웅장하게 지어진 집이 아니고

---

7 김태순: 『발해시기의 평민거주지 대하여』, 『고구려 력사지위 및 발해문화구성』 p. 107.

간단하고도 소박한 집이었다. 구들시설도 그에 알맞게 시설되었다. 솔만자집터는 장방형이고 돌로 벽을 쌓고 지붕에는 기와를 덮었으며 안벽은 흙으로 깨끗이 발랐다. 집터는 좌, 중, 우 세 개 실로 구성되었다. 집의 구조와 위치로 보아 동경룡원부로 통하는 교통로 요충 지대에 설치된 수비소였을 것으로 짐작된다. 집 안에는 아궁이와 구들고래 자리로 인정되는 유적만 발견되었을 뿐 구들의 구체적인 짜임새에 대해서는 알 수가 없다.

정암산성 성벽 안쪽에 오목하게 들어간 25개의 구덩이가 있다. 이는 병영 혹은 초소자리이다. 오목하게 들어간 구덩이 안에서 구들돌[炕板石]을 발견하였다. 구덩이의 길이는 3.4m이고 너비는 2.3m였는데 구들은 구덩이 북쪽 절반쯤 되는 곳에 설치되어 있다. 구들의 너비는 1.4m이고 구들고래는 3개였으며 구들 동쪽에 부엌이 있고 서쪽 편에 돌로 쌓은 굴뚝이 있다. 이는 병영자리라고 짐작된다. 정암산성은 규모가 보다 크고 견고하고 웅장하며 병영자리가 밀착하여 분포되어 있는 동시에 망원대 및 끊임없이 흘러나오는 샘물이 있어 지키기는 쉬우나 공략하기는 어려운 군사적 요새이다. 이 성이 훈춘(琿春)으로부터 왕청(汪清)에 이르는 연길에 위치한 것으로 보아 정암산성은 주요한 교통로를 지키던 발해시기의 군사적 요새였을 것으로 짐작된다.[8]

④ 사원(寺院)은 화려하고 엄숙하게 지어지고 난방(取暖)시설도 그에 알맞게 시설되었다. 오매리 절골 발해절터에서 몇 개의 구들시설이 알

---

8 『연변문화유물략편[延边文物简编]』, 1989년, p. 120~121.
　연변인민출판사출판, 『琿春县文物志』 47~48頁, 1984年 吉林省文物志编修委员会出版.

려졌다. 몸채 건물 안에는 "ㄱ"자형의 두고래 구들이 있다. 구들고래들은 자연바위를 교모하게 이용하여 사방 2m정도로 되게 높이 쌓은 굴뚝에 연결되었다. 구들고래가 북쪽 벽을 빠져나가는 지점에 "조돌"이 달렸다. 이 절터에서는 지붕에 있었던 기와들이 그대로 쏟아져 내린 것도 있고 피면조각과 거울도 나온 것으로 보아 상당히 화려하게 꾸며졌던 불당(佛堂)이 아닌가 생각된다.

⑤ 발해의 평민들은 반움집[半地穴式]과 지상에 건축한 작은 집에서 살았다. 기와를 덮은 집에서 살았다는 고고학 자료는 아직까지 발견하지 못하였다. 평민(平民)들이 거주하는 집에는 그에 알맞게 난방시설이 설치되었다. 이에 속하는 유적으로는 단결유지, 도구유지(渡口遺址), 하구유지(河口遺址), 진흥유지(振興遺址) 등이 있다.

단결유지(团结遺址)에서 4채(四座)의 평민주거지를 발굴하였다. 집은 장방형이고 반움집[半地穴式]으로 면적이 비교적 작아 대부분 15~20㎡ 정도이다. 강돌[河卵石]로 고래뚝을 쌓고 판석(板石)을 폈다. 일반적으로 구들고래는 두고래인데 서쪽 벽의 북쪽과 북쪽 벽을 따라 곡측 모양 즉 "ㄱ"자형을 이루었다. 구들면의 너비는 1m 약간 넘고 부뚜막(灶台)은 구들의 남쪽 끝에 있다.[9]

1994~1995년 사이에 하구(河口) 지역에서 발해 때의 집터 6개를 발굴하였다. 제3호 집터에 온돌시설이 있다. 온돌은 실내의 동, 남, 서 3벽에 "U"형으로 설치하였다.[10]

9 위존성: 『발해의 건축』, 『흑룡강문물총간』 1984년 4기.
10 김태순: 「발해시기의 평민거주지에 대하여」, 『고구려발해력사문제연구론문집』, p. 176~177.

발해는 고구려와 말갈인의 구들문화를 계승하였을 뿐만 아니라 그 기초에서 더욱 발전한 구들문화를 창조하였다. 예를 들면 상경성(上京城) 내의 제4궁전의 본채(正殿)와 곁채(配殿)에 시설된 구들, 서구침전(西区寢殿)의 구들, 서고성(西古城) 내의 침전(寢殿) 등은 발해 구들문화의 발전을 똑똑히 보여주는 전형적이고 대표적인 구들문화 유적이다.

서구침전을 살펴보면 7개의 아궁이인데 4개는 실내, 3개는 화랑에 있다. 서쪽 회랑의 것을 내놓고는 모두 두고래구들 하나에 외고래구들 하나씩이 붙어있다. 외고래구들은 두고래구들에 불이 잘 들게 하기 위한 『조돌(보조적 구들고래)』이였다. 그리고 아궁이로부터 굴뚝에 이르기까지 구들의 각 부위가 합리적이고 과학적으로 설치되었다. 이러한 사실은 당시 발해 구들문화 발전 정황을 여실히 보여준다.

결론적으로 발해 사람들은 주로 온돌로 취난(取暖)했고 화로벽(火墻)을 이용한 것은 매우 적다. 구들 형식은 주로 "ㄱ"자형이고 그 외 "ㄷ", "U", "ㅓ", "一"자 등 형(形)이 있었지만, 그 수가 많지 못하였다. 발해 평민들은 반움집[半地穴式]과 지상(地上)에 건축한 작은 집에서 살았다. 날이 감에 따라 지상 생활이 점점 더 많아지고 반움집 생활은 상대적으로 적어졌다. 구들도 평민주거지의 정황에 맞게 시설되었다. 그리하여 전대(前代)에 비해 지상 구들집에서 생활하는 수가 점점 많아졌다. 굴뚝은 절대 대부분의 집 밖의 한 모퉁이에 설치하였다. 절반은 실내, 절반은 실외(室外)의 흙담벽(土垣) 위에 쌓은 실례는 아직까지 찾지 못하였다.

(5) 서고성(西古城) 궁성(宮城) 내 제2, 제3궁전(宮殿) 특징에 대한 추리

2000~2005년도 발해국 중경현덕부 옛터의 고고 보고에 의하면 제2궁전은 제1궁전과 마찬가지로 남북 중추선 위에 놓여 있다. 제2궁전 동쪽에 제3궁전, 서쪽에 제4궁전이 위치해 있다. 제2, 제3, 제4궁전은 동서로 놓인 일직선상에 놓였다. 발굴 보고서는 발굴한 내용을 상세히 보도하여 발해 도성연구에 큰 도움을 주고 있다. 그러나 제2, 제3궁전의 특성에 대해 언급하지 않았으므로 독자들로 하여금 여러 가지로 추리하게 한다. 필자는 "정전(政殿)"인 것이 아니라 "침전(寢殿)"이라고 추리한다. 그 이유는 다음과 같이 구들 유적이 있기 때문이다.

첫째, 서고성 내의 제2, 제3, 제4궁전의 평면형태로 보아서 난방시설(暖房设施)이 있는 "침전(寢殿)"인 듯하다.

제2궁전 주체건축기단의 동서 길이는 약 27~27.5m이고 남북의 너비는 약 15~15.5m이며 남은 높이는 약 0.15~0.30m이다.[11] 기단 북벽에서 북으로 돌기한 "⌐⌐"형 두 개 부분은 좌우(左右)로 서로 대칭을 이루었다.[12]

제3궁전 건축기단의 동서 길이는 약 27.8m이고 남북의 너비는 약 18m이며 남은 높이는 약 0.5~0.2m이다.[13] 기단북벽에서 북으로 돌출한

---

11 송옥빈(宋玉彬)주편, 전인학(全仁学)부주편, 『서고성(西古城)』, 문물출판사, 2007년, p. 159.
12 상동서(上同书), 문물출판사, 2007년, p. 160.
13 상동서(上同书) 문물출판사, 2007년, p.192.

"ㄷㄱ"형 두개 부분은 좌우로 서로 대칭을 이루고 있다.[14]

제4궁전 건축기단의 동서길이는 약 26.7m이고 남북의 너비는 약 18.2m이며 남은 높이는 0.4m이다.[15] 기단 북벽에서 북으로 돌출한 "ㄷㄱ"형 건축물은 서쪽에만 있고 동쪽에서는 아직 발견하지 못하였다. 이는 유지가 몹시 파괴된 것과 관련된다.

서고성 궁성 내 제1호 집터는 방형(方形)으로 생겼는데 기단의 동서길이는 약 9.9m이고 남북의 너비는 약 9.6m이며 남은 높이는 약 0.1~0.5m다.[16]

이상의 평면형태로 보아 서고성 궁성 내의 제2, 제3궁전(宮殿)은 제4궁전과 마찬가지로 "정전(政殿)"인 것이 아니라 "침전(寢殿)"인 듯하다.

둘째, 제4궁전의 정황으로 미루어 보아 제2, 제3궁전은 침전인 듯하다. 『보고서』에 의하면 제4궁전의 평면형태는 "ㄴㄷ"형이다. 정면(正面) 2간(間)이고 간마다 구들시설이 있다. 서북쪽에 "ㄷㄱ"형 굴뚝이 하나 있다. 간(間-室)마다 아궁이와 구들고래가 있다. 그러므로 제4궁전은 "정전"인 것이 아니라 "침전"이었다고 보는 것이 타당하다.

셋째, 서고성 궁성 내의 궁전 배치로 보아 침전인 듯하다. 서고성 궁성 내의 궁전은 모두 5개인데 제일 앞에 제1궁전이 있고 그 뒤에 제2궁전이 있으며 제일 뒤에 제5궁전이 있다. 제1, 제2, 제5궁전은 모두 남북 중추선 위에 놓였다. 그리고 제2궁전 동쪽에 제3궁전, 서쪽에 제4궁전이

---

14 상동서(上同书) 문물출판사, 2007년, p.195.
15 상동서(上同书) 문물출판사, 2007년, p.227.
16 상동서(上同书) 문물출판사, 2007년, p.288.

있다. 제3궁전과 제4궁전은 제2궁전을 중심으로 하여 동서로 놓인 일직선상에 위치하였다. 제일궁전은 "정전"이고 제5궁전은 국내외 귀빈을 접대하는 곳이라고 한다면 제2, 제3, 제4궁전은 궁성 내의 "침전"일 수밖에 없다.

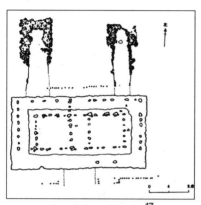
서고성 제2궁전 평면도[17]

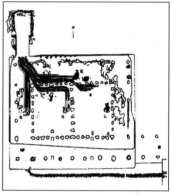
서고성 제3궁전 평면도[18]

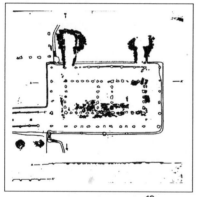
서고성 제3궁전 평면도[19]

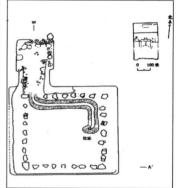
서고성 궁성 내의 제1호 집터 평면도[20]

17 상동서(上同书) 문물출판사, 2007년, p.166.
18 상동서(上同书) 문물출판사, 2007년, p.224.
19 상동서 (上同书), 문물출판사, 2007년, p.193.
20 상동서 (上同书), 문물출판사, 2007년, p.287.

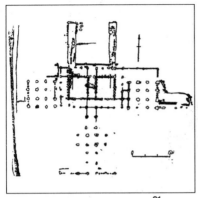
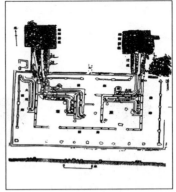

상경룡천부 제4궁전의 본채[21]   상경성궁성내 제4침전
서쪽 살림집터[22]

넷째, 상경성 궁성 내의 궁전 배치의 정황과 대조하여 보면 서고성 궁성 내의 제2, 제3, 제4궁전은 "침전"이었을 것이라고 쉽게 추리할 수 있다. 상경성 궁성 내의 궁전은 모두 5개로서 남북 중추선 위에 놓였다. 제1, 제2, 제3궁전은 "정전"이고 제일 뒤에 위치한 제5궁전은 국내외 귀빈을 영접하는 곳이었다. 제4궁전만은 왕이 휴식하던 침전이었고 그의 평면형태는 서고성 궁성 내의 제2, 제3, 제4궁전의 평면형태와 기본적으로 같다.

21 주영헌 『발해문화』, 사회과학출판사, 1971년, p. 37.
22 중국사회과학원 고고연구소 편저, 『6정산과 발해진(六頂山与渤海鎮)』, 중국대백과전서출판사, 1997년, p. 67.

이상의 이유로 서고성 궁성 내의 제2궁전, 제3궁전, 제4궁전은 "침전
(寢殿)"[23]이였을 것이라는 추측이 설득력있다.

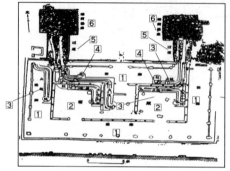

* 상경룡천부 서구침전유지 평면도

1. 回廊 회랑
2. 寢殿 침전
3. 火炕 구들
4. 灶 아궁이
5. 过道 굴뚝
6. 烟筒基座 연통기초

23 『서고성(西古城)』 발굴보고서 집필자들은 본서(本书) 제4장 2와 5에서 "제2궁전은 가능하게
침전(寢殿)과 관련되며" 북으로 돌기한 'ㅁ'에 대해 상경성(上京城)에서는 '굴뚝 혹은 구새—
烟囱'라고 인정하고 있지만, 서고성에서는 그와 직접 관련된 자료를 얻지 못하였다. 하여 한
개 문제로 제기하니 참고하기 바란다고 하였는데 이는 아주 중요하고 좋은 연구 계기가 될 것
이다.

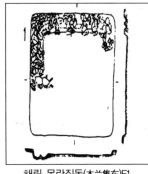

해림 목란집동(木兰集东)F1

해림 흥농성지(兴农城址)F3

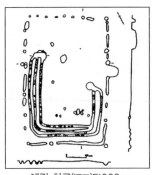

해림 하구(河口)F1003

해림 진흥(振兴)F8

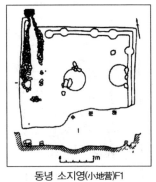

동녕 소지영(小地营)F1

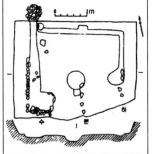

동녕 소지영(小地营)F2

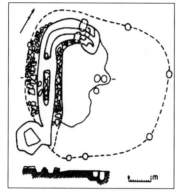

동녕 단결(团结)F4

해림 도구(渡口)F2

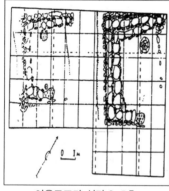

아우로프카 성터 3, 5호

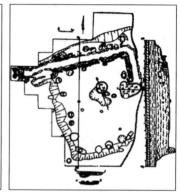

콘스탄티노프카 4호

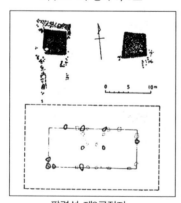

팔련성 제2궁전지

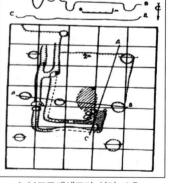

노보고르데예프카 성터 18호

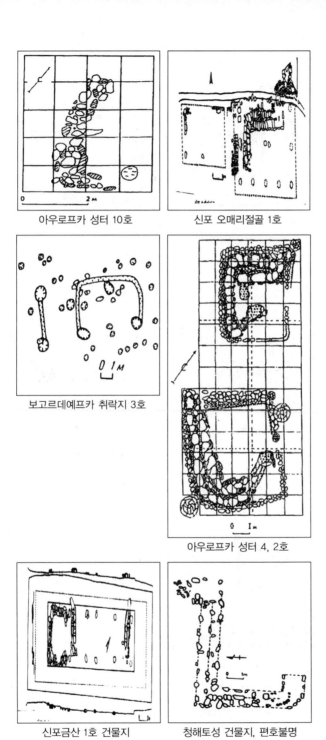

아우로프카 성터 10호

신포 오매리절골 1호

보고르데예프카 취락지 3호

아우로프카 성터 4, 2호

신포금산 1호 건물지

청해토성 건물지, 편호불명

서고성내 제4궁전구들유지

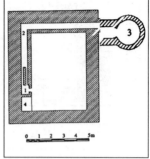

단결유지 F1 집터 평면도

1. 아궁이(灶)
2. 고래-내굴길(烟道)
3. 굴뚝(烟灶)
4. 토대(土台)

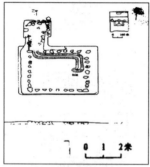

서고성 내 제1호 집터
구들 유지

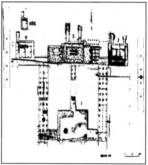

서고성 내성 남부구역 내의
궁전 위치도

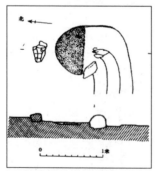

서고성 궁성 내의 제4호 궁전
북쪽 외랑(外廊)
구들 아궁이터(灶址)
평면도

11.

중국 북방 지역 농촌주택의 구들, 벽체 에너지 절약 연구

*스테마오(石铁矛)
선양건축대학교 총장
*샤쇼뚱(夏晓东)
선양건축대학교 교수
*안위샹(安玉香)
선양건축대학교 건축학부 교수

국제온돌학회 논문집 통권 제5호, 한국토지주택공사 (Vol.5, 2006, pp, 99~106)

(1) 농촌주택 에너지 절감의 필요성

21세기 이래 중국에서는 환경, 자원과 에너지 방면에서 일련의 문제들이 나타났다. 자원과 에너지 부족은 우리로 하여금 건축에너지 사용 문제에 대해 재검토할 것을 촉구하였고 그로 인해 주택 에너지 절감은 미래발전의 전략목표로 되었다. 사회 전체 에너지 총 사용량 중 건축에너지 소모량이 27.6%를 차지하고 추운 지방에서는 그 비율이 약 40%까지 이른다. 중국 농촌 현재 주택수량이 거대하고(약 360억 메가미터) 현재 농촌주택의 99%가 에너지 절감형이 아니다. 따라서 추운 지방의 농촌주택 에너지절감 사업을 통해 사회전체 농촌주택의 에너지 이용 효율성을 높이고 농촌생활환경을 개선하는 것은 에너지 절감과 환경압력을 완화시키는 데 유용한 방법이다.

중국 북방 농촌주택의 겨울철 난방은 주로 석탄 자원, 짚 자원과 땔나무에 의존하지만 극히 낮은 연소 효율성으로 인해 대량의 온실화 기체를 방출한다. 충분히 연소하지 않은 유해기체는 주변환경을 심하게 오염시키고 특히 아침과 저녁 무렵 취사 시간대에 집집마다 오염기체 방출이 심각하여 많은 양의 분말 형태 연기가 공기 중에 떠돌며 사람들의 건강과 일상 생산 활동과 생활에 심각한 피해를 끼치고 있다. 그러므로 대기오염과 주변 환경에 대한 부정적 영향을 줄이고 인간과 자연의 관계를 조정하고 주민들을 위하여 보다 나은 생활환경을 창조하여야 한다.

(2) 농촌주택현황

중국 북방의 농촌경제조건과 일부 농촌주민의 낙후한 생활수준으로 인해 대부분 농가는 석탄, 짚, 땔나무를 이용하고 구들장, 구들고래의 열기로 겨울 실내온도를 유지한다. 북방지구는 겨울철이 길고 여름철이 짧다. 농촌주택의 외벽은 전통적인 370㎝ 점토벽돌로 보통 370㎝ 점토 벽의 열전달 저항은 0.654(㎡·K)/W로 벽체 최소 열 저항 기준에 부족하다.

때문에 구조벽에 이슬과 서리가 끼는 정도가 심각하고 특히 건축물 외벽 모퉁이, 외벽과 지붕 연결부위, 외벽과 지면의 모퉁이 등 보온성이 떨어지는 부분, 특히 주택 북부 바깥벽과 창문은 긴 겨울철로 인하여 이슬 혹은 얼음이 끼는 경우가 많아 벽체 내부 표면의 인테리어 부분에 곰팡이가 끼고 표면을 손상시켜 실내의 열 편의성에 크게 악영향을 주었다〈그림 1〉. 그러므로 북방 추운 지역의 농촌주택에서 에너지 절감 디자인 연구는 매우 시급하다.

〈그림 1〉 북측외벽 및 지붕(천장)에 서리가 끼는 현상

(3) 효과적인 농촌주택 에너지 절약 방법

땔나무로 밥을 짓고 구들로 난방하는 것은 줄곧 북방 농촌의 전통 습관이다. 농촌 에너지 소비의 구성 중, 생산에너지 20.3%, 생활에너지 79.7%를 차지하여 생활효율성 면에서 상용에너지(석탄, 디젤기름, 전기)는 20%에 그치고 나머지 80%는 짚, 땔나무, 그리고 소똥 등으로 이루어진 다. 그러나 이 나머지 80% 에너지는 거의 전부가 난방, 취사 등 두 가지 생활 중심으로 소모된다. 따라서 농촌주택의 구들과 부엌의 에너지 절 감은 직접 에너지원의 소모를 줄이는 효과적인 방법이다.

1) 에너지 절감형 이중구들

과거 농촌에서 사용한 전통방식의 부엌과 구들은 많은 결함을 가지 고 있다. 부엌은 통풍구가 설치되지 않고, 아궁이가 크고, 아궁이 후렁이 도 커서, 땔감 연소가 불충분하고 열량손실이 크고, 땔감 낭비, 석탄 낭 비, 시간 낭비가 심각하였다.

근래 농촌에서 널리 보급하는 고효율 에너지 절감형 구들과 부엌은 직접연소 열효율을 높였다〈그림 2〉. 고효율 에너지 절감형 구들과 부엌 은 이중 구들과 에너지 절감형 부엌의 조합시스템이다. 고효율 에너지 절감형 구들과 부엌은 연소와 열전도의 과학 원리에 근거하여 합리적으 로 설계되어 부엌의 열평형과 경제성을 우선 고려하고 아궁이, 아궁이 와 아궁이 벽 사이의 상대 거리와 불무지 높이, 연기 통로와 통풍구, 구 들 내부구조 등에 대한 설계를 거쳐 구들의 열 전달면적과 열 분산면적 을 확대하였다. 동시에 구들방에 보온 조치를 강화하여 구들장에 근접

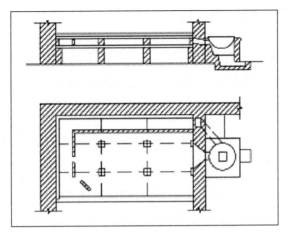

〈그림 2〉 개량형 구들 단면도 및 평면도

한 모퉁이/냉벽 부분에 보온벽을 냉벽과의 거리가 50mm가 되도록 하고 내부는 진주암 혹은 보일러 찌꺼기로 다져서 채우고 그 위에 진흙모래를 칠하여 밀봉시켜 열량의 이용 효율을 높이도록 하였다. 이러한 고효율 에너지 절감형 구들부엌은 구조가 합리적이고 통풍성이 양호하며 땔감 연소가 충분하여 부엌 점화가 빠르며 열전달과 보온성이 뛰어나 구들부엌의 종합 열효율이 70% 이상이 된다.

현재 요녕성에 고효율 에너지 절감형 구들 300여 만 개가 보급되었다. 관련 부문의 검사에 따르면 한 개 고효율 에너지 절감형 구들을 설치하면 1년에 619kg의 표준석탄(1,382kg 짚 혹은 땔나무와 같음)을 절약할 수 있다. 이에 따르면 300만 개 고효율 에너지 절감형 구들로 매년 땔감 약 415만 톤을 절약할 수 있는데 이는 30만hm² 석탄생산용 삼림을 그만큼 적게 채벌하는 것과 같아서 엄청난 경제효과, 사회효과, 생태효과를 가져와 농촌생태환경을 개선하는 데 크게 기여하게 되었다.

2) 에너지 절약형 함실구들

에너지 절약형 구들은 조선 민족 민가의 특유한 형식이다. 전통적인 구들장을 지면 위에 설치하고 구들 윗면과 일부 실내 구들 아래를 "함실 (炉膛)"화하여 내부에 톱밥, 짚 부스러기, 소똥, 말똥 등 연료로 채워 산소가 모자란 상황에서 자연적으로 열 공급이 이루어지도록 하였다〈그림 3〉.

구들장 면적은 실내면적에 의해 확정되는데 실내면적과 구들장 면적의 비는 6:1, 구들장 깊이 1.3~1.7m이다. 구들고래 벽은 25호 시멘트모래와 벽돌로 쌓으며 벽두께는 240mm여야 한다. 구들장 아래는 200호 시멘트모래로 구워서 쌓아 올리고 두께는 80~100mm여야 한다. 구들의 길이와 너비는 3×2m로 직경 10mm인 철근 68kg를 사용하여 두께가 80~100mm되도록 하고 콘크리트 판으로 덮어놓도록 한다. 구들의 배연통로의 대각선 방향에 구멍 하나를 설치하되 크기는 500×500mm로 하고 시멘트 판을 위에 부가설치하고 그 통로 주변에 직경 10mm의 철근 혹은 도자기관을 매설하여 실내와 실외 사이의 통풍구로 활용한다. 구들과 굴뚝 사이에 배연통로 하나를 설치하여 연료 투입구의 대각선과 수직이 되도록 한다. 배연통로 횡단면적은 240×240mm로 한다. 배연통로와 굴뚝 연결부분에 240×270mm의 굴뚝 칸막이판(插板)을 설치하여 굴뚝으로 배출되는 연기의 양을 조절하는 동시에 실내 온도를 조절한다. 구들의 구들장과 구들고래의 주변, 연기통로, 굴뚝, 아궁이 등은 밀봉하여 통풍 혹은 연기가 새는 것을 막아야 한다.

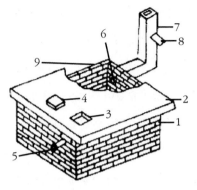

1. 구들장 연기통로 벽   2. 구들장
3. 아궁이   4. 덮개
5. 통풍구   6. 배연통로
7. 굴뚝   8. 배연통로
                          칸막이판
9. 지평면

〈그림 3〉 에너지 절감 함실구들

에너지 절감 함실구들의 특징:

① 거실사용면적을 늘였다. 전통적인 구들을 철거하고 지하식 구들로 개조하여 방 내부 실사용면적을 늘이고 주거환경을 미화하였다.

② 효율이 높고 시간이 절약된다. 아궁이에 땔감을 한 번 집어넣으면 연속적으로 2개월간 난방 가능하고 겨울철 2~3차 땔감을 보충하면 된다.

③ 연료 자원을 쉽게 구할 수 있다. 톱밥, 짚, 겨, 나뭇잎, 소똥 등으로 많다.

④ 실내온도가 안정하다. 실내온도가 18℃에 이르기에 주야의 온도 차이가 작고 굴뚝연기 칸막이 판으로 온도를 조절할 수 있다.

⑤ 겨울철 난방과 취사 소비에너지를 분리해내어 전통적인 석탄연소 부엌에서 에너지 소비효율이 더 높은 전기 혹은 가스로 취사할 수 있어 부엌의 열효율이 낮은 문제를 해결할 수 있다. 이러한 에너지절감함실구들 기술은 건축이 용이하고 사용이 편리하며 에너지 절감 등 장점을 가지고 있어 광범위의 북방농촌주택에 널리 적용할 수 있다.

3) 에너지 절감 초벽집(Straw Bale House)

건축 기술의 끊임없는 발전에 따라 건축 재료도 사람들에 의해 적합하게 이용된다. 에너지 절감 초벽집(Straw Bale House)을 예로 들 수 있다. 초벽집(Straw Bale House)은 미국 북부에서 기원하였다. 당시 미국 북부에는 전통적인 건축 재료가 적고 운송 조건이 불편한 이유로 밀짚을 원료로 하는 짚 덩어리로 초벽집(Straw Bale House)을 만들어 점차 발전시키기 시작하였다. 근래 중국에서 동북 지구와 내몽골 등 지역에서 연이어 초벽집(Straw Bale House) 시범 구역을 건립하였다.

〈그림 4〉 초벽집(Straw Bale House)

초벽집(Straw Bale House)은 금속망으로 볏짚, 밀짚 등 물질을 바짝 조여 매어 덩어리로 만든다. 길이 90~100㎝, 높이 36~40㎝, 두께 45~50㎝로 하여 소음 방지, 단열 효과가 매우 훌륭하다. 초벽집(Straw Bale House)은 3가지 구조유형(중량 분담형, 비중량 감당형, 혼합형)이 있다. 중량 분담형은 지붕 중량을 초벽집(Straw Bale House)의 초단벽으로 무게를 감당하는 방법; 비중량 감당형은 지붕 중량을 구조기둥과 대들보로 지탱하고 벽체는 초단으로 채우는 방법; 혼합형은 초단벽체 중량감당과 틀 구조 중량 감당의 구조를 복합하는 방법이다. 중국 농촌에는 비중량 감당형이 제일 널리 보급되었고 나머지 두 가지 형태에 대해서는 안전을 고려하여 사용을 꺼려한다.

2001년 11월부터 2002년 4월까지 안택(安則) 국제교수협회, 중국 21세기관리센터, 환경무공해기술이전센터 및 독일 초벽집(Straw Bale House)협회의 전문가들은 공동으로 흑룡강성 탕원현(湯原县)의 초단벽집(Straw Bale House) 시범마을에 대해 준비 모니터링을 실시하였다. 당시 측정한 초벽집(Straw Bale House) 12채와 보통 벽돌집 12채 내부에 통일해서 데이터 채집 기계를 설치하였다. 주민호의 겨울 석탄 사용량을 정확히 수치로 표시하기 위하여 연료를 사용하기 전에 200kg 용량의 자루 속에 넣어서 준비시키고 주민호는 매일 자루 속의 석탄만 연료로 사용토록 하여 매 10일간마다 자루 속에 사용된 석탄 양을 계산하였다. 실내 온도가 균일한(동일한) 조건에서 초벽집(Straw Bale House)과 보통 벽돌집의 석탄 사용량을 측정하였다. 측정기 내 초벽집(Straw Bale House)과 보통 벽돌집의 에너지 소모 대비는 〈표 1〉, 〈그림 5〉와 같다.

〈표 1〉 측정기 내 초벽집(Straw Bale House)과 보통 벽돌집의 에너지 소모 대비

내용	단위	초벽집 (Straw Bale House)	보통 벽돌집	대비수치 차이 (%)
석탄	kg/채(집)/일	7.20	9.94	38.09
	g/입방미터/일	65.37	86.75	32.70
짚	kg/채(집)/일	5.03	12.06	139.65
	g/입방미터/일	45.69	105.21	130.29
에너지 사용 양	메가칼로리/채(집)/일	233.90	399.67	70.87
	메가칼로리/ 입방미터/일	2.12	3.49	64.19

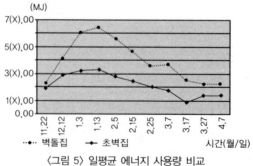

〈그림 5〉 일평균 에너지 사용량 비교

한걸음 더 나아가 2005년 1월 26일부터 2월 1일까지 요녕성 본계(本溪)시에 건축된 초벽집(Straw Bale House)에 대해 물리 환경 측정을 하였다. 초벽집(Straw Bale House) 내부의 소리, 빛, 열 환경에 대하여 상세히 추정하고 측정을 실시하였다. 실내 소리, 빛 환경은 보통주택과 일치하였고 일상생활의 요구를 만족시켰다. 실내 열 환경 측정은 热电偶을 이용하여 내벽 표면, 실내 지면, 외벽 모퉁이, 창문 표면 등 여러 곳을 측정 점으로 하였다. 수치는 자동수치채집측정기로 기록하였고 평면배치구조가 기본적으로 일치하는 보통 벽돌집과 대비하였다. 두 채의 건축물은 같은 난방 방법과 연료를 이용하였다.

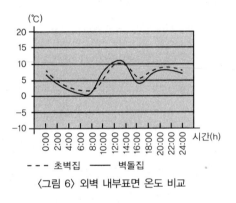

〈그림 6〉 외벽 내부표면 온도 비교

벽체측정결과는 〈그림 6〉에서 표시한 것과 같다. 초벽집(Straw Bale House)의 짚 재료의 열 축적계수의 원인을 배제하고 태양복사에 의한 온도상승이 비교적 다른 점을 제외한다면 차단벽체의 내부표면온도는 보통 벽돌집의 내부표면온도보다 1~2℃ 높았다. 오후 1시쯤에 초단벽집 온도가 최고치를 기록하였고 해질녘과 야간에도 비교적 높은 온도를 유지하였으며 실내에 열량을 발산하고 있었으며 아침 7시쯤에 온도가 최저치를 기록하였다. 측정 기간 내 초단벽집 실내기온은 평균적으로 벽돌집보다 평균 1~2℃ 높았고 초벽집의 열량보존성은 보통 벽돌집보다 우수했다.

4) 경질점토

경질점토는 복합형 건축 재료로서 자연섬유질이 주성분이다. 통상 농작물 섬유, 톱밥 혹은 섬유질을 점토와 반죽한 것이다. 조형이 쉽기때문에 직방체 혹은 판넬 등으로 제작 사용한다. 경질점토는 단열성능이 우수하여 충전물로 널리 이용된다. 경질점토는 그 밀도가 400~1,200kg/㎥에 이를 수 있지만 보통 밀도 600~800kg/㎥, 열전도성 0.25~0.47W/(m·K)의 경질점토가 널리 쓰인다. 밀도가 400kg/㎥인 경질점토의 열전도계수는 0.25W/(m·K)이다. 경질점토 중 섬유질의 함량은 일반 점토보다 크기때문에 접착제, 방부제로서의 작용을 하고 '농작물 섬유 안'의 방화 보호층으로 사용되며 곤충과 같이 날카로운 신체 부위를 가진 동물이 경질점토 속의 섬유질을 파괴하는 것을 효과적으로 막는 작용을 한다. 경질점토는 점토, 농작물섬유질과 물을 일정한 비례로 혼합하고 반죽하여 만들어지는데 모형주조 방법을 통해 견고한 직방체 혹은 판넬 등 여러 가지 형태로 주조할 수 있을 뿐더러(건조 방법 또한 쉬워) 선반 위에 놓아 바람에 말린다.

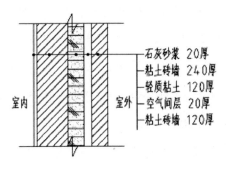

石灰砂浆 20厚
粘土砖墙 240厚
轻质粘土 120厚
空气间层 20厚
粘土砖墙 120厚

室内　　室外

〈그림 7〉 경질점토 보온외벽구조 설명

경질점토는 그 보온성능이 뛰어나고 원자재 마련과 제작이 편리하기에 농촌마을 주택건축에서 훌륭한 보온 재료로 쓰인다. 그 한 예로, 경질점토 판넬[열전도 계수 = 0.35 W/(m·K)]을 외벽 가운데 〈그림 7〉처럼 설치하고 외벽 중에 60mm 두께의 공기층을 설치하여 외벽의 단열성을 열 저항 R0=1.142(㎡·K)/W, 열전도성 K=0.88 W/(㎡·K)에 이르게 하였을 경우 농촌주택 외벽에 적합한 열공정계수를 만족시켰고 측정 결과 외벽 내부에 냉각응고현상을 방지하였고 재료와 구조의 내구성을 확보하였다.

이상에서 보듯 재료 선택과 합리한 응용이 농촌주택 에너지 절감에 결정적인 역할을 할 수 있음을 알 수 있다.

(4) 농촌주택 에너지 절감의 발전 추세

중국 북방농촌주택은 장기간에 걸친 경험을 축적하여 현지의 자연기후조건에 따라 가장 편리한 방법과 가장 적은 비용으로 자연친화적, 인간친화적인 주거환경을 창조하게 되었다. 그러나 한동안 농촌지역 주택 공급이 무계획적으로 대량 공급되었기 때문에 에너지 절감 조치면에서 는 부족한 상황이 생길 수밖에 없었다. 그러나 농민들의 지식수준이 높 아지고 생활수준이 향상됨에 따라 농촌주택의 에너지 절감 추세는 점차 농민들에게 받아들여 졌다.

(1) 평면배치 최적화: 북방농촌주택은 보통 남북향 배치를 선호한다. 입구와 생활용 방은 남향의 최적위치에 설치하고 보조용 방은 북 향으로 설치한다. 입구에 칸막이를 추가 설치하여 찬 바람의 침투 를 줄인다. 여러 방 사이에서 밥 짓고 난 여분의 열량으로 난방 한 다. 평면배치는 주방/부엌(열원)을 중심으로 하고 최대한 열에너 지의 손실을 줄였다. 이는 효과적인 에너지 절감의 배치형식이다.

(2) 적합한 벽체 재료와 적합한 기술의 결합: 실천과 이론 분석을 통 해, 단일재료 벽체는 북방농촌주택에 적합하지 않아서 다종 신형 구조의 벽체를 추구하여 벽체의 총 열저항 성능을 향상하여야 한 다는 것이 밝혀졌다. 북방농촌주택은 독특한 건축재료 체계를 갖 추었고 사실 점토벽돌을 제외하고 도시와 다른 현지 재료를 대량 사용한다. 예를들면: 화산부석 덩어리[火山浮石砌块], 짚 덩어리/판 넬[稻草板, 块], 굽지 않은 흙벽돌[土坯], 짚타래[草辮] 등 에너지절감 보온 재료 등이 있다. 위에서 서술한 짚단 건축물 및 전통 흙벽돌 건축물 등은 재료 수집 및 제조가 용이한 주변 건축 재료를 사용 하여 현지의 낮은 기술 수준의 제조 과정을 거쳐서 생산되는데 제 작 당시 에너지 소모를 절감할 뿐만 아니라 측정 결과 보온효과도 사실(事实) 점토벽돌(붉은 벽돌)보다 훨씬 우수했다.

(3) 활동보온조치 추가: 북방농촌주택은 남향으로 큰 창문을 설치하여 낮에는 대량의 태양에너지를 흡수하여 실내기온을 높인다. 창문에는 면, 담요, 마른 풀, 소가죽, 종이 등의 재료로 보온 커튼 혹은 창문지를 만들어 낮에는 말아 올리고 밤에는 내린다. 방법은 비록 매우 간단하지만 보온효과는 현저히 높다. 보온장치는 설치 위치에 따라 유리 밖, 유리 내측 및 유리 양측 등 세 가지로 나뉜다. 재료와 구조에 따라 크게 보온커튼과 보온판넬 두 가지로 나뉜다. 보온커튼은 연질(軟质) 혹은 경질(硬质) 복합커튼, on-off 장치와 밀폐전도플랫폼[密闭导槽]으로 구성된다. 보온창문과 판넬은 면과 심료(心料)로 복합 제조되었다. 면료는 심료(心料)를 보호하는 작용을 하는데 플라스틱벽지, 고무합판[胶合板], 인테리어 판넬[装饰板], 아연도금한 얇은 강판[镀锌薄钢板], 알루미늄판[铝板] 등이 있다. 심료(心料)는 섬유 상태, 입 상태(알갱이 상태), 덩어리 상태 등 3가지가 있다. 보통 쓰는 심료(心料)에는 유리면[玻璃棉], 광재면[矿渣棉], 암면(岩棉), 팽창진주암[膨胀珍珠岩], 폴리스티렌(polystyrene/聚苯乙烯) 폼 플라스틱(foam plastic/泡沫塑料) — 판넬 혹은 산입(散粒), 폴리우레탄(polyurethane/聚氨酯) 폼 플라스틱 — 경질/연질 등이 있다.

열 공급 시스템과 난방 방법의 향상: 북방농촌주택은 구들, 벽구들, 전기온돌(火炕, 火墙, 地炕) 등의 방법으로 난방을 한다. 하루 3끼 식사하는 생활용 에너지로 난방 하는데 이를 부엌 — 난방 겸용형이라 한다. 가끔 잠자기 전에 부엌에 땔감을 추가하기도 한다. 많이 사용하는 연료로는 농작물 짚, 장작 및 적은 양의 석탄이 있다. 비록 이런 방법은 시간과 힘을 절약할 수 있지만 구들, 벽구들, 전기온돌(火炕, 火墙, 地炕)은 열 효율성이 낮고 날씨 등의 영향으로 연기가 부엌으로 되돌아오는 현상이 발생하여 실내공기질량의 오염을 심각하게 만든다. 또한 구들, 벽구들, 전기온돌(火炕, 火墙, 地炕)은 취사와 난방이 분리된 형태로 여름철에 난방이 필요하지 않을 경우 취사에 필요한 에너지 소모만 있기에 불필요한 에너지 낭비를 줄이게 된다.

(5) 결론

중국 북방농촌주택 에너지 절감은 북방농촌 농민생활수준 향상에 기여하고 지역생태환경 파괴를 줄일 수 있다. 북방농촌주택은 아직 많은 발전과 향상을 요하는데 이는 중국주택발전의 전략 목표인 에너지 절감과 직결된다. 따라서 이론과 실제 양면에서 평면설계, 에너지 절감조치, 실내 열 쾌적도, 건축 재료 등의 여러 면에 대한 깊이 있는 연구를 통해 개발한 과학기술로 건축 설계를 지도하여 농촌주택이 더욱 건강하면서도 에너지를 절감하는 방향으로 발전하는 데 일조하여야 한다.

참고문헌

곽계업(郭继业), 吊炕搭砌技术 농업공사(农业工程) 2001년 제3기.

김홍(金虹) 장령령(张伶伶), 북방전통향토민가절 에너지절감 전통의 연속과 발전(北方传统乡土民居节能精神的延续与发展) 신건축(新建筑), 2002(2).

서봉상(涂逢祥), 『건축에너지절감: 어떻게?』(『建筑节能: 怎么办?』) 1997년 중국계획출판사 출판(中国计划出版社出版).

김홍(金虹) A.Enard R.Celaire 북방향촌생태주택 설계실천(北方乡村生态屋设计实践) 건축학보(建筑学报) 2005년 9월.

임은(林恩) 엘리자베스(伊丽莎白) 카트드로 아담스(卡萨德勒·亚当斯) 저(著) 오춘완(吴春苑) 역(译) 『신향토건축－당대천연건축방법』(『新乡土建筑－当代天然建造方法』) 2005년 기계공업출판사(机械工业出版社).

ADRA ACCA21 CESTT Monitoring Report on the Energy Efficiency of Straw Bale Houses of the Demonstration Project in Tangyuan County Heilongjiang Province, People's Republic of China 2002.

12.

중국 동북 지구 가목사(자무쓰) 지역 농촌 온돌주택현황 분석 및 절약기술연구

*쑨쓰쥔
　하얼빈공업대학 건축학부 교수
*챠오윈저
　하얼빈공업대학 건축학부 교수
*샤즈
　하얼빈공업대학 건축학부 교수

국제온돌학회 논문집 통권 6호, 선양건축대학교 (Vol.6, 2007, pp. 50~59)

(1) 가목사 시 개황 및 농촌 온돌주택 현황

1) 가목사 시 개황

가목사 시는 중국 동북 변두리의 송화강, 흑룡강, 우수리강이 합류하여 이루어진 삼강평원 복지에 위치하고 있으며 흑룡강 동북부 지구의 정치, 경제, 과학, 교육, 문화, 보건 등의 중심이다. 삼강평원 면적의 약 절반을 차지하며 총 면적은 32,695㎢이다. 가목사 시는 한온대 대륙성 계절풍 기후에 속하고 겨울철이 길고 여름철이 짧으며 무상기(서리가 내리지 않는 기간)는 130일 내외이고 시 전체 연평균기온은 섭씨 3도 내외이다. 시 총 인구는 245만 명이며, 그중 농업인구는 129.4만 명으로 총 인구의 52.9%를 차지한다.

2) 농촌 온돌주택의 현황

현지 조사 연구에 의하면 가목사지구 농촌에 현재 있는 주택은 대부분 단층 건물이고 벽돌 콘크리트구조가 위주고 소량의 벽돌집으로 이루어져있다. 새로 세운 주택은 여전히 농민들이 직접 건조한 것으로 옥상은 나무 구조에 경사 지붕을 채택하고 있고 창문은 기본적으로 쌍층목제(이중목재창호) 혹은 (한)단틀에 이중유리와 PVC로 만든 문과 창문(单框双玻塑钢门窗)이다. 건축유형은 아직 벽돌 콘크리트구조가 위주인데 그중 일부 주택은 외벽에 점착분판을 붙여 보온절약효과를 강화하였다. 최근 몇 년 전 정부에서 국제조직의 지원으로 해외선진기술과 일부 자재를 들여와 2002년에 상원 현에서 농민들을 도와 186채의 총 면적이 12,600㎡

〈그림 1〉 상원 현 볏짚을 넣은 흙벽돌주택

〈그림 2〉 벽돌주택외관

〈그림 3〉 신형공업화 에너지절약 주택외관

되는 볏짚을 넣은 흙벽돌주택을 지었다〈그림 1, 2〉. 현지 건재기업에서 개발한 신형 공업화 에너지 절약주택 체계도 농민들의 환영을 받고 있고 몇몇의 시범주택을 건조하였다〈그림 3, 4〉. 이러한 시범주택에서는 공통적으로 온돌을 겨울철 난방시설로 채용하고 있다〈그림 5〉.

〈그림 4〉 신형공업화 에너지절약주택 내부전경

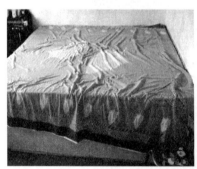

〈그림 5〉 일반 농촌주택의 입식구들

또한 전통 부뚜막을 계속 쓰고 있거나 신형보일러로 교체해서 밥을 짓고 난방 하는 것도 있다〈그림 6~8〉.

〈그림 6〉 전통 아궁이 부뚜막　　　　〈그림 7〉 개량형 아궁이 부뚜막

어떤 주택에서는 전통부뚜막과 신형부뚜막을 같이 사용한다. 이것은
온돌이 가목사지구의 농촌주택에서 아주 환영을 받으며 광범히 사용되
고 있음을 설명해준다. 조사대상 농민들은 모두 집을 지을 때 온돌을 놓
는 것을 아주 당연하게 여겼다. 그런데 다년간 계속 온돌을 사용해 왔지
만 개량이 미비하고 어떻게 개량 방법도 잘 몰라서 어떤 것은 점토벽돌
의 구들면을 콘크리트 판으로 고친 것도 있다〈그림 9〉.

〈그림 8〉 전통과 개량형 병용 사용　　〈그림 9〉 시멘트 몰탈로 새로 만든
　　　　　　　　　　　　　　　　　　　　　　　　입식구들장 부분

콘크리트 구들장의 장점은 전열이 더욱 빠르고 축열량이 크고 고래 길 안에 쌓인 먼지를 청소 정리할 때 뜯어 내었다 다시 맞추는 데 편리하다는 점 등을 들 수 있다. 이상에서 보듯, 농촌 온돌주택의 난방효과와 에너지절약기술은 2가지 방면의 연구가 필요하다. 첫째는 신형온돌의 연구이고 다음은 온돌구조의 보온절약에 대한 기술 연구이다.

(2) 온돌의 개량 및 에너지 절약 기술

1) 온돌의 개량

온돌의 개량은 열 공급방식과 열 원천 이 두 가지 방법으로 접근할 수 있다. 흑룡강성 농촌지구의 전통온돌은 기본적으로 부뚜막, 온돌(화벽도 포함), 그리고 굴뚝으로 구성된다. 불을 지펴 난방할 때 부뚜막 안의 연기와 가열된 뜨거운 공기가 열매체로 되어 구들 속으로 빨려 들어가 구들고래를 지날 때 열량을 직접 구들체에 전해주어 구들체가 가열되고 온도가 상승한다. 그 후 연기는 연통을 지나 실외로 빠진다. 가목사 농촌주택 온돌의 대다수는 모두 이러한 것이다. 이러한 열 공급방식은 열기 직접 난방식온돌이라고도 한다. 이 방식의 장점은 부뚜막 내 연기의 남은 열을 연통에서 빠져나가기 전에 충분히 흡수 이용하여 난방이 보다 직접적으로 이루어지고 열의 절약 효과 또한 뚜렷하다는 것이다. 또한 난방시스템 구조와 공법이 간단하여 농민들이 가장 간단한 원재료를 사용하여 스스로 건조하기 때문에 건조비가 경제적이어서 기본적으로 수리가 불필요하며 사용하는 연료(볏짚, 보릿짚, 땔나무와 석탄)도 다양하여 단독 혹은 혼합하여 사용해도 된다는 이점도 있다. 반면, 단점으로는 난방 범위가 비교적 좁고 난방층과 거리 등에 일정한 제한이 있어서 반드시 난방방과 근접한 위치에 설치하여야 한다는 점이다. 그렇지 않을 경우 방의 온돌은 전용 보일러 장치(炉具)를 설치하여 열을 공급해야 한다. 온돌도 연도의 일부분이며 열량공급과 구들체의 온도가 수요에 따라 원활하게 제어하는 것이 힘들기 때문이다. 구들체의 열량공급과 온도를 제어하는 한 가지 방법은 온돌과 결합된 화벽을 설치, 조절전환 장치를 이용해, 부뚜막 열량공급이 온돌과 화벽 간의 분배 비율을 적절히 제어하는 것이다. 이때 화벽은 수직으로 설치하는데, 그렇게 하면 두 개 방(주방과 침실)에 동시에 열량공급을 할 수 있다. 하지만 이것은 부분적인 문제밖에 해결하지 못한다.

신형온돌은 도시보일러 스팀시스템 기술을 참고로 하여, 보일러의 온수를 열매체로 하여 구들면에 지열코일파이프시스템을 배치하여 온돌을 가열한다. 뿐만 아니라 지면에 적절하게 열파이프를 배치하여 온돌과 지열의 결합난방이 이루어지도록 한다. 이런 난방방식은 온수접간난방식(热水接间供暖式)온돌이라고도 할 수 있는데 그 장점은 난방이 균일하며 난방 범위가 비교적 넓어서 적당한 크기의 보일러 한 대만으로도 온수 및 기타 층 혹은 먼 거리까지 수송할 수 있어 주택 전체에 열 공급을 가능케 한다. 이로인하여 전통온돌에 전용보일러장치를 설치해야 하는 단점을 극복하였다. 또한 열 공급량과 온돌체 온도는 조절밸브를 통해 필요에 따라 여유롭게 분배 및 제어한다. 반면 이것의 단점은 난방시스템구조와 공법이 복잡하며 보일러와 지열코일파이프 및 부품을 구입

해야 한다는 점이다. 또한, 주 연료는 석탄이며 제작비와 작동 비용이 전통온돌에 비해 비싸다는 점도 있다.

전통온돌과 신형온돌은 각각 장점과 단점을 갖고 있는 동시에 서로의 장단점을 보완할 수 있다. 따라서 단독으로 그 한 가지만을 사용하기보다는 결합해서 사용하는 것이 경제적이며 절약적이다. 즉 보일러와가까운 방은 전통온돌과 화벽을 이용해서 열을 공급하고, 온돌과 화벽사이에 조절장치를 설치하여 열량을 합리적으로 분배시키는 반면, 그외기타 방은 신형온돌시스템을 적용하여 보일러의 물을 순환시켜 열 공급을 하는 것이다. 이때 조절밸브를 이용하여 다른 방의 공급 열량을 제어할 수 있다.

2) 온돌열원천의 개량

온돌열원천의 개량 방법의 하나로, 태양열온돌(화벽) 혹은 전기온돌의 응용을 고려할 수 있다. 오늘날의 태양열은 무상의 재생에너지로 청정 및 환경보호라는 장점을 갖고 있어 이미 세계적으로 광범위하게 사용하고 있다. 중국의 태양열 집열 파이프 성능은 이미 상당히 우수하고 경제적이며 사용 기간이 10년이 넘는다. 이에 따라 국내 농촌지역의 태양열 온수기 사용은 이미 보편화되었을 뿐만 아니라 농촌주택 및 지반 뜰의 태양열 집열기는 도시보다 훨씬 편리하다. 태양열 온돌(화벽)과 도시주택에서 사용하는 태양열 온수기의 기본 원리는 같다. 즉 낮 동안의 일조량에 의해 실외집열기가 작동되어 온수를 공급하고 공급된 온수는 전환스위치를 통해 신형온돌에 들어와 주택을 난방하고, 하며 저녁엔 불을 지펴 전환 스위치를 통해 다시 온돌과 보일러가 연결된다. 〈그림 10〉은 어느 태양열온돌의 실험용 가옥사진인데 여름철 실험에서 시스템 작동이 정상으로 나타났으며 실제 겨울철 난방은 그보다 훨씬 더 잘 작동하였을 것으로 보여진다.

〈그림 10〉 어느 태양열 온돌 실험용 가옥

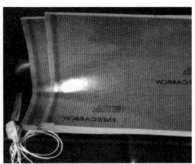

〈그림 11〉 전기온돌에 사용된 전열망

〈그림 12〉 전기온돌에 사용된 온돌조절기

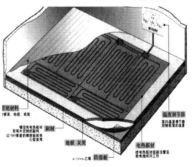

〈그림 13〉 한국산 전기온돌구조도면

원가를 절약하기 위해선 구조를 간략하게 하고 피동식 더운 물 시스템을 채용하는 것이 좋다. 이때 집열기는 주택 지면 위에 설치하고 그 위치를 온돌(화벽)보다 낮게 해야만 시스템 내의 온수가 자동적으로 순환

할 수 있다. 또한 집열기를 옥상 위에 설치할 수도 있는데 이것은 토지사용면적의 절약과 태양빛의 공급도 풍부하게 한다. 하지만 태양열온돌(화벽)은 수동식 온수시스템에 속하므로, 전동에 의한 동력시스템을 설치하여 온수를 순환시켜야 한다. 이로 인해 이 시스템은 비교적 복잡한 데다가 제조비와 작동 비용도 비교적 비싸다.

전기온돌[地炕]은 해외에선 이미 보급되어 있는데, 미관이 좋고 편리하며 설치가 용이하고 온도 상승이 빠르며 온도 제어 또한 독립적으로 정확하게 이루어 질 뿐만 아니라 환경보호 등의 장점까지 두루 갖추었다. 〈그림 11, 12〉에서와 같이 전기온돌은 전열망과 온도 조절기 및 기타 부품으로 조성되었으며 〈그림 13〉은 한국산 전기온돌구조 설명 도면이다. 전기온돌의 유일한 단점은 제조비용이 비싸고, 전기온돌의 주요 부품 또한 수입품이든 국산이든 모두 비싸다. 8월 한 달 시장조사에 의하면 선양 지역에서 판매하고 있는 전열망은 평방 당 50위안이며 온도 조절기는 다양해서 그 판매 가격도 100~600위안으로 각각 다르다.

국내 각 지방의 전기 비용은 비교적 비싼 편이다. 그러므로 전기온돌은 소수의 부유 농민들만이 사용 가능하고 다수의 일반 농민은 고가의 전기온돌 비용을 감당하지 못하고 있다.

각 지방 농민들은 각기 다른 소비 수준과 필요에 따라 그에 적합한 온돌유형을 선택한다. 태양열온돌(화벽) 혹은 일반 온돌 둘 중 하나를 단독사용을 하거나 전통온돌과 결합하여 사용할 수도 있는데, 후자의 경우가 에너지절약, 환경보호, 편리성 등의 방면에서 우위를 보였다. 하지만 에너지를 절약하고 환경을 보호하기 위해서는 우선적으로 겨울철 난방비용을 절약해야한다. 이에 많은 농민들에게 매일 밥을 짓고 남은 열과 태양열을 최대한 많이 이용하기를 제안하여 온돌, 태양열온돌을 위주로 난방을 하고 전기온돌은 보충 난방으로 사용하는 것이 비교적 합리적이라는 점을 강조하고 있다.

(3) 외벽구조 에너지 절약 기술 연구

앞면에 가목사 지역 농촌주택형태에서 이미 소개한 바와 같이 농촌주택의 외벽은 소량의 토담집을 제외하면 아직도 흙벽돌벽이 대다수를 차지하고 있다. 그렇지만 최근 몇 년간 벽돌주택과 신형 벽판절약형 주택이 점차 증가하고 있다. 오염 감소와 에너지 절약을 통한 토지자원 보호를 위해, 농민들로 하여금 집 지을 때 공·농업 폐연료를 적극 이용하도록 하고 볏짚벽돌과 신형절열벽판을 사용하도록 적극 홍보하는 한편 신축건축주택의 경우 흙벽돌 사용을 적게하거나 아예 사용하지 않게 유도하여 외벽의 보온절열수준을 강화하도록 해야한다. 이렇게 하면 앞으로 난방비용을 절약할 뿐만 아니라 실내 환경도 개선하며 주택의 편리성과 수명도 제고할 수 있다.

〈그림 14〉는 볏짚 벽돌주택의 평면도이다. 이러한 신형주택의 평면설계는 입구에 현관 중문을 설치하여 겨울철, 문을 열 때 찬바람의 침입과 열량의 손실을 감소시키고 방 안 배치에 있어서 농민들의 생활습관을 반영하였다. 관련 기술자료에 의하면 볏짚 벽돌과 신형 에너지 절약 벽판의 보온 능력은 모두 490mm에 도달하며 이는 두꺼운 흙벽돌의 2배 이상이다. 주민들에 따르면 볏짚 벽돌과 신형 에너지 절약 벽판주택은 겨

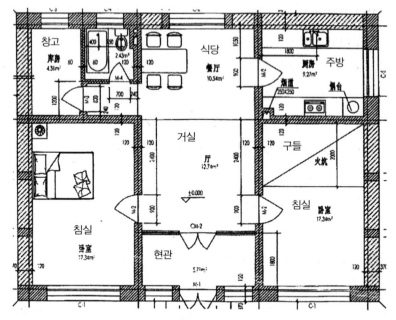

〈그림 14〉 볏짚벽돌주택평면

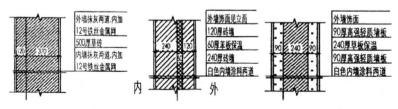

〈그림 15〉 볏짚벽돌벽체구조

울철 실내의 온도가 흙벽돌주택보다 확연히 높은 18~23℃에 달하며 석탄사용량이 같은 면적의 흙벽돌주택에 비해 절반 혹은 절반 이상을 절약할 수 있다고 한다.

이로 보았을 때, 신형 주택이 전통 흙벽돌주택보다 50% 이상의 에너지 절약을 실현하는 것은 전혀 어려운 문제가 아닐 뿐더러 이런 현저한 절약 효과는 온돌과 벽체 설계 등의 방면을 개량시켜 종합한 결과이다.

가목사 시와 상원 현의 건설국 결산에 의하면 현지 농촌에서 세운 볏짚벽돌주택은 평당 320위안이며 이는 벽돌 콘크리트 주택보다 평당 50~60위안 저렴하다. 반면 신형에너지 절약 벽판주택과 벽돌 콘크리트 주택의 제조비는 거의 비슷하다. 선진기술을 적용한 신형 농촌주택이 에너지 절약효과나 실내 환경 개선면에서 뛰어날 뿐만 아니라 건축 제조비 또한 전통 벽돌 콘크리트 주택보다 비싸지 않아 대부분 농민들에게 부담이 적어, 흑룡강성 새 농촌 건설에 아주 밝은 전망을 보여주고 있다.

(4) 결론

기목사 농촌주택은 겨울철 난방에 보편적으로 전통온돌을 사용하고 있는데 온돌난방이 가지고 있는 우수한 장점을 충분히 얻지 못하였다. 이것은 그 구조가 오래되고 열원천이 단일한 점에서 기인하지만 그간 신기술의 적용에 있어 적절히 대응하지 못한 결과이기도 하다.

그러므로 태양열을 이용하는 태양열 온수시스템과 신형온돌을 널리 보급하여 이를 겨울철 주난방방식으로 적용하고 농민들의 구체적인 상황과 소비능력에 부합하는 신온돌시스템을 적용하여야 한다.

또한 그간 농촌주택에서 사용했던 흙벽돌 벽체재료는 생태, 에너지 절약, 환경보호 측면의 시대적 요구에 부합되지 못하므로 신형벽체재료로 대체할 것을 제안한다. 기목사 시에서 각종 신형벽체재료를 이용하여 건설한 신형농촌주택들은 앞으로의 신농촌 건설을 위한 적합한 모델을 제공하였으며 이미 점진적 성과를 보이고 있어 향후 농민들의 주거 생활환경을 크게 개선할 것으로 기대된다. 향후 겨울철 난방기간에 신형농촌주택의 실내환경과 에너지 소모에 대한 정량적 분석을 통해 신농촌 주택체계와 신형온돌의 난방 및 에너지절약 효과에 대한 평가는 추후 연구과제로 진행할 것이다.

참고문헌

孙世钧, 赵运铎, 探索寒地农村火炕住宅可持续发展之路, 『低温建筑』, 2005. 05: 90~91, 哈尔滨.

中华人民共和国建设部, 民用建筑热工设计规范GB50176-93, 中国计划出版社, 1996: 3~15.

刘加平, 建筑物理. 3. 中国建筑工业出版社, 2003: 50, 51.

孙世钧, 采暖地区既有建筑改造的生态技术研究, 哈尔滨工2大学 建筑学院2, 硕士论文: 24~38, 2007.

孙世钧, 绿色农村住宅的建造, 『哈尔滨工业大学学报』, 2003.06: 98~100, 哈尔滨.

孙世钧, 金虹, 赵运铎, 节能建筑外墙的构造, 『哈尔滨建筑大学学报』, 2002.06: 66~68, 哈尔滨.

孙世钧, 赵运铎, 杨勇, The Prospect on Traditional Rural Dwellings heated by Ondel system in the Northeast of China, Journal of International Society of Floor Radiant Heating system: 93~97, December, 2005, Beijing.

온돌의 인증표준과
세계화, 현대온돌

13.

온돌,
구들의 어원과 기원,
변천 전망

*김준봉
베이징공업대학교 건축도시공학부 교수

국제온돌학회 논문집 통권 제5호, 한국토지주택공사 (Vol.5, 2006, pp. 250~257)

나라 안팎으로 '동북공정'에 관한 논의가 뜨겁다. 역사적 실체에 대한 논쟁을 넘어 민족적 자존심의 대결과 같은 국가 간에 극한 감정의 대립양상으로 번지고 있는 느낌이다. 이러한 시기에 전통온돌(구들)에 대한 역사적 검증과 민족 문화의 뿌리를 탐색하는 일은 바람직하고 쟁론에 앞서 선행되어야 할 과제이다.

이 글은 먼저 온돌, 구들, 바닥난방 등에 대한 용어의 정의를 추적하고 그 역사적 기원에 대한 사항을 문헌에서 고찰하였다. 그리고 온돌난방의 변천 과정과 외국 특히 중국에서의 온돌난방에 대하여 고찰하고 향후 과제에 대하여 기술하여 앞으로의 발전 방향을 예측하고 특히 국제온돌학회의 탄생과 역할에 대하여 논하였다.

(1) 온돌 혹은 구들에 대한 용어 정의

먼저 온돌과 구들에 대한 용어 정의를 하면 사전적 의미로 '구들'은 '방바닥에 골을 내어 불을 때게 하는 장치' 또는 '고래를 켜고 구들장을 덮고 흙을 발라 방바닥을 만들고 불을 때어 덮게 한 장치' 등으로 설명되는데 주로 우리 전통방식의 구들 고래와 구들장을 가진 직화(直火) 방식의 난방 방법을 의미한다고 볼 수 있고, 이와는 비슷하지만 '온돌'은 단순히 '방바닥 밑으로 불기운을 넣어 방을 덥게 하는 장치'로 방바닥을 데우는 난방방식을 통칭하는 의미로 쓰이고 있다.

'온돌(溫突)'이라는 말이 처음 나온 것은 『조선왕조실록』에 등장하는데, 세종실록 7년 을미 7월 병진이며, 본격적으로 흙 바닥에 장판을 깐 것도 이때부터인 것으로 여겨진다. 그리고 '구들'은 순 우리말로 불을 가두는 '굴' 혹은 '구운 돌'이란 의미에서 발전하였고 지금까지 넓게 쓰이고 있다. 그러나 온돌은 한자로 따뜻할 온(溫)과, 돌출하거나 발산한다는 돌(突)자를 쓰는데 이때 돌은 "돌(乭)" 자가 아니다. 이같이 '열석(熱石)'으로 쓰지 않고 '온돌(溫突)'로 쓴 것은 온돌이라는 단어 자체가 따뜻한 복사난방의 의미를 두고 조합한 단어라는 것을 보여준다. 다시말해 이미 오래 전부터 우리 민족은 온돌의 의미를 단순히 돌(바닥)을 뜨겁게 하는 데 그치지 않고 바닥복사난방과 축열(畜熱)의 의미를 담고있는 용어로 정의한 것으로 여겨진다.

따라서 우리가 지금 쓰는 '온돌'과 '구들' 용어는 서로 같은 의미에서 출발하였기 때문에 '구들'은 과거 전통온돌방식의 난방 방법을 의미하는 것으로 정의하고 '온돌'은 과거와 현재를 통틀어 바닥을 데우는 난방방식을 통칭하는 것으로 쓰는 것이 옳다고 생각한다. 결국 구들이 온돌이고 온돌이 구들이다.

중국의 경우는 온돌(溫突)이라는 용어를 거의 사용하고 있지 않다. 과거 전통방식의 구들난방은 캉(炕) 또는 훠캉(火炕)으로 쓰고 있으며 지금의 온수난방이나 전기를 사용한 바닥난방은 띠러(地熱), 혹은 띠놘(地煖)이라고 쓴다. 따라서 우리 민족이 온돌의 종주국임을 알리고자 한다면 우리가 지금 쓰고 있는 온돌(溫突)을 지금보다도 널리 쓰게 하는 것이 우리의 온돌의 우수성을 알리는 좋은 계기가 될 것이다.

결론적으로 지금의 경우 굳이 '구들'이라는 용어만을 고집하기 보다는 이미 외국에 'ONDOL'로 알려져 있고 대영백과사전에 등장하는 '온돌 溫突 ONDOL' 용어를 쓰는 것이 큰 무리가 없다고 본다. 우리의 한영

사전에 '온돌'은 'ONDOL'로 표기하면서 '구들'은 'Korean hypocaust'로 표기 하는 곳이 많은 것도 이런 이유에서인데 '하이퍼코스트'는 서양 로마시대에 원시적 바닥난방 형태인, 그것도 단지 로마시대에만 목욕탕 용으로 잠깐 사용되었던 우리 구들과는 비교도 안 되는 단순한 구조이다. 마루바닥에 수로(水路) 형태로 뜨거운 물을 흘려서 바닥을 데웠던 시설인데, 우리의 전통구들처럼 축열이나 취사 겸용 등의 복잡한 구조도 없고 불기를 직접 보내지도 않은 아주 단순하고 원시적인 구조이다. 이런 '하이퍼코스트'를 우리 고유의 역사와 전통에 빛나는 첨단화된 구들과 비교하고 그 자리를 대체하는 것이 참으로 안타까운 현실이다.

따라서 영어 표기로 '온돌'은 'Ondol'로 '구들'은 'Gudle'로 표기가 되어야 하고 중국어로는 '溫突'로 쓰는 것이 가장 타당하다고 본다.

(2) 우리나라 온돌난방문화의 기원

온돌의 발생은 불과의 관련에서부터 시작된다고 볼 수 있는데 옛 문헌 유적으로부터 그 근거를 찾을 수 있다. 온돌은 구석기 시대 불의 이용으로부터 발생되었고 오랜 시대에 걸쳐 발달된 것으로 지역적으로는 만주 지역과 한반도 북부가 해당된다.

한반도의 온돌은 신석기시대의 움집 화덕에서 처음으로 발견되는데, 이에 관한 가장 오래된 자취는 두만강 유역의 서기 전 5천 년에서 4천 년 사이의 서포항 집터에서 발견되었다. 한 줄로 마련된 5개의 화덕 가운데 양끝의 두 개에는 냇돌을 둘렀으나, 가운데 3개에는 자갈만 깔아놓았다.

이것은 양끝에서 불을 지폈다가 가운데 화덕 쪽으로 모아 놓은 자국으로 보인다. 따라서 이때의 화덕은 집 안을 덥히거나 밝히고 음식을 끓이는 따위의 여러 가지 구실을 함께 한 것으로 추정된다. 그리고 고구려의 벽화와 발해의 왕궁 터에 구들의 발전된 모습이 보이는 바, 최초의 우리 민가에서 사용한 구들의 역사는 그보다 훨씬 이전이 될 것이다. 따라서 문헌상의 구들이 그 구조와 과학적 기능면에서 현존 구들로 발전하는 데 약 수백 년 이상이 걸렸다고 보면, 최초 원시인이 불을 획득하고 불을 이용하여 구들을 만드는 데는 그 보다 수십 배의 시간이 소요되었을 것으로 추정할 수 있으며, 한반도에서 구들은 구석기시대 불의 발견과 사용으로부터 처음 발생되었을 것으로 여겨진다.

청동기 시대로 접어들어, 농사를 짓고 정착생활을 하면서 화덕의 기능은 취사와 난방 두 갈래로 나뉘었고, 이때부터 난방용 화덕을 집 한 귀퉁이에 붙이고, 엉성하게나마 굴뚝(구새)을 세워 연기를 밖으로 뽑았다. 이 화덕은 철기 시대에 'ㄱ'자 형태 구들로 발전하였다. 평안북도 노남리의 한 집 자리에서 나온 것이 그것이다. 동쪽의 것은 너비 30cm, 깊이 30cm이고, 남북으로 놓인 것은 굴뚝이 딸려 있었다. 방의 일부만 데우는 이러한 'ㄱ'자 형태 구들은, 서기 4세기경 황해도 고구려 시기(B.C. 37~668) 안악 제3호 무덤 벽화에서도 살펴볼 수 있는데, 벽화의 부엌에 대한 묘사도를 살펴보면 음식을 끓이는 부뚜막과 난방용 아궁이를 따로 낸 것이 보인다. 따라서 이때에도 구들은 방 일부에만 놓은 것이 주류였던 것으로 여겨진다. 이후 통구들(온 방 전체가 온돌로 되어있는 경우)로 바뀌어, 물론 일반 백성들은 이러한 통구들을 훨씬 이전부터 사용하였지만 방 어디에나 앉고 눕게 된 것은 고려 중기 이후 일반화되기 시작해서 조선시대 초기가 되어서야, 중부 이남에까지 퍼져 나갔다.

구들에 관한 첫 기록은 7세기 중엽에 나온 『구당서(舊唐書)』의 다음 내용으로 "겨울에는 긴 구들을 만들고 그 아래에 불을 지펴서 방을 덥힌다."고 기록되어 있는데 이 긴 구들을 두고 중국 사람들이 '긴' 의미로 장캉(長炕)이라 썼다. 이는 중국인들에게 '캉(炕)'이라 부른 고구려의 구들이 당시 아주 신기한 발명품으로 여겨졌다는 것을 의미한다고 하겠다. 중국의 동북쪽의 민가를 답사하다 보면 어느 집에나 이러한 온돌인 캉을 놓았을 뿐만 아니라 산간지대의 농민들조차도 이것이 한국에서 들어왔다고 말하는 것을 들을 수 있으니 반갑고 놀라운 일이 아닐 수 없다.

그런데 한족(漢族)이나 만주족의 온돌(溫突)은 방 앞쪽(창쪽)에 놓은 '쪽구들'과 방의 반 정도의 넓이로 시설한 '반구들' 두 가지 뿐으로, 중국의 한족(漢族)은 우리네 조선족과 같은 통구들(온구들)은 없다. 이것은 중국 사람들이 우리처럼 바닥에 앉지 않고 서서 지내기 때문이다. 그들은 신을 신고 집 안을 다니는 입식 문화이기에 온돌이 더 이상 발달하지 않고 부분 온돌형태로만 지금도 그 명맥을 유지하고 있다.

한편 서양 난방은 공기 난방으로 뜨거운 공기가 위로 올라 천장만 따뜻하게 가열하는 난방이다. 우리처럼 좌식 생활을 하는 사람의 몸은 천장이 아니라 추운 바닥에 있게 되지만, 입식 생활을 하는 사람의 등은 의자, 침대 등 땅에서 떠있는 상태로 있게 되고, 페치카(pechka)나 난로 등을 이용해 인체의 한쪽 부분만을 데우는 방식을 취한 것이다.

물은 아래로 내려가고 불은 위로 올라가는 성질이 있다. 물은 아래가 차갑고 불은 위가 뜨겁다. 서양의 벽난로는 이러한 불의 뜨거운 부분을 효율적으로 이용하지 못한다. 즉 취사를 할 경우, 구들은 불 위를 이용해서 할 수 있지만, 벽난로는 냄비를 불 옆에 두어야 하는데, 그럴 수 없기 때문이다. 구들은 불 위를 이용하고 벽난로는 불 옆을 이용하기 때문이다.

좌식 생활을 하는 우리 민족은 계속적으로 온돌을 발전시켰다. 궁궐이나 집의 온돌을 살펴보면 참으로 놀라운 과학적 발명품들을 발견하게 된다. 고도의 물리학과 유체역학을 알지 못하고는 도저히 알 수 없는 온돌을 우리 조상은 이미 수천 년 전에 발명하여 사용했던 것이다.

(3) 국내 온돌난방의 변천

연탄아궁이에서 온수순환보일러(Panel Heating) 시대로

온돌은 한국의 전통적인 난방방식이다. 하지만 땔감이 없어진 후 열원을 연탄으로 대체하면서 큰 변화를 겪게 된다. 가스누출이 가장 큰 약점이었던 직화 방식의 일종인 레일(rail)식 연탄 온돌과 부뚜막을 갖춘 '두꺼비 집'식 부뚜막 연탄 온돌이 개발되는데, 둘 다 전통온돌과 같은 직화 방법이다. 주로 장작이나 볏짚 등의 연료에서 연탄으로 열원을 변경한 것으로 기존의 전통온돌처럼 뜨거운 공기나 연탄불로 바닥을 직접 가열하는 방식인 것이다. 그런데 전통온돌에 대한 충분한 연구 없이 개발한 연탄 온돌은 전통온돌에서 가장 중요한 구들개자리, 아궁이, 부넹기(부넘기) 등을 없애, 연기의 흐름을 어렵게 만들어 결국 일산화탄소의 누출로 인해 실내 공기를 오염시키고 급기야 가스중독으로 한동안 많은

귀중한 생명을 잃게 만들었다. 후에 구새(구뚝) 끝에 가스 배출기를 달고 유독가스를 강제 배출시켜 다수나마 중독 사고를 줄일 수 있었지만 근본적인 문제는 해결하지 못했다.

이후 국가적 사업으로 온돌난방 방법이 연구되어, 미국의 건축가인 라이트(Wright, Frank Loyd)가 처음 사용한 '온수순환식 바닥난방(Panel Heating)'을 받아들여 바닥고래의 기능을 온수관이 대신하게 되었다. 직화방식에서 온수를 이용하는 간접가열방식으로 변화된 것이다. 이때부터 새마을 보일러라고 통칭되는 각종 소형 가정용 보일러가 등장하였고, 온수를 순환시키는 도구들로 처음 강관 파이프에서 동관 파이프 그리고 이후 각종 비닐계 온수전용 파이프가 비약적으로 발전하게 되어 오늘에 이르게 되었다. 이로 인해 전통 직화방식의 온돌의 연구는 중단되었고 전통구들의 구조와 기능에 대한 연구는 완전히 사라져 갔다. 다행히 최근에 환경친화 주택, 지속가능한 주거, 생태환경을 고려한 웰빙(Well-Being) 주택 등과 관련한 황토방 바람에 힘입어 다시 한 번 우리 전통 구들방식의 온돌에 대한 연구와 개발이 이루어지기 시작하였다.

국가적 주거환경 개선사업으로 출발한 아파트 난방을 살펴보면, 본격적으로 건설되기 시작한 1960년대 초기 설계자들은 아파트는 서구식 주거형식이므로 입식 생활을 전제로 전통적인 생활양식과는 관계없다는 생각에 바탕해, 아파트의 난방방식을 라디에이터 방식으로 구성을 하기 시작하였다. 그러나 입식 생활을 전제로하는 소파, 침대, 식탁 등의 가구 사용이 계속적으로 증가해 나가는 상황에도 불구하고, 가장 입식 생활의 경향이 강한 공간들인, 거실이나 주방이나 식당의 경우에 조차도 라디에이터 방식이 수용되지 않고 온돌방식이 주택 전체에 채용되는 상황으로 전개되었다. 1970년대에 건설된 민간아파트들은 침실은 모두 온돌방으로 설계하고 거실 및 식사 공간에는 대부분 라디에이터 난방방식을 채용하였지만 확산되지 못하고 1980년대 중반을 지나면서 한국의 아파트 전체가 거실은 물론 주방과 욕실까지 온돌방식으로 전환하기에 이른다. 이제 한국의 아파트는 실내 공간에서는 현관을 제외한 욕실과 발코니까지도 모든 공간이 온돌난방을 하는 것이 일반화되어 있다.

이러한 변화는 특별한 계기에 의한 것이라기보다는 점진적으로 자연스럽게 이루어진 것이다. 즉, 라디에이터 난방방식인 거실공간에 대한 거주자들의 불만, 특히 겨울철 찬 바닥에 대한 불만이 표출되면서 거실에도 온돌난방을 채용하는 사례가 확산됨에 따른 것이었다. 1960년대 초반 아파트 도입 초기에 온돌이 전면적으로 배제되었던 시기로부터 1980년 중반 침실은 물론 거실, 식사실, 주방에 이르기까지 온돌이 전면적으로 확대되기까지의 과정은 그것이 아파트 설계자들의 의도나 인위적인 노력에 의한 것이 아니라 일반 대중이 원하는 형태로 수용해 나가는 자연스러운 과정이었다. 아파트는 분명 서양 주거형식으로 내부에도 소파, 침대, 식탁, 싱크대 등 서양식 가구가 전면적으로 수용되고 있지만 온돌은 여러 가지 변화과정을 통해 확대되어 이들과 병존하고 있다. 다시 말해 아파트 도입 초기에 서양식 주택은 서양식 생활양식이 전제된다는 오해로부터 비롯된 온돌의 배제가 점차 일반인들의 온돌수용 과정을 통해 도리어 전면적으로 확대되어 나가게 된 것이다. 이는 곧 문화는 대체되지 않으며 서로 갈등하고 조정하며, 나름의 정착 과정을 거친다는 것을 보여주는 것이며 온돌을 단순한 난방방식으로서가 아니라 주거를 구성하는 하나의 문화적 요소로 보아야 한다는 것을 의미한다.

(4) 외국 특히 중국에서의 온돌 현황

지금 중국 동북지역의 아파트를 다녀보면 우리 민족들은 어김없이 온돌방에서 생활하고 있고 중국 한족(漢族)들 조차도 온돌방의 매력에 매료되어 온돌방을 선호하고 온돌방에서 생활하는 모습을 흔히 볼 수 있다. 수도인 베이징과 여러 도시들도 예외는 아니어서 바닥난방의 시공이 붐을 이루고 있다.

그리고 국민소득에 비례하여 실내 쾌적온도가 상승하고 있으며 특히 중국은 법적으로 양자강이남의 연 최저기온이 영하로 내려가지 않고 섭씨 2~5℃ 정도인 지역은 난방이 금지되어 있어 한겨울에 개별적으로 난방을 필요로 하는 곳이 급격히 늘고 있고 또한 난방이 허용된 지역이라 하더라도 동절기 법적 기일만 난방을 공급하는 개별난방이 아닌 지역난방 혹은 중앙집중식 난방방식이 거의 대부분이기 때문에 봄가을 개별적으로 난방을 원하는 수요는 급격히 증가하는 추세이다. 그리고 기존의 라디에이터 난방방식이 주류인 중국에서 바닥난방을 한번 사용을 해 본 중국인의 경우 청결성·쾌적성·미관성 등 여러 면에서 절대적으로 우수한 온돌방식을 크게 선호하고 있다.

우리 기업들도 소형 가정용보일러와 바닥 배관재 시장에 중국과의 개방 초기부터 진출하여 사업을 확장하고 있다. 그러나 중국의 현지 난방업체의 추격 또한 치열하여 계속적인 기술 개발과 투자 없이는 그 우월성을 유지하기 어려운 실정이다. 중국의 경우 비록 후발주자이긴 하지만 인조 온돌마루 분야와 일반 마루 바닥재 분야에서 저렴한 인건비를 기반으로 급속도로 빠르게 저가의 온돌마루시장을 점령해 나가고 있는 실정이다. 또한 전기를 이용한 바닥난방도 꾸준히 개발하여 많은 신제품을 출시하여 맹렬히 우리를 추격하고 있다.

한편, 독일에서는 일찍부터 바닥난방에 관심을 두어 보건 위생과 에너지 절약과 환경보호 차원에서 적극적으로 바닥난방을 지원하고 있다. 일례로 독일에서는 바닥난방 시공 시 국가의 직접적인 자금 지원 혜택을 받거나 시공 기술의 도움을 받을 수 있다. 또한 우리가 마루를 여름용으로만 고집하고 더 이상 발전시키지 못한 동안에 그들은 겨울용 온돌 마루를 개발하여 현재 일본과 함께 세계 온돌 마루 시장을 석권하고 있다. 온돌의 종주국인 우리나라조차 질 좋고 값싼 마루를 많은 부분 중국, 일본, 독일 등지의 수입에 의존하고 있다.

그런데 유럽과 구미의 선진국들은 바닥난방에 관하여 처음에는 로마의 하이퍼코스트 정도를 고대난방으로 연구하였고 그 후에도 바닥난방에 관한 연구가 전무하다가 1950년대부터 바닥난방에 관한 연구를 시작하였다. 일례로 제빙공장에서는 전실의 바닥이 결빙으로 인하여 얼음이 계속 두터워져 얼음언덕을 형성하게 되어 인위적인 해빙이 필요하였고 이를 해결하기위해 전기열선이나 열풍기 등의 히터를 이용한 방법들이 고안되기 시작한 것이다. 북유럽의 추운 지역도, 축사인 목장이나 양계장에서는 소, 양, 돼지, 병아리가 추위에 얼어 죽는 것을 예방하기 위해 전기를 이용해 바닥을 손쉽게 가열하게 되면서 바닥난방 분야가 발전하기 시작한 것이다. 이러한 전기 바닥난방(구들) 이용 영역이 계속 넓혀져 지붕의 적설 융설용, 경사도로의 해빙용, 상하수도의 결빙 해빙용, 활주로의 제설 및 해빙 등으로 이용하다가 지금은 혹한기 콘크리트 차선을 위한 거푸집 난방과 차량 시트의 바닥난방 등 다양한 곳과 주거공간에 수용하고 있다.

최근에 미국에서도 바닥에 빈 관을 매입하여 그곳으로 뜨거운 바람을 통과시키는 원시적 형태의 구들을 개발하고는 그것이 대단한 발견이라고 특허까지 받아내는 웃지 못할 현실을 보이고 있는 실정이다. 미국이민 역사만도 50년 이상이어서 교포 수가 근 200만을 헤아리고 있고 중국 역시 100만 한인과 200만의 조선족 동포까지 해서 300만 가까운 한민족이 살고 있는 점을 감안할 때 앞으로 온돌의 수용·보급 가능성이 가장크다고 할 수 있는 곳이 바로 미국과 중국이며, 따라서 당연히 이 두 나라에서 온돌(구들)에 대한 수요가 크게 증가할 수도 있을 것이다.

또한 비주거 분야에서 구들(바닥가열 장치)이 고속도로, 활주로, 도로의 급커브 융설 장치 등에 많이 수용되고 있고 국내에도 일부 독일산 탄소발열선이나 미국산·유럽산의 Heating Cable을 수입하여 시공하고 있다. 우리나라도 교량이나 산악지 급경사 커브길에서는 전기를 이용하여해빙시키는 장치를 일부 도입해서 쓰고 있다. 이 모든 것은 우리 선조들이 물려준 지혜의 극히 일부분을 사용하고 있을 뿐인 것이다.

일본의 경우를 살펴보면, 일본은 원래 바닥난방을 사용하지 않는 민족으로 화로나 원시적 형태의 벽난로가 고작이었다. 대신 그들은 습하고 덥기 때문에 다다미 문화를 발전시켰을 뿐이다. 그러나 이제는 소득과 소비의 증가로 인하여 실내온도를 과거처럼 낮게 유지하지 않고 그에따라 의복도 과거처럼 실내에서 두껍게 입지 않고 잠옷이나 속옷 차림으로 지내기 때문에 더운 지방에서도 겨울철 실내의 난방이 필수적인 요소가 되고 있다. 이러한 사정에 바탕해서 일본은 청정에너지의 개발에 관심을 가지고 전기 온돌분야를 개발하여 이 부문의 세계시장을 석권하다시피 하고 있다. 온돌 마루도 독일에 버금가게 우리나라를 앞질러 많은 제품을 생산하고 우리나라 시장을 크게 잠식하고 있다. 시중에 나도는 고가의 온돌마루가 모두 일본과 독일제품인 것은 서글픈 현실이다.

(5) 향후 과제 등

우리 민족은 불같은 민족이다. 우리 한민족은 불을 잘 다루어 하늘로 올라가는 불을 고래 속에 기어 들어가게 하여 결국 불을 밟고 서고, 불을 깔고 앉고, 불을 베고 잘 수 있는 온돌방에서 살고 있다. 또 아궁이에서 구새(굴뚝)까지 불(열)을 빠져나가지 못하게 한 구들구조로 열이 오랫동안 구들에 머물게 하여 방바닥의 구들장을 달궈 불을 넣지 않는 시간에도 방바닥을 늘 따뜻하게 하는 축열 기술과 복사를 이용한 방열 기술로 인체를 직접접촉난방으로 쾌적함을 유지시켜 주고 뜨거운 공기가 위로 올라가지 못하게 방바닥에 열기를 가두어 사람의 발로부터 인체의 온도를 유지시키는 가장 과학적이며 위생적인 난방을 한다. 이런 두한족열(頭寒足熱)은 체온의 가장 이상적인 상태로 추운 바깥에서 실내방으로 들어와 손과 발을 아랫목 따뜻한 이불 속에 담그면 그때 느끼는 쾌감은 말할 수 없이 좋다. 한방에서도 이런 상태를 가장 좋은 건강방법으로 여겨 온열과 원적외선의 특성으로 환자 치료 때 이용하고 있다.

이런 따뜻함은 단순히 공기 난방으로 인한 실내온도의 상승만이 아닌, 인체와 바닥과의 직접접촉에 따른 미묘한 인체의 반응이 수반된 것이기 때문에 단순히 공기를 데우는 데만 주목적이 있는 서양의 공기 난방방식과는 충분히 차별화될 수 있다. 실내에서 신을 벗게 하는 이러한 따스함이 부드럽고 온순한 마음씨를 만들고 그것이 민족의 우수한 자질과 민족 문화를 가지게 하는 보이지 않는 바탕이 되었으리라 믿어진다.

최근의 '자연 친화'라는 말과 '지속가능한 주거'라는 말은 서양에서 들어온 용어이지만 우리의 전통문화 속에 이미 오래전부터 내재하고 있었던 말이다. 현재 널리 보편화된 서양의 단순난방문화에서, 우리의 총체적인 주거문화로서의 온돌문화를 알리고 계승 발전시켜야 한다.

우리 전통 의복인 한복은 따뜻한 방바닥에 기거하기 편하도록 품과 통이 크게 만들어졌으며 우리의 대표적인 음식인 된장은 온돌방과 부뚜막에서 건조되고 발효되어 생성되었다. 한옥은 우리의 전통온돌과 마루를 배제하고는 상상할 수도 없으며, 우리의 전통춤 역시 온돌좌식문화와 깊은 관계가 있다. 우리의 전통 도자기나 금속 공예, 방자 유기, 종 등도 불(火)과 관련되어 있어 전통온돌에서 발휘된 것처럼 불을 잘 다루지 못하였다면 대부분의 빛나는 우리 문화유산의 창조는 요원했을 것이다. 그래서 우리 민족은 불같이 뜨거운 민족이고 물불을 잘 가리는 지혜로운 민족이다.

그러나 우리가 이러한 빛나는 문화유산인 전통온돌을 계승하고 발전시키려는 노력은 하지 않고, 단순히 서양이 개발한 전기장판온돌과 고급화하지 못한 습식 방법의 온수온돌바닥을 고집하는 동안에 서방 선진국들은 눈부시게 발전하고 있다. 즉 모닥불에서 난로나 페치카로, 또 스팀 또는 온수보일러와 라디에이터 방법으로, 이어서 공기조화시스템과 전기히터를 이용하게 되고, 이어 청정에너지인 고가의 전기로 다시 태양열을 이용한 열 저장과 심야 전기를 이용한 축열 난방기술 등, 고급온수온돌을 위한 온돌마루와 건식바닥 등을 개발하여 급속히 보급 이용하고 있다. 열원 뿐 아니라 각종 재료 개발에서도 놀랍게 발전하고 있다. 게다가 에너지 저장기술을 개발하여 배터리로 자동차를 움직이게 하는 기술은 물론, 전기 자전거와 태양열 자동차 등을 개발하였다. 더 나아가 수소에너지를 이용하거나 냉장고와 온장고 등에 수증기가 아닌 고체로 열을 저장하는 기술 개발에서도 경쟁이 치열하다.

이처럼 서방 선진국은 신 에너지 개발은 물론 에너지 절약과 저장 기술 분야에서 개발 경쟁이 치열하다. 특히 일본과 독일은 바닥난방기술 개발에서 우리의 구들원리를 이용한 신제품들을 생산해, 관련 분야의 국제시장을 독점하려 하고 있다. 반면 우리의 경우, 전통온돌기술은 마을 사람 누구나가 어깨 너머로 배워서 알고 있다. 물론 지역마다 사람마다 조금씩은 다르지만 계속 전수되어 이어져 왔다. 그렇지만 이제는 이러한 전통온돌의 전수방식에서 나아가 이를 더욱 계승하고 발전시켜야 한다. 온돌 전시장을 만들고 온돌 박물관, 온돌 찜질 체험장을 만들어야 한다. 서양보다 이미 150년이나 앞선 조선의 온실을 개발한 것은 우리가 깊이 새겨야 할 조상의 과학기술이다. 조선에서는 이미 겨울에도 여름철의 채소를 먹을 수 있었다. 우리는 전통 한지로 비닐을 대신하였고, 바닥에 따뜻한 구들을 설치하여 한겨울에도 여름 채소를 먹을 수 있었다는 사실에 큰 자부심을 가지고 미래를 개척해야 하는 용기와 당위성이 있다.

축열과 축냉기술은 과학의 꽃이다. 지속가능한 녹색성장의 키워드가 축냉과 축열기술이기 때문이다. 한민족 선인들은 이미 수천 년 전에 온돌을 고안하여 축열기술을 꽃 피웠고 또한 고체 냉매인 겨울 얼음을 삼복더위 때까지 저장하는 축냉기술로 석빙고라는 과학문화를 우리에게 물려 주였다. 요컨대 축열저장기술 및 축냉저장기술 분야에서 우리의 선인들은 서방선진국들 보다 훨씬 많은 시대를 앞서가고 있었다. 그리고 특히 구들의 경우 한 번 불을 때면 100일 간이나 열기가 식지 않는 아자방이 있었다.

이제 우리의 선조들이 물려준 전통구들에 걸맞은 현대의 온돌을 개발하고 질 좋고 저렴한 온돌마루와 숨쉬는 민속장판을 개발하여야 한다. 빛나는 전통구들의 문화를 이어 현대인에 맞는 온돌을 계승하여 발전시켜야 할 막중한 책임이 있다.

(6) 사단법인 국제온돌학회에 대한 소개와 마무리

이러한 취지를 가지고 온돌의 발상지인 한반도 북부 만주 지역인 중국 연변 연변과학기술대학에서 2002년 7월에 최초로 중국학자들과 함께 김준봉 회장(당시 연변과학기술대학 건축과 교수), 따이찌엔 부회장(베이징공업대학 건축성시학원 학장), 리신호 부회장(충북대학교 농공학과 교수), 최영택 고문을 중심으로 한중학자 50여명이 처음 국제온돌학회를 설립하였다. 2회는 연변대학교에서, 3회는 한국 연세대학교, 4회는 베이징공업대학교에서 매년 한 차례씩, 학술 발표와 총회를 개최하였고 지난 4차 대회 때는 그동안 학회에서 발표된 논문과 자료를 정리 편집하여 『온돌 그 찬란한 구들문화』(청홍)를 출간하였으며, 5차 대회는 대한주택공사에서, 6차 대회는 중국 선양건축대학교에서, 7차 대회는 전남대학교에서

광주시와 공동으로, 8차 대회는 중국 하얼빈공업대학교에서 개최하였다. 현재는 300여명의 회원이 이 학회에 정회원으로 참여하고 있다. 올해에는 제 9회 차로 전라북도와 공동으로 한국에서 10월에 개최할 예정이다.

현재 유행하고 있는 황토방과 찜질방 신드롬은 단순히 과거를 찾는 향수가 아니고 건강하고 행복한 주거 환경을 원하는 모든 사람들의 열망이다. 한글과 한식, 한복을 세계화·국제화 하는 것에 발맞추어 온돌과 석빙고 문화를 세계화해야 한다.

이제 우리의 전통난방인 온돌과 냉장 기술인 석빙고를 재발굴하여 개발하고 발전시켜 현대화하여 무한경쟁시대의 세계냉난방시장의 주요 공급국이 될 수 있도록 하는 것이야말로 이 시대를 사는 우리들이 해야 할 몫이라고 믿는다. 그리고 이 임무는 일반 산업체는 물론 학계, 언론계 등이 힘을 합해 이루어 나아가야 한다고 본다. 국제온돌학회의 존재의 의미가 바로 여기에 있다. 즉, 석빙고와 더불어 유네스코의 인류문화유산으로 등록하여 보존·보호하게 하고, 더 나아가 구들을 현대화시키는 기술을 개발하여 세계화해 나가면서 바닥난방시장 수요에 주도적인 나라로 거듭날 수 있도록 구들문화를 계승·발전시키는 막중한 책임을 일반인들에게 자각시키고 독려하는 주체이자 터전으로서 국제온돌학회가 존재한다고 하겠다.

한번 불을 때면 100일 동안 온기를 지속했다는 우리 조상의 작품인 아자방(亞字房)을 우리는 다시는 재현할 수 없는 것인가?

우리는 이제 다시 한 번 온고지신(溫故知新)의 의미를 새로이 새길 시점에 왔다.

14.

온돌인증 표준과
무형문화재 지정에 대한 고찰

*리신호

충북대학교 지역건설공학과 교수

국제온돌학회 논문집 통권 7호, 전남대학교 (Vol.7, 2008, pp. 179~185)

(1) 서론

온돌은 그 중요성에 비하여 사회적 주목을 받지 못하고 있다. 지금 가장 널리 사용하고 있는 온수온돌은 전통온돌의 형식을 취하고 있지만 기능이나 구조면에서 큰 차이가 있다. 바닥난방을 통틀어 온돌이라고 하며, 전통온돌인 구들은 옛날의 불편한 문화유산 정도로 생각하고 있다. 그래서 구들을 놓는 온돌 장인이 문화유산으로서 무형문화재에 들어가지 못하고 있다.

무형문화재 보호 제도는 크게 발굴 지정, 보존 전승, 보급 활용의 세 분야로 나눌 수 있으며 구체적인 주요 제도 및 정책은 지정·인정, 전수 교육과 이수증 교부제도, 명예보유자 제도, 전승활동 지원, 전수 교육관 건립, 기록화 사업 등이다.

온돌은 무형문화재의 종목 지정을 받아야 하고, 표준 인증 제도를 만들어 온돌 기능 보유자로 추천되도록 해야 보호 제도의 혜택을 입을 수 있다. 1998년 중요무형문화재 전통공예기술 분야 신청 공고를 보고 발굴 대상 종목으로 온돌을 신청하였으나 전승 단절 및 인멸 우려가 없다는 사유로 제외되었다. 온돌을 전승하고 발전시키기 위해서는 우선 조사 종목으로 채택되는 것이 중요하다.

따라서 무형문화재 지정 인정제도를 살펴보고 국제온돌학회에서 추진할 내용을 살펴보았다.

(2) 무형문화재 지정·인정 제도

문화재 보호법상 '무형문화재는 연극·음악·무용·공예기술 등 무형의 문화적 소산(所産)으로서 역사적·예술적 또는 학술적 가치가 큰 것'으로 규정하고 있다. 무형문화재는 지정 주체를 기준으로 할 때, 문화재 보호법에 의거하여 국가지정 무형문화재인 중요무형문화재와 지방자치단체가 조례에 의해 지정하는 시·도 무형문화재로 크게 구분된다.

중요무형문화재(국가 지정)는 무형문화재 중 중요한 것으로서 우선 예능종목과 기능종목으로 구분하고 있다. 예능종목에는 음악, 무용, 연극, 놀이와 의식, 무예 등 5분야가 있으며, 기능종목에는 공예기술과 음식 등 2개 분야로 총 7개 분야에서 110종목이 지정되고, 보유자 199명, 56개 보유단체, 전수교육조교 304명이 인·선정되어 있다.

온돌은 기능 종목으로 구분되어야 할 것 같으며, 공예기술과 음식 등의 2개 분야에 온돌 분야로 추가 지정되는 방향이 좋겠다. 중요무형문화재 공예기술 종목 세부현황 〈표 1, 2〉를 보면 온돌장이 종목 지정을 받지 못할 이유가 없다. 온돌은 전국에 분포하므로 국가지정 무형문화재인 중요무형문화재로 지정받는 노력을 하는 것이 바람직하다. 중요무형문화재로 1999년에 분야 지정 신청과 보유자 신청을 한 적이 있으나 2002년 '귀하의 기능은 전승 환경이 양호하여 지정이 시급하지 않으며 현 상태에서 전승 단절 및 인멸 우려가 적은 기능으로' 통보를 받았다.

(3) 종목 지정 절차

종목 지정 절차는 전국에서 전승되는 무형문화재를 시·도지사의 추천을 받아 3인 이상의 전문가들이 조사하고, 이 조사보고서를 토대로 문화재위원회의 심의를 거쳐 중요무형문화재로 지정하며, 이를 원형대로 보존·체득하고 그대로 실현할 수 있는 자 또는 단체를 보유자 또는 보유단체로 인정한다.

따라서 국제온돌학회가 온돌 기능 보유 단체로 인정받은 후 온돌 기능 보유자를 국제온돌학회가 추천하는 형식이 바람직하다.

(4) 결론

온돌은 사회단체에서 전승, 보급 등을 열심히 하고 있는 편이다. 그리고 대부분 온돌을 사용하고 있다고 생각한다. 전통온돌인 구들이 전승 단절될 위기에 처하고 있다는 사실이 적극 홍보되어야 하고, 그 역할을 국제온돌학회가 어떻게 노력하고 있는지 설명해야 효과적이다. '2008 온돌캠프'는 그 좋은 예라고 할 수 있다.

종목 지정은 문화재위원회에서 심의하는데, 현재 상태로는 전통온돌이 '전승 단절 및 인멸 우려' 조건을 만족하기 어려울 것 같으므로, 유지 보존에 대한 정치적 결단이 있어야 할 것으로 생각된다. 따라서 국제온돌학회 차원에서 노력하여 종목으로 지정되도록 추진해야 한다.

<표 1> 중요무형문화재 공예기술종목 세부현황 1

중요무형문화재		보유자	전수교육조교			이수자	전수 장학생	지역
지정번호	명칭		후보	조교	보조자			
제4호	갓일	4		2		6	6	전국
10호	나전장	2		1	1	7	4	전국
14호	한산모시짜기	2			2	4	1	충남
22호	매듭장	1	1		2	11	2	서울
28호	나주의 샛골나이	1			1	3		전남
31호	낙죽장	1				1	1	전남
32호	곡성의 돌실나이	1	1			3		전남
35호	조각장	1			1	7	1	서울
42호	악기장	2		2	3	11	4	전국
47호	궁시장	2	2		1	15	1	전국
48호	단청장	4	1	4	1	47	6	전국
53호	채상장	1			1	2	1	전남
55호	소목장	1		2	1	15		전국
60호	장도장	2		2		7	4	전남
64호	두석장	2				2	2	경남
65호	백동연죽장	1		2		3	1	전북
66호	망건장	1		1	1	2		제주
67호	탕건장	1		1		1	2	제주
74호	대목장	3			3	25	6	전국
77호	유기장	2		2		5	2	전국
78호	입사장	1		1		5	1	서울
80호	자수장	2		1		13	4	전국
87호	명주짜기	1	1				2	경북
88호	바디장	1				1		충남
89호	침선장				1	19		서울
91호	제와장	1				4	2	전남
93호	전통장	1					1	경북
96호	옹기장				1	1	유보	전남
99호	소반장	1			1	2		서울

<표 2> 중요무형문화재 공예기술종목 세부현황 2

중요무형문화재		보유자	전수교육조교			이수자	전수 장학생	지역
지정번호	명칭		후보	조교	보조자			
100호	옥장	1		1		3	2	전남
101호	금속활자장	1		1		9		충북
102호	배첩장	1				5		서울
103호	완초장	1		2		6	2	인천
105호	사기장	1				3	2	경북
106호	각자장	1		1		34	2	서울
107호	누비장	1				1	2	경남
108호	목조각장	2		1		14	4	전국
109호	화각장	1					1	인천
110호	윤도장	1				2	2	전북
112호	주철장	1					2	서울
113호	칠장	1					2	서울
114호	염장	1					1	경남
115호	염색장	2				4	2	전남
116호	화혜장	1					2	서울
117호	한지장	1						경기
계	45 종목	61	5	30	19	303	80	

참고자료

1. 무형문화재 관련 문화재보호법 조문(2005년 11월)

2. 무형문화재 제도 개선 대토론회(2005년 12월 16일)

15.

온돌의
세계유산으로서의 가치와
등재에 대한 가능성

*김종헌

배재대학교 교수

국제온돌학회 논문집 통권 7호, 전남대학교 (Vol.7, 2008, pp. 279~285)

(1) 서론

세계유산 등록제도는 1960년대 후반 이집트 정부에 의해 강행된 아스완댐 건설을 계기로 아부심벨 대신전 등이 수몰될 위기에 처하자 고고학계 등이 주축이 되어 아부심벨 대신전을 다른 곳으로 이전 보존한 것에서 출발하였다. 인류가 공동으로 관리하여야 할 가치가 있는 유산을 선정하여 관리하기 위한 것이다. 1972년 11월 유네스코 제17차 총회에서 세계유산 협약 제도를 도입하였다. 1975년 유네스코의 특별 위원회의 하나로 세계유산위원회(World Heritage Committee)를 발족시켰다. 한국은 1988년 12월에 가입하였다. 이후 1995년 12월 6일 독일 베를린에서 개최된 제19차 세계유산위원회에서 한국의 불국사와 석굴암, 해인사 대장경과 판고 그리고 종묘 등 3점을 유네스코의 세계유산으로 등재 결정하였다. 이후 현재에 이르기까지 창덕궁, 수원 화성, 경주 역사유적지구, 고창·화순·강화 고인돌 유적 등 7편이 세계유산으로 등재되었다. 또 훈민정음, 조선왕조실록, 직지심체요절, 승정원일기가 세계 기록유산으로 등재되어 있고, 종묘제례 및 종묘제례악이 세계무형유산으로 등재되어 있다. 그리고 세계유산으로 등재하기 위해서는 잠정목록에 올려야 하는데 현재는 삼년산성, 공주 무령왕릉, 강진 도요지, 설악산 천연보호구역, 안동 하회마을, 월성 양동마을, 남해안 일대 화석지, 제주도 자연유산지구 등이 잠정목록으로 올라가 있는 상태이다.

이에 본고에서는 우리나라의 가장 독특한 특징이자 세계적으로도 독특한 주거문화라고 할 수 있는 온돌이 세계 유산으로서 가치가 있는지 또 등재의 가능성이 있는지를 살펴보고자 한다. 이를 위하여 세계유산의 정의 및 등록 절차를 살펴보고 그동안 등재된 세계유산과 온돌을 등재하기 위한 방법론을 찾아보고자 한다.

(2) 세계유산에 대한 기준

세계유산이란 전 인류가 공동으로 보존하고 후손에게 전수해야 할 보편적 가치가 있다고 인정되어 유네스코 세계유산 일람표에 등재된 유산을 말한다. 이에는 문화유산, 자연유산, 복합유산 3가지가 있다. 세계유산으로 등록되기 위해서는 유산의 진정성과 가치의 탁월성 및 국가의 관리성을 국제적으로 인정받아야 한다. 등재 신청, 서류 심사, 국제 기념물유적 위원회 총회에서 최종 결정까지 2년여의 기간이 걸린다. 세계유산에 등록함으로써 문화재의 훼손 방지와 영구 보존을 위한 유네스코의 기술 자문과 재정 지원을 받을 수 있다. 또 우리 유산의 우수성과 독창성을 국제적으로 공인받아 국내외에 홍보, 선양함으로써 국제적 명소로 알려질 수 있다. 세계 유산으로 등록하기 위해서는 먼저 잠정목록에 등록되어 있어야 한다. 잠정목록이란 향후 세계유산으로 정식 등재 신청을 위해 제출한 예비 목록이다. 세계유산으로 등록하기 위해서는 1972년 10월 17일부터 11월 21일까지 파리에서 있었던 유네스코 총회에서 정한 다음과 같은 기준이 적용된다(전체적인 내용은 별첨자료 참조).[1]

---

1 여기에서 언급된 내용은 전체적인 내용을 요약 정리한 것으로 문화재청의 공개 자료(강재수, 세계문화유산 등록 과정과 전망, 허권, 세계유산 협약과 한국문화재보호정책: 현황과 과제, 한국의 세계유산)를 참조하여 정리한 것임.

1) "세계문화유산협약"은 세계유산으로 등록하기 위해서는 유적, 건축물, 장소 세 가지 중 하나 이상의 요건을 갖추어야 한다고 규정하고 있다. "유적"이란 역사와 예술, 과학적 관점에서 세계적 가치를 지닌 기념비, 동굴 생활의 흔적, 고고학적 특성을 지닌 건축물, 조각, 회화 또는 이들의 복합된 건물을 지칭한다. "건축물"은 건축술이나 주변 경관상 역사, 과학, 예술적 관점에서 세계적 가치를 지닌 독립된 건물이나 연속된 건물을 말하며, "장소"란 인간 작업의 소산물이나 인간과 자연 공동의 노력의 산물로서 역사적, 심미적, 민족학적, 인류학적 관점에서 세계적 가치를 지니고 있는 고고학적 장소를 포함한 지역을 지칭한다.

2) 위의 유적, 건축물, 장소 등 이 3가지의 범주에 속하는 문화유산은 아래의 조건에 하나라도 충족시키는 조건이 있을 경우 세계유산으로 등재될 수 있는 가치를 지닌다.

- 인간의 창조적 천재성으로 이룩된 걸작품을 대표하는 유산
- 전 세계 문화사적으로 건축, 장식예술, 도시계획, 조경 등 분야에서 인류 가치의 중요한 교류 현상을 보여주는 유산
- 현재 존재하거나 사라져버린 문명 또는 문화 전통에 관한 독특하고 예외적인 증거가 되는 유산
- 인류 역사의 발달 단계를 보여주는 뛰어난 유형의 건축물이나 건조물 집합체 또는 조경 유산
- 뛰어난 유형의 전통 인간 거주지 또는 급격한 변화로 파괴의 위험에 직면한 문화의 대표적 유산으로 토지에 기반을 둔 유산
- 형사, 생활전통, 사상, 종교, 세계적으로 우수한 예술 및 문학작

품에 직접적이거나 시적으로 관련이 있는 유산

- 문화 조경의 경우 두드러진 특성을 가지면서 디자인, 재료, 기술 등의 구성 면에서 진정성이 확인될 것
- 신청 문화유산 또는 문화 조경의 보호 측면에서 적절한 법적, 전통적 보호 관리 체계가 설치될 것

3) 동산 유산이 될 소지가 있는 부동산 유산은 지정에서 제외된다.

4) 도시 건물군의 경우 3가지의 기준에 해당하게 된다.

- 과거에 대한 고고학적 증거가 되면서 현재 사람이 살지 않은 도시, 이 도시들은 진정성 확인과 보존 정책면에서 보다 용이함
- 사회 경제의 영향 및 문화 변화를 변질하였다가, 변형이 진행되는 곳으로 진정성 평가가 매우 어렵고 보존 정책상 문제가 있는 역사 도시
- 상기 두 기준과 유사한 측면을 가지고 있는 20c의 신도시

5) 사람이 거주하는 역사도시의 경우 도시의 고고학적 특성이 인정되어야 하고, 건물군의 공간 구성, 구조, 형식, 기능이 문명 자체나 문명의 승계 사실을 반영해야 한다. 이를 4가지 기준으로 구분할 수 있다.

- 구체적 시기 또는 문화의 특징을 지니고 있으며, 개발로 인해 영향을 받지 않고 거의 보존되어온 도시
- 역사의 계승이라는 특징을 지닌 예외적인 자연 현상, 공간 구성 및 구조물 중에서 특성을 살려 잘 보존되어 온 도시
- 현재는 현대 도시에 둘러싸여 있지만, 과거 고대 도시와 동일

한 지역에 위치하고 있는 역사 중심지

- 사라져 버린 역사도시의 특성을 가지고 있는 도시

6) 역사 중심지역은 특별한 관심을 갖고 있는 도시의 특성을 직접적으로 나타내어 주며, 기념물 차원에서 다수의 주요 고대 건물이 소재하고 있는 곳만이 등록될 수 있다. 도시의 등록으로 나타내는 효과를 고려할 때 도시 등록은 예외적으로 한다. 유산 목록에 등록되는 것은 건물군과 그 환경을 보호할 수 있는 법적, 행정적 조치가 이미 취해지고 있다는 것을 의미한다. 지역 주민의 참여는 필수적이다.

7) 문화 조경은 협약 1조에서 명시한 대로 '자연과 인간의 복합적 작품'을 의미한다. 즉 오랜 세월 동안 자연 환경과 사회, 경제, 문화의 영향을 받은 인간 사회와 주거 상태의 진화를 예시하는 것이다. 지형, 문화적으로 우수한 세계적 가치와 대포성에 근거하여 선정해야 한다.

8) "문화조경"은 인간과 자연 환경의 다양한 상호작용을 잘 표현해 준다. 문화 조경은 자연 환경의 특성과 지속가능하고도 구체적인 토지 이용 기술을 반영하기도 한다. 문화조경의 3가지 범주를 다음과 같이 분류할 수 있다.

- 인간이 계획적으로 구상하고 창조한 조경, 종교 또는 다른 기념물, 건물 등과 관련되어 조성된 정원이나 공원지대도 포함된다.
- 조직적으로 진화되어 온 조경, 이것은 자연 환경과 연관되어 현재의 형태를 갖추고 있으며, 사회, 경제, 행정, 종교적 상황으로 불가피하게 영향을 받은 유산

- 화석 조경이나 전통 생활양식과 관련이 있고 진화의 물질적 증거를 나타내는 조경
- 마지막으로, 종교, 예술 및 문화적 연관성을 지닌 종합적인 문화조경

따라서 문화유산이 세계사적으로 가치가 있는 것과 문화유산으로 등재되는 것과는 다소 차이가 있다. 즉 어느 특정 유산이 아무리 가치가 있다고 하더라도 토지에 기반을 두지 않는 동산일 경우 등재되기가 어렵다. 또 세계유산의 등재에 대한 기본적인 목적은 소실되거나 파괴되기 쉬운 상태를 보존하기 위한 것임을 주목할 필요가 있다.

(3) 등재되어 있는 세계유산

온돌을 세계문화유산으로 등재하기 위해서는 그동안 등재되어 있는 세계유산을 살펴볼 필요가 있다. 특히 2007년 7월 2일부터 10일까지 캐나다 퀘벡에서 열린 제32차 세계유산위원회 총회에서 새로 문화유산 19건, 자연유산 8건 등 27건이 세계유산으로 등재되었다. 최근 등재된 것들을 통해 향후의 방향 등을 살필 수 있다. 그런데 지난번 총회에서 세계유산 심사대상에 올랐던 북한의 개성 역사유적지는 관리계획부족으로 등재에 실패했다. 우리나라의 경우 내년 세계유산위원회 총회에 조선 왕릉과 남해안 공룡 화석지를 세계유산으로 등재시키기 위해 신청서를 낸 상태이다.

제 32차 세계유산위원회에서 추가된 세계유산 목록(문화유산: 19건)

1. 베를린 모더니즘 저택들(독일)
2. 말라카 해협의 역사도시, 멜라카와 조지 마을(말레이시아)
3. 산 미구엘 읍성 및 아토토닐코의 나사렛 예수 사원(멕시코)
4. 르 몬 문화경관(모리셔스)
5. 로이 마타 추장 유적지(바누아투)
6. 알-히즈르 고고유적지(사우디아라비아)
7. 산마리노 역사지역 및 티타노 산(산마리노)
8. 알불라/베르니나 문화경관지역의 라에티안 철로(스위스, 이탈리아)
9. 카르파티아 산맥 슬로바키아 지역의 목조 교회들(슬로바키아)
10. 이란의 아르메니아 수도원 유적(이란)
11. 하이파와 갈릴리 서부 지역의 바하이교(敎) 성지(이스라엘)
12. 만투아시(市)와 사비오네타시(市)(이탈리아)
13. 푸젠성(省) 토루(土樓) (중국)
14. 프레아 비히어 사원(캄보디아)
15. 미지켄다 부족의 카야 성림(聖林)(케냐)
16. 카마구에이 역사지역(쿠바)
17. 스타리 그라드 평야(크로아티아)
18. 쿠크 초기 농경지(파푸아 뉴기니)
19. 건축가 보봉의 성채들(프랑스)

자연유산: 8건

1. 조긴스 화석 절벽(캐나다)
2. 삼청산 국립공원(중국)
3. 뉴 칼레도니아 석호(潟湖)(프랑스)
4. 서트시 화산섬(아이슬란드)
5. 카자흐스탄 북부 사리야카 초원 및 호수 지역(카자흐스탄)
6. 왕나비 생물권보전지역(멕시코)
7. 스위스 사르도나 지각표층지역(스위스)
8. 소코트라 군도(예멘)

이를 통해 단위 건물보다는 지역이나 군집된 상태를 등재시키는 경우가 많았다고 하겠다. 즉 세계유산의 등재 목적이 세계유산의 종합적 보호에 있는 만큼 개별적인 건물보다는 주변의 맥락적 관계를 중시하여 하나의 벨트나 지역으로 묶어서 보호하려고 하는 경향이 있다. 이는 하나의 단위 건물로 묶여질 때 주변이 그만큼 손상되는 현상에 대비하기 위한 것으로 여겨진다. 아무튼 2008년 7월 현재 세계유산 등록건수는 141개국 878건(문화유산 679건, 자연유산 174건, 복합유산 25건)이 등록되어 있고 위험에 처한 세계유산 30건이 별도로 등록되어 있다.

지금 현재 등재되어 있는 상황을 몇몇 주요 국가를 중심으로 살펴보면 아래와 같다.

국가	종류	계
한국	종묘(1995), 해인사 장경판전(1995), 불국사·석굴암(1995), 창덕궁(1997), 수원화성(1997), 경주역사유적지구(2000), 고창·화순·강화 고인돌유적(2000), 제주화산섬과 용암동굴(2007)	문7 자1
북한	고구려 고분군(2004)	문1
중국	자금성(1987), 만리장성(1987), 돈황석굴(1987), 진시황릉(1987) 황산(1990), 라사의 포탈라궁(1994), 소주고대정원(1997), 천단(1998), 용문석굴(2000), 명과청시대의황릉(2000), 은허유적(2006), 스촨 자이언트 팬더 보호지역(2006)	문24 자5 복4
일본	법륭사불교유적(1993), 희로성(1993), 야쿠시마(1993), 경도기념물군(1994), 나라기념물군(1998), 니코 사당과 사원(1999), 규슈큐 유적 및 류큐왕국유적(2000)	문10 자3
인도	아잔타석굴(1983), 타지마할(1983), 마나스야생보호구역(1985), 함피기념물군(1986), 산치불교유적(1989), 휴매윤무덤(1993), 다르질링 히말라야 철도(1999) 등	문21 자5

국가	종류	계
이탈리아	산타마리아교회(1980), 피렌체(1982), 피사듀오모광장(1987), 이 사시 마테라(1993), 폼페이유적(1997), 우르비노역사지구(1998), 에올리안섬 (2000), 베로나도시(2000) 등	문40 자1
프랑스	베르사유 궁원(1979), 퐁텐블로 궁전(1981), 가르수도교(1985), 파리 세 느강 유역(1991), 피레네산맥(1997), 리용역사지구(1998), 생때밀리옹 포도재배지구(1999)	문28 자1 복1
스페인	브르고스 대성당(1984), 알타미라 동굴(1985), 아빌라 구시가지(1985), 가라호네이 국립공원(1986), 포블렛트 수도원(1991), 타라코 고고유적 (2000), 루고성벽(2000), 엘치시의 야자수림 경관(2000), 비즈카야 다리 (2006)	문35 자2 복2
스리랑카	시리기야 고대도시(1982), 신하라자 삼림보호구역(1998), 담블라 황금 사원(1991)	문6 자1
태국	수코다이유적(1991), 아유타야유적(1991), 반치앙고고유적(1992), 동 파야엔-카오 야이 삼림지역(2005)	문3 자2

(4) 세계유산 등록 절차

세계유산 등재를 위해 어떻게 등록 절차가 진행되는지를 알아볼 필 요가 있다. 이에 대한 진행 절차는 아래와 같다.

1) 잠정목록 유네스코 제출

세계유산 등록신청을 위한 사전예비단계로서 문화재위원회의 현지 조사 등을 거쳐 잠정목록을 선정한다.

2) 등록신청 대상 문화재 선정

문화재위원회 심의를 거쳐 등록 대상 문화재를 통해 선정한다.

3) 등록신청 서류 유네스코 제출: 매년 2월 1일까지

문화재위원회에서 세계문화유산 등재를 위한 선정 작업을 한 후 유네스코의 세계유산위원회 사무국에 서류를 제출한다. 이때 필요한 서류는 신청서(영문) 및 부속자료(사진, 슬라이드, VTR) 등이다.

4) 1차 평가: 제출익년 2월

유네스코의 자문기구인 국제자연보존연맹(IUCN)과 국제기념물유적협의회(ICOMOS)에서 전문가를 해당국가에 파견하여 현지 조사 후 평가서를 작성한다.

5) 2차 검토: 매년 4월

세계유산위원회 집행이사회(BUREAU)회의에서 1차 평가결과를 토대로 등록대상 검토 후 세계유산위원회에 세계유산목록에 등재를 권고하거나 등재하지 말 것을 권고한다. 또 추가 자료가 필요하다고 생각하면 추가 자료 제출 요구를 위해 세계유산위원회 사무국에 환부시키고 심층 연구가 필요할 경우 검토를 연기시킨다.

6) 최종심의·결정: 제출 매년 6월 중

세계유산위원회 정기총회에서 등록여부 최종심의·결정하고 이를 공표한다.

(5) 세계유산의 등록 효과

1) 등록의 이점

국내·외로부터의 관광객이 크게 증가되며 이에 따라 고용 기회와 수입이 늘어날 뿐만 아니라, 정부의 추가적인 관심과 지원으로 지역의 계획과 관리를 향상시킬 수도 있고, 또한 지역 및 국가의 자부심을 고취·보호를 위한 책임감을 형성한다.

2) 소유권 행사

세계유산등록은 소유권이나 통제에 영향을 주지 않으며, 소유권은 지정 이전과 동일하게 유지되고 국내법도 여전히 적용된다.

3) 국제협력 및 지원

세계유산으로 지정되면 세계유산기금(World Heritage Fund)으로부터 기술적, 재정적 원조를 받을 수 있다.

4) 등록된 유산의 보전, 관리

협약국이 세계유산 지역의 보존상태를 모니터하고 그에 따른 조치를 취하기 위하여 보고하는 것과 세계유산 센터나 다른 기구들이 위험에 처한 유산의 상태에 관하여 보고하는 것이 있다.

따라서 온돌이 세계문화유산으로 등록될 수 있다면 국제적으로 아이덴티티를 확고하게 할 수 있는 매우 중요한 일이라고 할 수 있다.

(6) 온돌을 세계문화유산으로 등록하기 위한 방법

온돌이 아무리 훌륭한 문화유산이라는 것이 입증이 되더라도 이것이 동산이면 세계유산으로 등록될 수 없다. 또한 장소라고 하는 지역성을 수반하여야 하기 때문에 온돌이라고 하는 시스템으로 등재할 수 없다. 해인사의 대장경과 판고와 같이 동산이나 유산을 특정 지역이나 특정 건물과 연계시켜야 한다. 따라서 온돌을 독립된 시스템으로 분리시켜서는 세계 유산으로의 등재가 불가능하다.

온돌을 가장 잘 나타내고 있는 건물이나 건물군으로 포함시켜 이 건물군을 설명함에 있어서 온돌의 특성을 부각시키는 방법이 필요하다. 현실적으로 효과적인 방법은 잠정목록에 있는 월성의 양동마을이나 하회마을을 세계 유산으로 등재시키는 데 온돌의 특성을 부각시키는 방법이 있을 수 있다. 그러나 이들 잠정목록은 어느 정도 인정을 받고 있는 것이므로 새로운 마을이나 주거지를 찾아 제시하는 것도 하나의 방법이 될 수 있다. 그리고 또 하나 중요한 것은 멸실 위기에 있는 유산을 세계유산으로 등록하고 있다는 것이다. 따라서 온돌이라고 포괄적인 의미로 등록시키기 보다는 재래적인 온돌이 사라지고 있다는 점을 부각시키고 재래식 온돌이 남아있는 구역을 중심으로 살펴볼 필요가 있다.[2]

---

2 본 원고는 발표자의 독창적인 연구 내용이 아니라 문화재청의 공개 자료(강재수, 세계문화유산 등록 과정과 전망, 허권, 세계유산 협약과 한국문화재보호정책: 현황과 과제, 한국의 세계유산)와 세계문화유산 한국지부를 홈페이지(http://www.unesco.or.kr/whc/) 내용을 참조하여 정리한 것입니다.

16.

현대 온돌시스템 공사수행체계 개선 방안 연구

– 한국의 가정용 보일러의 역사를 통한 –

*김준봉

베이징공업대학교 도시건축학부 교수

*옥종호

서울과학기술대학교 건축학부 교수

국제온돌학회 논문집 통권 8호, 하얼빈공업대학교 (Vol.8, 2009, pp. 363~379)

(1) 한국의 온돌문화와 온돌산업

우리 한민족은 모두 온돌에서 나서 자라고 온돌에서 생활하다 결국 온돌에서 생을 마감한다. 그래서 우리 한민족에 있어서 온돌과 온돌문화는 김치, 한복, 한옥과 더불어 우리 민족 의식주문화의 뿌리이자 또 하나의 희망이다.

한옥에서 온돌이 없다면 알맹이 없는 껍데기에 불과하다. 온돌 종주국의 위상이 흔들리고 있다. 외국의 사이트를 보면 중국인 학자들이 온돌의 기원을 캉이라고 하며 온돌의 뿌리는 중국으로 중국 북방에서 발생하여 현재는 한반도에서 그 명맥을 유지하고 있다고 한다. 이러한 일들을 보면 김치를 기무치로 일본인들에게 뺏길 뻔한 기억이 나지 않는가.

발해는 고구려를 이었고 고구려는 바로 한민족의 근원이라는 주장은 문헌이나 유적으로 말할 수 있다. 현재 중국의 영토로 되어 있는 중국 만주 땅이 과거 한민족의 뿌리가 있었다는 것은 단순한 감정만으로는 증명할 수 없다. 바로 말없는 증거인 온돌문화의 유적으로 설명하는 것이 논리적이다. 우리 한민족이 현재에도 거의 100% 이상 온돌문화에서 살고있고 당시 발해의 유적이 온돌문화의 생활습관을 갖고 있다는 것은 그 좋은 증거가 된다.

한글, 금속활자와 함께 우리의 온돌문화는 우리 한민족의 과학과 문화의 정수라고 할 수 있다. 중국의 한족들도 한번 온돌 맛을 보면 환장을 하는 것이 바로 온돌이다.

그 온돌을 널리 알리고 계속 발전시켜 온돌의 종주국이 바로 대한민국임을 알리는 것은 우리의 권리이자 의무다.

1) 온돌산업의 현황

우리나라에서 온돌이 사용된 최초의 흔적은 신석기시대의 움집화덕에서 찾아볼 수 있다. 대표적인 것이 두만강 유역의 서포항 집터이다. 기원전 5000년경에서부터 4000년 사이의 것으로 추정되는 서포항 집터는 한 줄로 마련된 다섯 개의 화덕 가운데 양끝의 두 개에는 냇돌을 둘렀으며 가운데 세 개에는 자갈을 깔아 놓았다. 이는 양끝에서 불을 지폈다가 가운데 화덕 쪽으로 모아 놓은 자국으로 보이며, 당시의 화덕은 집 안의 공기를 데우거나 어두움을 밝히고 음식을 끓이는 따위의 여러 가지 구실을 함께 한 것으로 보인다. 이때부터 이미 일정 정도의 완성도를 갖춘 온돌이 쓰였음을 알 수 있다.

불을 처음 발견하여 난방을 시작한 원시의 구들이 복잡한 구조와 과학적 기능의 개자리와 굴뚝을 갖춘 구들로 발전하는 데 수백 년 이상의 많은 시간이 걸렸다고 볼 수 있다. 그래서 아프리카 쪽으로부터 이주한 한반도 북부의 우리의 초기 한민족 조상이 불을 발견하고 불을 보존하고 획득하고, 불을 이용하여 최초의 난방방식인 구들을 만드는 데에는 그보다 수십 배에 달하는 수천 년의 긴 시간이 소요되었을 것으로 추정된다. 따라서 우리 고유의 온돌문화인 구들이 생성되기 시작한 시기는 적어도 신석기시대인 B. C. 5000년 이전일 것으로 여겨진다.

정착생활이 본격화된 청동기시대에 접어들어서는 굴뚝을 세워 연기를 집 밖으로 뽑아내기 시작했다. 이는 서구의 벽난로 굴뚝의 발명보다 적어도 거의 천 년 이상을 앞선 것이다. 이러한 화덕과 굴뚝은 철기시대에 기역자(ㄱ)꼴 구들로 발전하였다. 평안북도 노남리의 집 자리에서 나온 구들은 동쪽의 것은 너비 30cm, 깊이 30cm이고 남북으로 놓인 것은 아궁이와 굴뚝이 딸려 있었다.

방의 일부만 데우는 외구들 형태인 기역자(ㄱ)꼴 구들은 고구려시대와 발해시대까지 사용됐다. 발해시기에 이르러서는 외줄구들보다는 두줄고래나 조돌—보조용 구들고래—이 있는 한층 발전된 구들이 널리 나타난다. 4세기 것으로 추정되는 황해도 안악 제3호 무덤 부엌 그림에서는 음식을 끓이는 부뚜막과 난방용 아궁이를 따로 낸 것을 볼 수 있다. 이후 우리 구들이 방 전체가 구들로 되어있는 통구들로 바뀌어 방 어디에나 앉고, 눕는 좌식문화가 시작된 된 것은 고려시대 중기부터이며, 이것은 조선시대 초기 이후 중부 이남으로 퍼져 나갔다. 이때부터 바닥에 장판을 깔기 시작했다. 문헌상에 '온돌'이라는 말이 처음 출현한 것도 이 무렵(조선왕조실록, 세종실록 7년)이다.

구들에 관한 문헌은 7세기 중국의 『구당서(舊唐書)』에서 찾아볼 수 있다. 『구당서』에는 "겨울에는 긴 구들을 만들고 그 아래에 불을 지펴서 방을 덥힌다."고 기록되어 있는데 당시 중국 사람들은 구들을 신기한 발명품으로 여겼다. 지금도 중국의 동북쪽 민가를 답사하다 보면 온돌을 놓은 집을 쉽게 찾을 수 있고, 이를 한국에서 들여온 것이라고 말하는 중국인들을 어렵지 않게 만날 수 있을 정도이다.

우리나라의 대부분 주거용 건물에는 쾌적한 실내 열 환경을 확보하기 위한 수단으로 바닥 복사난방시스템인 온돌시스템을 사용하여 왔다. 과거의 구들장과 고래형식에서 온수순환방식과 전기발열방식 등으로 발전하여왔고 그 주된 특징은 바닥을 가열하여 복사열을 난방에 사용한다는 점이다.

여러 가지 온돌(바닥을 데우는 모든 방식) 중에서 따뜻한 물을 순환시켜 바닥을 데우는 한국의 온수순환 방식이 바닥난방 분야 국제표준으로 사실상 채택됐다. 지식경제부 기술표준원에 따르면 ISO기술위원회는 한국이 제안한 7건의 온돌 관련 신규 국제표준안을 회원국 과반수의 찬성으로 채택했는데 ISO기술위를 통과한 표준안은 △온돌시스템 설계 기준 △온돌바닥 두께와 넓이 등에 따른 난방 용량 △온돌의 설치 운용 등 유지관리지침 등이다. 그리고 이에 앞서 지난해에는 한국이 제안한 온돌 파이프 관련 기준 4건이 국제표준으로 제정됐었다. 현재 서유럽에서는 신축 주택의 절반이 온수온돌방식을 채택하고 있고, 미국에서도 온돌시장이 매년 20% 이상 성장하고 있다.

이는 우리나라 온돌시스템을 개선하고 효율을 높이기 위한 그동안의 노력들이 최근 국내·외적으로 그 성과를 보이고 있음을 나타내는 것으로, 국내의 경우는 온돌시스템의 설치를 표준화하기 위한 제도적 측면의 개선이 진행되고 있으며 국외에서는 한국식 온돌시스템이 국제표준기구 기술위원회(ISO/TC)에서 국제표준안으로 채택되는 쾌거를 이루었다. 그러나 아직까지도 온돌난방 중에서 온수순환방식이 아닌 여러 가지 기준들이 우리가 알고 있는 온돌난방 개념인 피부 접촉을 통한 전통온돌난방방식의 특징에 근거하기보다는 서구의 난방방식인 단순히 공기를 데우는 방식에 기준을 두고 있다는 것은 한편으로는 안타까운 현실이라 하겠다.

어쨌든 이번에 기술위원회를 통과한 온돌 관련 국제표준안은 온돌을 사용할 때 느끼는 쾌적함의 기준, 온돌 바닥의 두께와 넓이 등에 따른 난방 용량, 온돌시스템의 설계 기준, 온돌에 사용되는 에너지의 성능, 온돌의 설치·운용과 관련한 유지관리지침 등으로, 이러한 사항들이 국제표준으로 규격화되면 각국의 난방관련 기준으로 활용되어, 우리 온돌의 세계시장 진출이 더욱 활발해질 것으로 보인다.

최근 들어 미국, 영국, 러시아, 카자흐스탄, 중동의 여러 국가에서 우리 온돌시스템이 주목받는 주거 아이콘으로 떠오르고 있으며 온돌시스템을 적용한 사업 아이템으로 해외시장에 진출한 기업들의 사업 실적서도 최근 몇 년 동안 꾸준한 상승세를 보이고 있다.

〈온돌의 설치기준 마련, 설비표준화 입법예고〉[1]

2007. 10. 17. 온돌·보일러 등 난방의 설치기준과 시공확인서 교부 근거 규정 등을 법제화한 '건축법 제56조 개정법률'이 공포됐다. 이 개정안은 '제56조(온돌 및 난방설비 등의 시공) 건축물에 설치하는 온돌 및 난방 설비는 건설교통부령이 정하는 기준에 따라 안전 및 방화에 지장이 없도록 해야 한다'는 내용을 담고 있다.

건설교통부는 위의 법 개정에 따른 건설교통부령으로서 「건축물의 설비기준 등에 관한 규칙」 일부 개정안을 2008. 2. 12. 입법예고하였다. 개정안 주요골자는 온돌의 설치기준 규정, 보일러 및 온돌난방시설 설치 확인서 제출, 지역별 창 및 열관류율 보완/강화 등에 관한 것이다. 이는 온돌의 부실시공에 따른 안전사고 방지 및 에너지효율을 제고하고 건축물의 단열성능을 강화하려는 의도에서 마련된 것으로, 세부적으로 보면

---

1 건설교통부공고 제2008-43호, 2008. 2. 12.

온돌설비를 온수온돌과 구들온돌로 구분하여 각각 구조 및 재료의 기준을 규정하고 있고 건축물에 온돌을 설치하는 경우 온돌시공자가 공사감리자에게 보일러 및 온돌난방설비 확인서를 제출하도록 하는 내용을 담고 있다.

뉴스위크 한국판, "한국의 온돌 세계시장 '노크'"(2008. 3. 26)에 따르면 우리나라 고유의 주거문화인 온돌이 세계로부터 주목받는 주거아이콘으로 떠오르고 있고, 미국, 영국, 러시아, 카자흐스탄 등 사계절 국가뿐만 아니라 열사의 나라 중동국가에서도 한국형 난방문화가 관심을 끌고 있다고 전하고 있다.

카자흐스탄에 진출한 동일하이빌은 욕실과 화장실 바닥에 전기로 가열하는 온돌을 놓아 소비자들의 마음을 사로잡았다. 그 결과 이 회사의 전체 매출에서 해외 매출 비중이 2006년 17%(438억/2,440억)에서 지난해 37%(1,745억/4,715억)로 늘어났다.

우림건설 역시 카자흐스탄 알마티 시에 3,500여 가구의 아파트와 상가를 짓고 있으며 홍보 효과를 높이려고 아파트에 온돌식 난방시스템을 도입했다. 우림건설은 올해 매출 예상치 8,500억 원 중 2,000억 가량을 해외사업으로 달성할 것이라고 내다봤다. 중국의 상하이 시 등 양자강 이남지역은 원래 난방을 하지 않던 곳이나 지금은 고급 아파트나 별장이라면 대부분 당연히 온돌난방으로 시공되고 있는 실정이다.

2) 온돌공사를 전문건설업으로 바꾸자

그러나 이러한 국내의 제도적 진보와 국제적 성취에 비하여 온돌시스템 시공방식에 관한 우리나라 규정은 극히 열악한 상태이다. 현재 우리나라 '건축법'에서는 온돌 공사의 인부를 '벽과 바닥을 바르는 미장공'으로 분류하고 있으며, '건축공사표준시방서'의 온돌공사 일반사항의 적용범위에서는 '온돌공사에 사용되는 조적재 및 그 공법은 도면 또는 공사시방에 정한 바가 없을 때에는 벽돌공사, 블록공사 및 돌공사에 따르고 미장재 및 그 공법은 미장공사에 따른다'라고 명시되어 있다. 또한 '시설 공사별 하자담보 책임기간'에서는 온돌공사를 잡공사로 분류하고 있다.

'건축공사표준시방서'의 온돌공사 부분을 살펴보면 〈표 1〉에서 보는 바와 같이 다양한 재료와 전문적인 시공법을 포함하고 있으나, 그 내용이 전통온돌인 구들장과 고래를 가진 전통방식에 국한되어 있어 현재 대다수를 점유하는 아파트나 주택난방과는 별로 관련이 없고, 더군다나 아직까지 전문건설공사의 한 영역으로조차 자리 잡지 못하고 조적공사나 미장공사의 공법이 준용되는 기타 공사, 경우에 따라 잡공사로 분류되는 현실은 공사 품질이나 적정 공사비 확보 등의 현실적인 문제를 떠나 문화적인 손실이라 아니할 수 없다.

〈표 1〉 건축공사표준시방서상 온돌공사 재료 및 시공 규정 세부 내용

재료 영역		시공 영역	
구분	세부규정사항	구분	세부사항
벽돌, 블록 및 석재기타	점토벽돌, 콘크리트벽돌, 석재 속빈 콘크리트블록, 파벽돌 기준	고래 켜기	방고래 종별 고래켜기 준비 고막이 개자리 두둑쌓기 불목
조적용 모르터	시멘트 모르터 배합비 회사벽 배합 강회반죽 및 기타 배합비		
바름재	시멘트, 소석회, 생석회, 해초풀 등		
구들장	화강석, 점판암, 콘크리트판 함실장의 두께, A종, B종, C종 구들장의 두께, A종, B종, C종 이맛돌의 길이, A종, B종, C종 붓돌의 길이, A종, B종, C종	구들 놓기	구들장 놓기 고임돌 및 사춤돌 바탕 진흙 바르기 구들말리기 바름 마무리
고임돌·사춤돌	돌의 크기 등	불아궁 부뚜막	불아궁 함실아궁 구멍탄 아궁 부뚜막 보양 및 청소
불아궁 철물, 구멍탄 아궁 철물	불아궁, 재아궁 및 Roaster 철물 구멍탄 아궁 철물		
굴뚝재료	오지토관 또는 시멘트관	굴뚝	굴뚝기초 및 굴뚝대 연도 벽붙임 굴뚝 간이 독립굴뚝 굴뚝과의 접속부

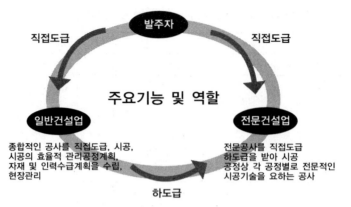

주요기능 및 역할

발주자

직접도급

직접도급

일반건설업

종합적인 공사를 직접도급, 시공,
시공의 효율적 관리공정계획,
자재 및 인력수급계획을 수립,
현장관리

전문건설업

전문공사를 직접도급
하도급을 받아 시공
공정상 각 공정별로 전문적인
시공기술을 요하는 공사

하도급

〈그림 1〉 온돌공사업의 전문건설업화

또한 80년대 이후부터 현재까지 우리나라 전통온돌방식은 습식 바닥
판 온돌시스템과 조립식·건식화 바닥판 온돌시스템, 그리고 최근에는
전기 전자온돌형태와 뜬 바닥 층간소음 감소형과 공기순환 겸용 온돌 등
으로 진화되고 있다. 이러한 공법과 내용의 변환에 따라 온돌공사에는
위 시방서에서 살펴본 건축분야 이외에 온수공급을 위한 보일러 시설,
배관 연결부위의 누수를 방지하기 위한 전문설비 요소기술 등이 포함되
었으며 최근에는 공동주택 층간소음을 방지하기 위한 완충재까지 포함
되어 그야말로 현장 품질 관리가 어렵고 하자가 많은 복합 공정으로 발
전하게 되었으나 아직까지도 경우에 따라서는 설비업체가, 경우에 따라
서는 조적 또는 미장업체가 마구잡이로 시공하고 있는 상황이다.

이러한 문제점의 해결방법으로 복합 공정을 관장하는 시방서를 개발
하는 방안도 있겠지만 보다 바람직한 방안은 온돌공사를 전문공사업으
로 발전시켜 위 〈그림 1〉에서 보는 바와 같이 발주자로부터 직접 공사를

수주 받거나 일반건설업체로부터 하도급을 받아 책임 시공하는 체제로 제도를 개선하는 것이라 할 것이다.

3) 온돌은 구들이고 구들이 온돌이다[2]

먼저 온돌과 구들에 대한 용어 정의를 하면 사전적 의미는 '구들'은 '방바닥에 골을 내어 불을 때게 하는 장치' 또는 '고래를 켜고 구들장을 덮고 흙을 발라 방바닥을 만들고 불을 때어 덮게 한 장치' 등으로 설명되는데 주로 우리 전통방식의 구들 고래와 구들장을 가진 직화(直火) 방식의 난방 방법을 의미한다고 볼 수 있고, 이와는 비슷하지만 온돌은 단순히 '방바닥 밑으로 불기운을 넣어 방을 덮게 하는 장치'로 실의 바닥을 데우는 난방방식을 통칭하는 의미로 쓰이고 있다.

'온돌(溫突)'이라는 말이 처음 나온 것은 〈조선왕조실록〉에 등장하는데, 세종실록 7년 을미 7월 병진이며, 바닥에 본격적으로 장판을 깐 것도 이때부터인 것으로 여겨진다. 그리고 '구들'은 순 우리말로 '구운 돌'이란 의미에서 발전하였고 지금까지 넓게 쓰이고 있다. 그러나 온돌은 한자로 따뜻할 온(溫), 돌출하거나 발산한다는 돌(突)자를 쓰는데 "ㅌ(돌)"이 돌자가 아니다. 이같이 열석(熱石)으로 쓰지 않고 온돌(溫突)로 쓰는 데는 이미 따뜻한 복사난방의 의미를 두고 조합해 놓은 단어라고 볼 수 있으며, 이는 이미 오래 전부터 우리 민족은 온돌의 의미를 단순히 돌(바닥)을 뜨겁게 하는 데 그치지 않고 바닥복사난방과 축열(畜熱)의 의미가 함유되어 있게 용어를 정의하여 해석하는 것이 타당하다.

2 국제온돌학회 논문집 통권 제5호 vol 5, 2006, PP. 250~257.

따라서 우리가 지금 쓰는 '온돌'과 '구들' 용어는 서로 같은 의미에서 출발하였기 때문에 '구들'이라는 용어는 과거 전통온돌방식의 난방방법을 의미하는 것으로 정의하고 온돌의 경우는 과거와 현재를 통틀어 바닥을 데우는 난방방식을 통칭하는 것으로 쓰는 것이 옳다고 생각한다.

중국의 경우는 온돌(溫突)이라는 용어는 주로 사용하고 있지 않고 과거 전통방식의 구들난방은 캉[炕] 또는 훠캉[火炕]으로 쓰이고 있으며 지금의 온수난방이나 전기를 사용한 바닥난방은 띠러[地熱], 혹은 띠놘[地煖]이라고 쓰는데 우리 민족이 온돌의 종주국임을 알리고자 한다면 우리가 지금 쓰고 있는 온돌(溫突)을 지금보다도 널리 쓰게 하는 것이 우리의 온돌의 우수성을 알리는 좋은 계기가 될 것이다.

결론적으로 지금의 경우 굳이 '구들'이라는 용어만을 고집하기 보다는 이미 외국에 'ONDOL'로 알려져 있고 대영백과사전에 등장하는 '온돌 溫突 ONDOL' 용어를 쓰는 것이 큰 무리가 없다고 본다. 우리의 한영사전에 '온돌'은 'ONDOL'로 표기하면서 '구들'은 'Korean hypocaust'로 표기 되는 곳이 많은 것도 이런 이유인데 '하이퍼코스트'는 서양 로마시대에 원시적 바닥난방 형태인, 그것도 단지 로마시대에만 목욕탕용으로 잠깐 사용되었던 우리 구들과는 비교도 안 되는 단순한 구조이다. 마루바닥에 수로(水路) 형태로 뜨거운 물을 흘려서 바닥을 데웠던 시설인데, 우리의 전통구들처럼 축열이나 취사 겸용 등의 복잡한 구조도 없고 불기를 직접 보내지도 않은 아주 단순하고 원시적인 구조이다. 이런 '하이퍼코스트'를 우리 고유의 역사와 전통에 빛나는 첨단화된 구들과 비교하고 그 자리를 대체하는 것이 참으로 안타까운 현실이다.

따라서 영어표기로는 '온돌'은 'Ondol'로 '구들'은 'Gudle'로 표기
가 되어야 하고 중국어로는 현대 온수온돌이나 전기온돌이 '띠놘'[地
暖, dinuan]으로 쓰이고 전통적인 농촌의 구들장을 들인 온돌이 '캉'[溫突,
kang]으로 서로 다르게 쓰이기에 그냥 우리가 쓰는 '溫突'로 쓰는 것이
가장 타당하다고 본다. 단지 '溫突'의 중국 발음이 '원투(wentu)'로 그리
익숙하게 들리지 않기에 정 중국인을 위하여 글자를 새로이 만든다면 필
자의 생각으로는 '溫多尔'(원두얼, wenduoer) 정도가 가장 바람직하다고
제안한다.

4) 구들의 구조와 난방방식

우리나라는 예로부터 온돌(구들)을 중요한 실내 난방장치로 계승, 발
전시켜 왔다. 바닥난방은 세계적으로 인정받고 있는 인류 역사상 가장
합리적인 난방 방법이다. 온돌난방은 아궁이에 열을 가하면 방바닥 아
래의 공간(고래)을 따라 열이 이동하면서 바닥에 열이 저장되고, 이것이
서서히 방열(放熱)되면서 실내를 따뜻하게 유지시킨다. 이는 바로 복사
와 전도, 대류라는 열전달의 3요소를 모두 갖춘 독특한 방법으로써, 인류
역사와 첨단과학을 걷는 현대사회를 통틀어 가장 합리적인 난방기술이
라고 할 수 있다.

한옥의 구조 자체가 구들을 보호하기 위한 것이라 할 수 있으며, 구
들은 사람을 따뜻하게 해주는 합리적 구조로 되어 있다. 장마철의 습기
는 구들 아래의 진흙이 흡수했다가 건조하면 방출해 방의 습도를 조절해
준다. 땅에서 올라오는 습기는 구들 고래가 막아주고 겨울에는 지열을
고래가 저장해 주는 것이다.

우리의 전통 구들은 불을 지피지 않은 시간에도 축열된 열을 방바닥에서 방열시켜 난방하는 방법으로 고체축열식에 속한다. 또한 자재는 물리·화학적으로 안전한 자연 광물질이고 마모되어 못 쓰게 되는 법이 거의 없어 영구적이다. 구들은 건강하고 쾌적한 주거환경을 추구하는 과학적 난방 설비이며, 동양의학에서 말하는 두한족열(頭寒足熱)의 건강 조건과 습기로 인한 문제를 해결하는 습도조절 기능 및 통풍과 먼지 등의 문제를 한꺼번에 처리하는 과학 구조물이다.

Tip. 온돌과 좌식 생활

우리말에 '드러눕다'라는 말이 있다. 이는 풀어서 말하면 '들어가서 눕는다'라는 의미이다.

일단 실내에 들어가면 눕는(앉는) 문화이기에 그냥 눕는다고 하지 않고 '드러눕는다'고 표현하는 것이다. 또한 '일어나다'라는 말도 같은 맥락에서 보면 그냥 '일어서다'라고 하지 않고 '일어나다'라고 말한다. 이 말 또한 '일어서면 나간다'는 의미를 갖고 있다.

이처럼 우리 민족은 일찍부터 좌식 생활을 해왔고 이와 관련되어 바닥난방(온돌)을 고안하고 발전시켜 온 것은 필연적인 것이었음을 어렵지 않게 짐작할 수 있다.

만주 지방의 아파트를 다녀보면 우리 민족들은 어김없이 온돌방에서 생활하고 있을 뿐 아니라 중국 한족들조차 온돌방의 매력에 매료되어 온돌방에서 생활하는 모습을 흔히 볼 수 있다. 최근 중국에서는 베이징과 같은 대도시를 중심으로 바닥난방 시공이 붐을 이루고 있다. 과거 난방시설이 전무했던 상하이 등의 도시에도 온돌의 붐이 일고 있는 것은 결코 우연한 일이 아니다.

이와 같이 우리말은 글이 만들어지기 수천 년 전부터 쓰여 왔으므로 실내에서 좌식 생활이 익숙하게 이루어졌음을 알 수 있고 온돌방 역시 역사 이전 선사시대로부터 우리 한민족에게 두루 쓰였던 주생활방식이었음을 쉽게 유추하여 짐작할 수 있다.

대기오염과 관계되는 환경문제를 보아도 연소된 연기와 열 기운이 그대로 배출되는 소각로와는 달리 회굴과 굴뚝개자리 등을 통한 분진의 내부처리 기능(집진설비) 등이 있는 구들은 이미 환경친화적인 과학이 적용된 시스템이라고 할 수 있다.

구들의 열역학적 측면을 보아도 그 구조와 재료 등의 특성상 가장 낮은 열손실 계수를 가지고 있으며 현재 많이 쓰이고 있는 온수 파이프 난방 시스템보다도 훨씬 적은 에너지를 소비한다. 또한 지속적으로 쾌적한 온도를 유지하기 위해 쓰이는 단위 면적당 에너지 소비량도 매우 낮다.

(2) 한국의 보일러산업

1) 온돌과 보일러

우리의 주택 발전과정을 볼 때 전통적인 난방방식인 온돌과 서구로부터 유입된 보일러가 처음부터 잘 융화되어 사이좋게 발전해온 것은 아니었다.

1950년대 이후 우리 사회의 급속한 근대화로 오랫동안 온돌의 열원 역할을 해왔던 나무 땔감이 점차 사라지고 이 자리를 연탄이 대체하기 시작했다. 그러나 이는 결과적으로 수천 년을 이어온 우리 온돌문화를 위기로 몰아넣는 계기가 됐다. 연탄의 도입과 함께 방바닥을 직접 가열하는 방식의 레일(rail)식 연탄 온돌과 부뚜막을 갖춘 두꺼비집식 부뚜막 연탄 온돌이 개발되었으나 이는 가스누출의 위험이라는 치명적인 결함을 갖고 있었다.

구들에 대한 충분한 연구가 이뤄지지 않은 상태에서 개발된 연탄 온돌에서는 구들에서 중요한 역할을 하는 구들개자리나 아궁이 후렁이, 부넘기 등이 생략됨으로써 일산화탄소 누출로 인한 중독 사고를 빈번하게 일으켰다. 궁여지책으로 굴뚝 끝에 가스 배출기를 달아 강제로 유독가스를 배출시켜 다소나마 사고를 줄일 수 있었지만 근본적인 해결책이 되지는 못하였다.

  이후 연탄온돌의 개량은 일종의 국가적 사업으로 추진되었다. 이 때 도입된 것이 미국의 건축가 프랭크 로이드 라이트(Frank Loyd Wright)가 개발한 '온수순환식 바닥난방(Panel Heating)'이다. 이는 온수관이 바닥고래의 기능을 대신하고 직접가열 방식에서 온수를 이용한 간접가열 방식으로 전통온돌의 직접가열 방식과 차이가 있었으나, 효율적인 바닥난방을 계승한 일종의 절충방식이었다. 온수 순환식 바닥난방의 도입과 함께 비로소 우리나라에게 본격적인 가정용 보일러가 등장하기 시작했으며, 온수를 순환시키는 파이프 또한 강관에서 동관, 그리고 각종 비닐계 온수전용 파이프 등으로 비약적인 발전을 거듭했다. 이는 우리의 전통적 온돌문화와 서구에서 유입된 보일러가 합리적으로 결합할 수 있는 결정적 계기가 됐다. 한편 1960년대 이후 초기의 주택 설계자들은 아파트가 서구식 입식 생활을 전제로 우리의 전통적인 생활양식과는 관계없이 아파트의 난방방식을 라디에이터로 구성하는 경우가 많았다. 그러나 입식 생활을 전제로 하는 소파, 침대, 식탁 등의 가구 사용이 지속적으로 증가하는 추세에도 불구하고 라디에이터를 이용한 방식은 우리 사회에서 쉽게 정착되지 못했다.

Tip. 한국식 온돌에 매료된 현대 건축의 거장

온수순환식 바닥난방(Panel Heatimg)을 개발한 프랭크 로이드 라이트는 현대 건축의 창시자 중 한 명으로 꼽히는 거장 중의 거장이다. 이런 그가 한국식 구들에 깊은 관심을 가졌다는 사실은 매우 흥미로운 대목이다.

라이트가 일본 제국호텔을 지어달라는 건축주의 의뢰를 받고 일본에 머물 때, 한 귀족의 집에 초대를 받았다. 귀족의 집은 난로가 없는데도 실내가 매우 따뜻했다. 이에 호기심을 품은 라이트는 귀족에게 어떤 방식으로 난방을 하고 있는지 물었다. 일본인은 '한국식 구들'이라고 대답했다.

한국식 구들에 큰 감명을 받은 라이트는 훗날 그의 회고록에 이렇게 썼다.

"한국의 방은 인류가 발명해 낸 최고의 난방방식이다. 이것은 태양열을 이용한 복사난방보다도 훌륭하다. 발을 따스하게 해주는 방식이야말로 가장 이상적인 난방이다."

라이트는 미국으로 돌아가 바닥에 깐 돌 사이로 온수파이프를 통하게 하는 패널난방을 고안하여 주택작품 전반에 걸쳐 폭넓게 적용했다. 라이트가 고안한 온수순환식 바닥난방은 훗날 우리나라에 역수입됐으니, 온돌문화의 종주국으로서 실로 부끄러운 일이 아닐 수 없다.

이에 따라 1970년대에 건설된 민간아파트들은 침실을 온돌로 하고 거실이나 주방 공간에는 라디에이터를 채용하는 혼합식 난방을 시도했다. 그러나 이 또한 1980년대 중반을 지나면서 전면적인 온돌방식으로 빠르게 전환됐다. 최근에 지어진 한국의 아파트는 침실이나 거실은 물론 욕실까지도 모든 실내 공간에 온돌난방을 설치하는 것이 일반화되어 있다.

이러한 변화는 특별한 계기에 의해서 이뤄진 것이 아니라 점진적으로 자연스럽게 이루어졌다. 한국의 아파트 도입 초기인 1960년대 초반 온돌이 전면적으로 배제됐던 시기로부터 1980년 중반을 지나 침실은 물론 거실, 주방에 이르기까지 온돌이 전면적으로 확대되어 온 정착 과정은 설계자들의 의도나 인위적인 노력에 의한 것이 아니라 일반대중이 이를 수용해 나가는 자연스러운 선택을 거친 결과이다. 아파트는 분명히 서양에서 유입된 주거형태이고, 실내생활 또한 소파, 침대, 식탁, 싱크대 등 서양식 가구와 시스템이 전면적으로 수용되고 있지만 온돌은 여러 가지 변화과정을 거치면서 확대되어 이들과 공존하고 있다. 이는 온돌을 통한 바닥난방의 합리성은 현대생활에서도 여전히 유효하다는 강력한 반증이라 하지 않을 수 없다.

2) 가정용 보일러의 도입과 발전

우리나라에 근대적 형태의 보일러가 도입된 것은 일제에 의해서였다. 당시 보일러는 대부분 서양에서 들여온 증기보일러였으며, 대형건물이나 백화점, 영화관, 호텔, 공장에서 쓰이는 대형 보일러였다. 대개 석탄을 주 연료로 사용했으므로 내식성이 강한 주철 보일러가 주종을 이뤘다.

일제강점기 이후 일본인들이 국내에서 운영하던 공장을 인수하거나 불하 받아 소규모의 보일러공장들이 운영됐으나 여러 가지로 미약했던 당시의 산업적 여건 탓에 전근대적 형태에서 쉽게 벗어나지 못했다. 대부분 일제가 남기고 간 중고보일러를 수리하는 정도의 기술 수준에서 머무르다 점차로 여건이 개선되고 산업용 보일러의 수요가 증가하면서 자체적인 보일러 개발 노력이 나타나기 시작했다. 본격적인 산업화가 시작된 1960년대에 이르러서는 강압통풍식 Z형 보일러(연관식) 개발 등으로 성장의 발판을 마련하지만, 일반 가정에까지 보일러가 보급되는 것은 아직 요원한 일이었다. 당시 대부분의 가정은 재래식 아궁이를 통해 난방을 했다.

우리나라에서 최초로 가정용 보일러가 도입된 주택은 1961년에 건설된 마포아파트였다. 마포아파트에 도입된 보일러는 연탄을 이용하여 만들어진 40~60℃의 온수를 각 방의 패널코일과 방열기(放熱器)에 공급하여 난방효과를 얻는 방식이었다. 방을 순환하면서 냉각된 물은 다시 보일러로 환수되어 재가열됐다. 마포아파트의 보일러는 처음에는 연탄가스의 유출 위험이 크다는 등의 비판을 받았으나 차츰 그 편리함과 안정성이 인정되어 일반 가정까지 연탄보일러가 확산되는 계기를 마련했다.

가정용 연탄보일러의 등장은 아궁이 또는 연탄 연소부에서 발생한 열이 직접 방바닥 밑의 구들을 통과하지 않아도 되도록 만들었다. 이에 따라 아궁이식 개량온돌에서 나타나는 연탄가스의 문제를 해결할 수 있는 가능성을 높여주었다. 그러나 연탄보일러는 보일러 하나로 주택의 모든 방을 난방 하는 형식을 취했기 때문에 신축되는 주택이 아니라면 도입하기 어려운 단점을 지니고 있었다. 이에 따라 기존의 주택을 완전히 개량하지 않으면서도 주택에 있는 각 방을 난방 할 수 있는 보일러가 새로 개발되게 되었는데, 그것이 바로 '새마을보일러'이다. 새마을보일러는 주택 전체를 개조하지 않아도 보일러를 설치할 수 있다는 이점을 타고 1960년대 후반부터 빠른 속도로 확산됐다.

그러나 새마을보일러는 온 집 안의 난방을 위하여 방마다 개별적으로 설치해야 하는 한계를 갖고 있었다. 이에 중앙난방방식을 표방한 연탄보일러가 1970년대 초기에 출현하기 시작했는데 1975년 이후부터는 석유가 보일러의 연료로 도입되면서, 기름보일러 시장이 급신장하기 시작하였다. 기름보일러는 연탄가스 사고의 완전한 예방과 연탄을 갈아주지 않아도 되는 편리함을 동시에 갖추고 있었으므로 이후 지속적인 팽창을 이루어 1980년에는 주종을 이루게 되었다. 1980년대 중반부터는 대도시뿐 아니라 지방의 농어촌까지 확산되자 보일러 시장을 선점하기 위한 보일러 업체들의 경쟁이 치열하게 전개됐다. 업계의 치열한 경쟁은 가정용 보일러의 성능과 안정성을 크게 향상시켰다.

Tip.

1970년대는 당시 주로 쓰이던 재래식 아궁이와 새마을보일러 등 연탄을 열원으로 사용한 온돌난방의 전면적인 개선 또는 폐기가 심심치 않게 거론됐다. 연탄온돌의 낮은 열효율, 가스 누출 위험 등의 폐단 때문이었다. 1976년 1월 21일 자 〈동아일보〉에는 다음과 같은 기사가 게재됐다.

한국과학원의 배순훈(裵洵勳) 박사팀이 과학기술처에 낸 2차 연도 연구보고서인 〈온돌 난방의 열효율 개선 방안〉에 의하면 한국 온돌은 아궁이에서 방고래로 들어오는 열량이 발열량의 30% 미만으로 열효율을 발열량의 70% 내지 80%까지 끌어올릴 수 있는 '공기를 데우는 방법'으로의 전환이 강구되어야 할 것이라고 지적했다.

…〈중략〉…

배 박사팀이 제안하는 공기 가열 방식은 구체적인 방법을 앞으로의 과제로 삼고 있지만, 기존 구상은 연소실의 보온보다는 연소실에서 주위로 방출되는 열을 회수하여 이것을 이용, 공기를 가열하고 가열된 더운 공기를 실내로 송풍하는 방법이다. 배 박사는 미국 뉴욕의 무역회관 냉난방 설계를 맡아 해낸 냉난방계의 권위자이지만 순전한 자연 통풍에 의존하는 한국의 온돌은 모든 것을 인위적으로 계산해서 하던 뉴욕 무역회관의 냉난방 설계보다 훨씬 더 복잡하고 어렵다고 밝혔다.

가스가 연료로 도입된 것은 1970년대 초부터였다. 그러나 이 당시에는 일부 중산층 가정이나 요식업소의 취사용으로 LPG가 보급되면서 가스 소비가 조금씩 늘어나는 정도였을 뿐 난방연료의 주류를 형성하지는 못했다. 그러나 1979년 2차 석유파동을 계기로 정부가 에너지 다원화 정책의 일환으로 가스보급정책을 적극적으로 추진하게 되자 가정의 취사용과 보일러용 연료로 가스가 빠른 속도로 보급되기 시작했다.

국내에 가스보일러가 처음 사용된 것은 1982년 (주)공영토건(현 대성셀틱, 이하 대성)이 프랑스 샤포토에모리사의 제품을 수입하고부터이다. 당시 수입 물량은 600여 대의 미미한 물량이었고 당시는 프랑스의 듀발, 셀틱, 르블앙, 영국의 포터론, 손이엠아이 글로우웜, 독일 바일란트, 융커스, 비스만, 이탈리아의 페롤리, 비크림, 베네타, 네덜란드의 에어버블유비, 네피트, 스페인의 코인트라, 콜베로 등의 수입제품 위주 시장이었는데 가스보일러 수입업체들이 대부분 영세하고 충분한 기술 인력이 없어 연소기술이나 제품 특성 등을 파악하지 못한 채 제품의 안전성 및 품질보다는 판매수익이 높은 제품을 주로 수입, 판매하였다. 1984년 (주)롯데기공(이하 롯데기공)이 처음 가스온수보일러 정밀검사에 합격하여 자체 생산을 시작하였으나 1987년까지는 2만 대가 채 되지 않는 시장규모에 불과했다.

그러던 중 1988년에 이르러 국내생산량이 10만 대를 넘어서면서 국내 가스보일러 시장은 급격한 성장을 보이게 된다. 액화천연가스(LNG)의 국내도입으로 1987년부터 1993년까지 가스 보급이 연평균 18.3% 증가함에 따라 도시가스 보급망을 타고 가스보일러 시장 또한 활기를 띠게 된 것이다. 이러한 붐을 타고 국내에 가스보일러를 최초로 도입한 대성과 국내 최초로 가스보일러를 생산한 롯데기공은 1990년대 초반까지 국내 가스보일러 산업을 주도해 나갔다. 또한, 1988년부터 1991년까지의 폭발적인 성장 속에서 보일러 전문 업체뿐만 아니라 가전 3사를 포함한 당시 생산 및 수입업체가 37개사에 이르기도 했다.

(주)린나이 코리아(이하 린나이)는 1986년 가스보일러 생산설비를 갖추고 이듬해 1월부터 가스보일러를 생산하기 시작하였으나 보일러 시장에서의 인지도 및 유통망 부족 등으로 인하여 1990년대 초반까지 뚜렷한 두각을 나타내지는 못하였다. (주)경동보일러(이하 경동나비엔)와 귀뚜라미보일러(이하 귀뚜라미)는 보일러시장에서 앞선 기술력과 탄탄한 유통망으로 1980년대까지 기름보일러 시장을 주도하였으나 1988년경부터 본격적인 성장을 한 가스보일러 시장에서는 뒤늦은 시장진입과 출시 제품의 시장경쟁력 확보 실패 등으로 인하여 소비자들로부터 큰 호응을 얻지 못하였다. 특히 경동나비엔은 1987년 국내 최초로 FF방식의 기름보일러를 개발하여 기존의 FE방식에서 보일러 연소로 인해 실내 공기의 산소 부족현상의 문제점을 해소시켜 소비자들로부터 상당한 평가를 받았었다. 그러나 가스보일러 시장에서는 1988년 서구 선진국에서 에너지소비를 획기적으로 줄이면서 환경친화적인 제품으로 인정받고 있던 콘덴싱 보일러에 주목하여 1988년 네덜란드 네피트(Nefit)사로부터 기술을 도입하여 아시아 최초로 콘덴싱 가스보일러를 생산함으로써 국가의 에너지시책에 부응하고자 하였으나 유럽과 달리 콘덴싱 보일러에 대한 보조금 정책이 없는 국내에서 타사 제품에 비하여 2배에 달하는 소비자 가격과 당시 일부 동 배관에서 나타나는 이종 금속 간의 부식 문제 등으로 인해 시장경쟁력을 갖추지 못하고 가스보일러 시장 정착에 실패하게 된다.

가스보일러 시장은 1991년 국내생산이 48만여 대를 넘어서고 이후 많은 생산업체들이 생산라인 증설과 자동화로 전체 생산능력이 1백만 대를 넘어서면서 업체 간 판매경쟁이 치열해질 정도로 이 시기부터 가스보일러는 기름보일러와 함께 가정용 보일러시장을 양분하며 가파르게 성장했다. 1980년대 후반부터 시작된 수도권의 신도시 개발로 인한 주택시장의 활황도 그 주요한 이유로 대두되었다. 또한, 정부가 1995년부터 강력하게 시작한 에너지 합리화정책, 무공해 청정에너지의 대체수요 확대, LNG 보급 확대 등도 가스보일러 성장의 호재로 작용하면서 상대적으로 기름보일러는 빠르게 위축됐다.

한편 초기 가스보일러 시장에서 두각을 나타내지 못했던 린나이는 1993년경 일본의 가스온수기 업체가 가스온수기 생산에 사용하던 기술인 '순간식 가스비례제어 기술'을 적용한 '비례제어 가스보일러'를 출시하면서 종전의 ON/OFF 방식의 가스보일러가 주종을 이루던 국내시장에서 제품의 차별화에 성공하게 된다. 이와 더불어 대대적인 광고를 실시하여 시장 점유율을 획기적으로 높여갔다. 린나이가 가스보일러에 적용한 비례제어기술은 당시 경동나비엔을 비롯한 대성, 롯데기공 등이 생산한 보일러에 사용되던 ON/OFF 기술보다 한 단계 진화된 기술이다. ON/OFF보일러가 설정온도에 이르기 위해 항상 정해진 크기의 불꽃으로만 켜졌다 꺼졌다를 반복하여 온도 편차가 큰 데 반하여, 비례제어 보일러는 불꽃의 크기를 50%까지 조정할 수 있기 때문에 ON/OFF 보일러와 비교하여 가스비를 다소 절감시키고 온도 편차를 줄여 난방과 온수의 편의성을 향상시킨, 당시로서는 가장 선진적인 제품이었다. 덕분에 린나이의 비례제어 가스보일러는 곧 소비자들로부터 많은 호응을 얻었고 인지도와 유통망의 열세에도 불구하고 업계 최초로 가스보일러 70만 대 판매 기업으로 성장하면서 가스보일러 시장을 주도하게 된다. 린나이의 이러한 급속한 성장은 질 좋은 제품만이 소비자로부터 인정받을 수 있다는 것을 보여준 좋은 실례였다.

〈표 2〉 보일러 산업 50년사, 한국보일러공업협동조합순

연도	생산량	성장률	Remark
1985	4,003		
1986	13,264	231.35%	
1987	30,805	132.25%	1월 린나이 가스보일러 생산 개시
1988	100,082	224.89%	
1989	235,977	135.78%	대성 국내 최초 가스보일러 10만 대 보급
1990	409,006	73.32%	롯데기공 국내 최초 가스보일러 20만 대 판매
1991	519,252	26.95%	
1992	448,625	−13.60%	
1993	646,052	44.01%	린나이 가스보일러 전자식 가스비례제어기술로 WIPO상 수상
1994	629,918	−2.50%	대성 업계 최초 가스보일러 판매 50만 대 돌파
1995	615,151	−2.34%	롯데기공 가스보일러 50만 대 판매 돌파
1996	706,342	14.82%	린나이 가스보일러 업계 최초 가스보일러 70만 대 돌파
1997	877,587	24.24%	

또한, 귀뚜라미의 경우에도 저가의 저탕식 가스보일러를 지속적으로 개선, 발전시키는 한편, 기존의 기름보일러 유통망을 이용하여 가스보일러 시장에서의 시장점유율을 점차적으로 높여갔다. 한편 경동나비엔은 1991년에 뒤늦게 일반 가스보일러를 출시하며 다시금 시장 확보에 나섰으나 ON/OFF 방식의 제품이었던 탓에 새로이 출시된 린나이의 비례제어 가스보일러와의 기술적 차이와 가격경쟁력에서는 귀뚜라미에 밀려

가스보일러 시장에서 점유율 3위로 뒤쳐지게 된다.

　이에 경동나비엔은 이러한 난국을 타개하기 위해 회사의 사활을 걸고 신제품 개발에 몰두하게 되었고, 1993년 보일러 업계 최초의 기업공개와 더불어 사내 부설 에너지기술연구소를 설립하는 등 기업의 구조변화를 시도하면서 가스보일러의 기술 개발에 박차를 가하였다. 이러한 노력을 통해 경동나비엔은 1996년, 저가형 일반가스보일러인 GO 모델을 출시하여 1996년에는 9만여 대, 1997년에는 12만여 대를 생산하여 가스보일러 시장에서 자리를 잡아가기 시작했다. 경동나비엔의 지속적인 기술개발은 콘덴싱과 일반보일러 두 가지의 전략으로 진행되었다. 첫째로, 1988년 네덜란드 네피트사로부터 도입한 라디에이터 방식의 콘덴싱 기술을 한국 온돌문화에 적용하는 과정에서 겪은 시행착오를 통해 얻은 경험과 자료를 토대로 한국에너지기술연구소와 공동으로 '응축잠열회수방식의 고효율, 친환경 가정용 콘덴싱 보일러 개발'을 목표로 연구 진행하여 1998년 2월 한국형 비례제어 콘덴싱 보일러를 개발하였다. 지금은 선진 유럽에서 보편화된 스테인리스 열교환기를 세계 최초로 적용하여 98년 '국산신기술인증 KT마크' 획득, 99년 업계 최초 '환경마크' 획득, 에너지절약 유공기업 대통령 표창 '수상' 에너지위너상 및 에너지기술상 '수상' 에너지혁신대상 '수상' 등 각종 인증과 포상을 수상하게 된다. 두 번째 개발전략은 일반 가스보일러 시장에서도 경쟁력을 강화하기 위해 1999년 11월 비례제어기술을 적용한 GOM모델을 새로이 개발하여 일반 가스보일러의 시장점유율을 확대할 발판도 마련하였다. 이후, GOM모델은 현재까지도 국내가스보일러 시장에서 가장 많이 판매된, 고객에게 가장 사랑받는 모델로서 끊임없이 기록을 갱신해 가고 있다.

한편, 1997년 후반 불어 닥친 IMF 외환위기를 계기로 가정용 보일러 시장에서 기름보일러의 위치가 크게 흔들리게 되었다. 기름은 가스에 비해 유가변동에 훨씬 민감했을 뿐 아니라 대부분의 기름보일러는 가스 보일러에 비해 에너지 효율이 높지 않았다. 신기술을 대폭 적용한 가스 보일러의 성능을 기름보일러가 따라가지 못했다는 점도 문제였다. 대규모의 시설투자가 선행돼야 하는 가스연료의 특성 때문에 가스용 보일러는 농어촌까지 깊숙하게 침투되지 않았으나 이를 제외한 대부분의 대도시에서는 현재 가스보일러가 대세를 형성하고 있다.

가스보일러 시장은 93년 64만 대로 시작하여 99년도엔 100만 대를 육박하는 수준까지 성장하게 된다. 귀뚜라미는 이 시기 강력한 유통 조직망을 통하여 저가의 저탕식 보일러를 보급하면서 가스보일러의 시장 점유율을 높여갔으며, 경동나비엔도 1996년 GO모델, 98년 고효율 친환경 콘덴싱 보일러 KC모델, 그리고 2000년 비례제어 일반가스보일러 GOM을 출시하여 2001년을 기점으로 2002년 결국 가스보일러 생산판매 1위에 등극하게 된다.

2000년대 이후 최근 가스보일러는 2002년 128만여 대 수요 정점을 기록한 이후 약 100만 대 전후의 성숙기 시장을 형성하고 있으며 기존에 30여 개 보일러가 치열한 경쟁을 한 끝에 현재는 경동나비엔, 귀뚜라미, 린나이와 대성, 롯데기공 및 대우가스보일러 등의 6개사로 재편된 상황이다.

경동나비엔은 1위 달성에 만족하지 않고 이후 4년여에 걸친 끊임없는 기술 개발과 고객의 욕구를 철저히 분석한 끝에 2006년과 2007년에 걸쳐 '온수중심'의 야심작, '뉴콘덴싱on水'와 '세미콘on水'를 출시하여 기존의 보일러에서는 실현하지 못했던 온수의 질과 양을 모두 만족시키고 중온난방수(40~50℃) 난방을 통한 'ASA 쾌적온돌난방 적응제어 시스템'을 적용, 온돌의 축열 특성에 따른 온도 널뛰기 현상을 완벽히 극복하여, 진정 고객이 원하는 온수의 욕구, 최대 열효율 달성에 의한 가스비 절감, 쾌적 난방을 구현함으로써 기존 보일러사가 가지지 못했던 한 차원 업그레이드 된 제품으로 이제 2001년 이후 명실상부한 보일러 생산 판매 1위를 기록하고 있다.

경동나비엔은 콘덴싱 가스보일러를 개발한 후 그 여세를 몰아 또 한 번 아시아 최초로 2003년 11월 콘덴싱 기름보일러를 개발하고 그 기술력을 인정받아 신기술 인정제품인 KT마크를 획득하여 콘덴싱 가스보일러에 이어 기름보일러까지 기술의 우수성을 인증 받았다. 이를 계기로 기름보일러 시장에서도 결국 1위를 함으로써 가스보일러, 전기보일러, 기름보일러, 해외 수출까지 모두 1위를 차지하는 대한민국의 대표 보일러 기업으로 자리매김을 하게 되었다.

3) 온돌 보일러의 새로운 목표 – 고효율·친환경

앞서 여러 차례 강조한 바 있지만 온돌난방은 우리나라 고유의 문화인 동시에 전 세계가 인정하고 있는 합리적인 난방방식이다. 현대의 온돌이 직접 구들을 가열하는 전통적 방식에서 온수배관을 이용한 형태로 변화하긴 했으나 복사열을 이용하는 원형은 그대로 유지된 채로 온돌문화의 전통이 이어지고 있다.

복사난방방식으로 분류되는 온돌은 사용하는 열원, 즉 연료의 특성에 따라 그 구조와 형식이 조금씩 다르며, 이는 경제적·사회적 변화와 밀접한 관계 속에서 끊임없이 변화하고 있다. 전통적 구들과 연탄이 혼합된 방식에서부터 현재 주류를 이루고 있는 가스보일러를 이용한 난방까지 온돌은 그 자체로 다른 난방방식에 비해 과학적이고 친환경적임에 틀림이 없지만, 열원을 무엇으로 사용하는가, 그리고 열효율을 얼마나 극대화할 수 있는가에 따라 그 차이가 매우 크게 나타난다. 따라서 온돌이 가진 여러 가지 장점을 최대한 계승하여 보다 적은 연료로 보다 많은 열에너지를 오랜 시간 사용할 수 있는 기술력의 확보와 이를 뒷받침하는 제도의 정비가 무엇보다 시급한 과제로 떠오르고 있다.

다행히 우리나라는 수천 년 이상 온돌문화를 이어온 종주국으로서의 역사적·문화적 배경을 토대로 하여 이 분야에서 뛰어난 기술력을 축적하고 있다. 현재 한국의 보일러는 가히 세계적인 수준에 이르고 있으며, 특히 온수순환식 바닥난방 보일러에 있어서는 가히 선도적인 입지를 굳히고 있다.

하지만 이처럼 우수한 문화적 배경과 기술력을 갖추고 있음에도 불구하고 이에 대한 제도적 정비나 학문적 뒷받침이 우리나라가 아닌 타국가에서 더욱 활발하게 이뤄지고 있음은 매우 안타까운 일이 아닐 수 없다.

단적인 예로 콘덴싱보일러로 대표되는 고효율 보일러 사용의 문제를 들 수 있다. 연소 시 발생하는 배기가스에 포함된 잠열을 최대한 이용하는 콘덴싱보일러는 일반보일러에 비해 열효율이 최소 15% 이상 높을 뿐아니라 유해가스의 배출을 최대한 억제함으로써 환경 훼손을 크게 줄일 수 있는 장점을 갖고 있다. 이에 따라 영국·독일·네덜란드를 위시한 유럽 선진국이나 일본 등에서는 정부 법제화나 보조금 지급을 통해 콘덴싱

보일러 보급에 앞장서거나 의무적으로 콘덴싱보일러만 사용하도록 하고 있다. 이러한 노력에 힘입어 전체 보일러 중 콘덴싱보일러의 점유율이 영국의 경우 85%, 네덜란드의 경우 95% 이상에 이르고 있으며, 관련 기술개발 또한 활발하게 이뤄지고 있다.

특히 콘덴싱보일러는 우리의 온돌문화와 결합했을 때 진가를 발휘한다. 지난 2005년 6월 독일의 칼스루에(Kalsruhe)대학과 DVGW가 공동으로 발표한 전 세계 난방시스템에 대한 연구결과가 이를 뒷받침한다. 이 연구결과는 바닥난방 시스템 즉, 온돌에서는 콘덴싱보일러가 열효율이 가장 높으며, 내구성 및 안정성이 확보될 수 있다고 밝히고 있다. 또한 바닥난방 시 방바닥의 온도는 31℃ 이하가 되는 것(「난방시스템」, 성순경 著)이 인체에 가장 이로우며, 이에 따른 바닥난방에 가장 적절한 난방수 온도는 40~50℃로 콘덴싱보일러가 온돌난방에 가장 적합한 난방 기술임을 입증했다.

정작 온돌문화의 종주국으로서의 높은 자부심과 함께 보일러 분야의 세계적인 기술력을 확보하고 있는 우리나라에서 콘덴싱보일러의 중요성을 인식하지 못하는 왜곡된 현상이 일어나고 있음은 경계해야 할 일이다. 최근 들어 시장의 흐름을 인식한 업체들이 앞다퉈 콘덴싱보일러를 출시하고 있지만, 불과 몇 년 전까지만 해도 국내에서 콘덴싱보일러를 생산하는 업체가 단 한 개에 불과했다는 사실 또한 깊이 생각해봐야 할 대목이다.

(3) 온돌문화의 세계화를 꿈꾸며

1) 세계가 주목하는 한국의 온돌

'쾌적한 온도'는 사람이 생활하는 데 있어 가장 우선적으로 고려되어야 하는 조건 중 하나다. 온도는 사람의 행동뿐 아니라 정신적·심리적인 측면에까지 많은 영향을 미친다. 우리의 온돌을 이용한 바닥난방이 세계적으로 가장 우수하고 과학적이라는 평가를 받는 것은 실내 온도 외에도 사람에게 영향을 미치는 여러 가지 조건들을 함께 고려하고 있기 때문이다.

라디에이터나 난로 등과 같이 실내의 기온을 높이는 난방법은 실내 공기를 지나치게 건조하게 만든다. 또한 난방시설을 위한 공간을 따로 마련해야 하고, 벽난로 등과 같이 실내에서 직접 불을 때는 난방법의 경우 실내 산소의 결핍, 청결 유지의 불편함 등을 야기한다.

온돌을 이용하면 이와 같은 문제들을 모두 해결할 수 있다. 열원이 실외에 있는 바닥난방을 이용하면 실내공간을 보다 효율적으로 활용할 수 있을 뿐 아니라, 실내의 습도와 산소량을 자연스럽게 유지할 수 있다. 물론 열원이 내뿜는 유해가스나 연소 후 잔여물질도 온돌을 이용하면 위생적이고 간편하게 처리할 수 있다.

온돌의 장점은 여기에서 멈추지 않는다. 해지는 저녁, 우리 할머니, 할아버지들은 고된 들일을 마치고 집에 들어와 저녁상을 물리자마자 소위 '몸을 지진다'고 하며 아랫목에 피곤한 몸을 누이곤 했다. 뜨거운 구들바닥에 누워 두어 시간 지지면서 땀을 흠뻑 흘리고 나면 거짓말처럼 피곤이 풀리면서 몸이 가벼워지기 때문이다. 이러한 풍습은 한국인이 아니면 이해하기 힘든 독특한 '찜질방' 문화로 전승되어 오늘날까지 이어지고 있다.

'온돌찜질'이 피로 회복에 효능을 보이는 것은 단지 기분상의 문제가 아니라 충분한 과학적 근거를 갖고 있다. 원래 우리의 전통온돌은 황토와 화강암으로 만들어졌다. 황토와 화강암으로 만들어진 구들은 가열되면 원적외선을 방출한다. 원적외선은 가시광선보다 파장이 긴 전자파의 일종으로서 열전달이 빠른 특성 때문에 온열치료 등 건강요법에 많이 활용되고 있다.

이러한 온돌의 장점은 한국적 생활방식에서만 적용되는 것은 아니다. 현대건축의 거장 프랭크 로이드 라이트가 한국식 온돌에서 착안하여 온수순환식 바닥난방을 고안해 낸 사례에서 볼 수 있듯 세계 여러 나라의 전문가들이 온돌의 장점에 주목하고 있으며, 실제로 적용되는 사례 또한 빠른 속도로 늘어가고 있다.

2) 온돌문화 종주국으로서의 자존심 회복

온돌의 국제적 명칭은 'Ondol'이다. 이는 우리나라가 온돌문화의 종주국이라는 사실을 세계가 인정하고 있다는 증거가 된다. 김치와 더불어 온돌은 세계로 뻗어갈 수 있는 우리나라의 대표적인 문화상품으로서의 지위와 가능성을 충분히 갖추고 있다. 그러나 한국의 김치가 일본의 기무치로 둔갑하는 위기를 겪었던 것처럼 온돌 또한 중국식 부분 온돌인 '캉炕'이나 일본의 석조연도(石組煙道)에 의해 정통성을 위협받을 가능성이 충분히 있다.

특히 국내에서 발간된 영한사전에서조차 온돌의 영문표기를 'Ondol'이 아닌 'Hypocaust'로 표기하는 경우가 있으니 온돌문화의 종주국으로서 안타깝기 짝이 없는 일이다. 하이포코스트는 고대로마에서 사용되던 바닥난방의 일종이다. 마루바닥에 수로를 설비한 후 뜨거운 물을 흘려보내는 구조로 온돌과 유사한 점이 있지만 온돌의 가장 큰 장점이라 할 수 있는 축열이 불가능하다. 비록 일부의 예이긴 하지만 하이포코스트와 같은 후진적인 방식이 다른 나라도 아닌 온돌문화의 종주국에서 온돌의 대체어로 표기되고 있다는 것은 대단히 부끄러운 일이 아닐 수 없다.

대대로 이어져 내려온 온돌문화 종주국으로서의 문화적 자긍심을 일반인들이 인식하지 못하고 있는 점도 아쉬운 대목이다. 앞서 지적한 바 있지만 이와 관련된 기술적·학문적 연구, 제도의 정비가 경쟁국에 비해 뒤떨어져 있다는 점도 한국의 온돌을 위협하는 요인이다.

이미 다른 나라에서는 온돌과 바닥난방의 우수성을 인식하고 관련기술을 개발하여 실내 난방뿐 아니라 여러 분야에 응용하고 있다. 바닥난방을 활주로, 도로, 지붕에 쌓인 눈을 녹이는 데 사용하는 것이 대표적인 예다. 또한 열원을 비롯하여 열 전도체, 전열 등 난방관련 재료의 개발도 빠른 속도로 이뤄지고 있다.

다행히도 최근 2008년 3월 중순경 국제표준화 기구(ISO)가 한국의 온돌 관련 7개 국제표준안을 채택했다는 보도가 전해지면서 새로운 움직임을 보이고 있다. 온돌문화 종주국으로서의 자존심을 지키기 위해서도 이러한 조치에 대한 후속 움직임이 지속적으로 이루어져 온돌문화 정착을 위한 정부, 학계 및 관련업계에서 이제는 발 벗고 나서야 할 상황이다.

3) 온돌문화의 핵심코드, 보일러

세계의 영화산업을 주도하고 있는 할리우드 영화는 미국 산업의 경쟁력에 크게 기여하고 있다는 것은 누구나 인정하는 사실이다. 영화라는 문화상품을 통해 미국적 사고방식, 생활방식을 먼저 수출함으로써 미국 상품의 경쟁력을 높이는 것이다. 이처럼 모든 문화는 산업적 파생력을 갖고 있으며 우리의 온돌문화 또한 예외가 아니다. 다행스러운 것은 이른바 동남아시아와 중국 등에서 불고 있는 한류열풍을 통해 우리의 온돌문화가 다른 나라에서도 자연스럽게 받아들여지기 시작했다는 것이다. 온돌문화는 여러 분야의 산업과 연관돼 있다. 특히 장판, 타일 등의 바닥재, 전도재료 등 건축자재와 보일러산업과는 떼려야 뗄 수 없는 밀접한 관계를 갖고 있다.

그런 점에서 온수순환식 바닥난방을 이용한 현대식 온돌의 핵심장치라 할 수 있는 보일러 분야의 수출이 오랜 동면기를 벗어나 최근 빠른 속도로 늘어가고 있다는 것은 상당히 고무적인 일이다.

한국무역협회가 2004년 이후 3년을 대상으로 집계한 가스보일러 수출 실적 추이에 의하면 한국의 보일러 수출은 매년 최대실적을 갱신하고 있다. 2004년 기준 1,053만 달러에 불과했던 가스보일러 수출 실적은 2005년 1,263만 달러, 2006년 1,561만 달러를 거쳐 2007년에는 2,254만 달러까지 불어났다. 이는 07년 기준 전년대비 40% 이상, 최근 3년간 연평균 30% 가까이 성장한 수치이다.

한국 보일러산업이 거둔 이 같은 성과는 우리 고유의 온돌문화가 가진 우수성을 우리와 생활적·환경적 여건이 다른 해외에 토착화시키기 위한 노력이 효과를 거뒀기 때문인 것으로 분석된다.

특히 온돌보일러의 세계시장 잠재력에 일찍이 주목, 해외진출 공략에 적극적으로 임해 온 경동나비엔의 수출 실적은 과거 미진한 국내실적에 비교해 보면 가히 독보적이라 할 수 있다.(참고 : 무역협회[KITA]에 등록된 1992년~2007년 경동나비엔 가스보일러[HS code : 8403 10 3000]의 누적 판매수량 —342,849대)

경동나비엔은 지난 1992년 업계 최초로 중국에 보일러를 수출했으며, 그동안 온돌을 기반으로 한 한국식 난방문화를 중국에 소개, 정착시키는 데 많은 노력을 기울여왔다. 경동나비엔을 중심으로 베이징 등지에서 이뤄진 중국 내 한국식 온돌보일러 보급 실적은 최근 3년간만 해도 5만여 세대에 이른다.

경동나비엔의 미국 현지법인인 경동아메리카의 미국시장 개척도 가속도가 붙고 있다. 1999년에 최초로 미국에 수출된 경동나비엔의 온돌보일러는 로스엔젤리스의 한인타운을 중심으로 미국 전역에 차근차근 확대 보급되고 있다. 경동나비엔의 대미 온돌보일러 수출은 각별한 의미를 갖고 있다.

우리와 비슷한 생활방식을 갖고 있는 중국과는 달리 대부분의 미국 가정에서는 대부분 대류식 난방방식을 채택하고 있다. 대류식 난방방식으로는 바닥을 데울 수 없어 카펫을 깔아 사용하는 경우가 많은데 이는 미국 내에서 가장 흔한 질병인 알레르기성 천식과 비염을 유발하여 사회적 문제로까지 번지고 있다. 온돌을 사용하면 이런 문제를 완전히 해결할 수 있다는 사실이 미국 내에 알려지면서 한국식 온돌문화가 새로운 대안으로 각광받기 시작한 것이다. 미국 내에서 일고 있는 이러한 움직임은 우리와 생활방식이 전혀 다른 국가들에까지 온돌이 보급될 수 있다는 가능성을 강력하게 시사하고 있다.

카자흐스탄에서 대단위 아파트 분양에 성공한 동일하이빌의 사례도 한국식 온돌 수출에 좋은 선례가 된다. 카자흐스탄이 우리나라처럼 방바닥에 주로 생활하는 좌식문화를 갖고 있다는 점에 착안, 아파트를 건설할 때 한국식 온돌보일러를 채택하여 현지인들로부터 큰 호응을 얻었다. 동일하이빌은 카자흐스탄의 수도 아스타나 6만여 평 부지에 40개동 총 3,000여 가구에 국내업체가 생산한 온돌보일러를 시공했다.

4) 결론: 한국식 온돌과 보일러의 미래

여러 차례 지적한 것처럼 한국식 온돌문화의 우수성과 세계화의 가능성은 의심의 여지가 없다. 다만 우리가 현재 가지고 있는 온돌문화 종주국으로서의 위치를 계속적으로 유지해가기 위해서는 몇 가지 문제들을 시급하게 해결해야 한다.

우선 이번에 국제 표준화기구(ISO)가 채택한 온돌 관련 7개 국제 표준안을 참고하여 법률적 지원체계를 현대의 추세에 맞게 다듬고 발전시키는 일이다. 유럽에서 태어난 콘덴싱 기술이 한국온돌과 접목되는 과정에서 고효율보일러로 안착하기 위해서는 온돌문화의 종주국이자 세계적 보일러 기술을 보유하고 있는 한국이 보다 철저하게 따져보고 보완해야 함은 당연한 일이다.

아울러 콘덴싱보일러를 뛰어넘는 새로운 개념의 열원과 관련 장치, 소재를 개발하기 위한 학문적·기술적 연구도 꾸준하게 이뤄져야 한다. 온돌은 우리가 종주국이지만 현재 주종을 이루고 있는 가스보일러 및 콘덴싱 기술은 유럽에서 처음 개발됐으며, 아직까지도 높은 수준의 기술을 보유하고 있는 상황이다. 유럽의 보일러는 물론이고 전기를 이용한 온돌마루 분야에서 세계 수위를 점하고 있는 일본의 기술력을 뛰어넘을 수 있는 기술개발이 이루어지지 않으면 안 된다.

특히 전통 구들이 온수순환식 바닥난방으로 넘어오는 과정에서 실종된 여러 가지 온돌의 장점을 현대기술로 다시 복원하는 노력이 선행되어야 한다. 바닥 전면을 가열하는 데서 오는 습도 조절 기능의 약화, 황토 온돌과는 달리 원적외선을 방출하지 못하는 시멘트 온돌의 문제가 극복이 되어야 한다.

아울러 세계 최고를 자랑하고 있는 IT 분야의 기술력과 국내 인프라를 이용한 디지털 기술과의 접목도 계속적으로 이뤄져야 한다. 보일러는 사람이 생활하는 데 있어 쾌적한 실내 환경 조성에 필수적인 설비로 홈오토메이션의 허브로 발전할 수 있는 가능성을 충분히 지니고 있다. 경동나비엔을 위시한 국내 업체에서 시도되고 있는 보일러와 IT기술의 접목이 성과를 거둔다면, 우리의 온돌보일러가 전 세계의 안방을 점령하는 것도 섣부른 꿈에서 머물지 않을 것이다.

그러나 이상에서 언급된 것에 우선하여 우리가 주목하고 신경을 써야 할 부분은 한국식 온돌문화에 대한 자긍심을 갖고, 이를 해외에 널리 펼쳐 알리는 것이다. 온 국민이 인류가 불을 발견한 이래 가장 효과적인 난방법으로 불리는 온돌을 세계에 전파하는 문화 전도사가 될 때 우리의 온돌문화가 전 세계에서 진정한 빛을 발할 수 있다는 사실을 명확하게 인식해야 할 것이다.

온돌공사가 전문건설업화하게 된다면 건축, 설비, 전기 등이 한 업종에 포함된다는 측면에서 현 전문건설업 중 하나인 시설관리업과 유사한 성격을 가질 것이라고 판단된다. 이와 같이 전문건설업화하게 되면 온돌공사를 전문적으로 수행하는 업체들이 증가하고 이들 업체들이 책임 있게 지속적으로 공사를 수주 시공함으로써 동일 업계 영역 안에서 시공기술이 축적되며 보다 선진적인 기술개발이 가능하게 될 것이다. 더불어 시장원리에 따라 적정한 공사비 수준이 정립되면 저가 수주, 덤핑 수주를 방지할 수 있고 그에 따라 부실시공 방지, 하자 발생 방지 등의 괄목할 만한 성과가 있을 것으로 기대된다.

공동주택 층간 소음 규제에 따른 이중바닥 혹은 뜬 바닥 공법이 필연적으로 제기되고 있는 바 전통온돌인 구들구조를 이용한 좀 더 발전적인 온돌난방 방법을 개발하는 것이 요구되고 있다. 그리고 난방 열원인 보일러와 매개전도체인 온수배관 혹은 전기발열체, 그리고 미장이나 돌마감, 혹은 온돌마루 등의 최종마감재 모두는 서로 깊은 상관관계를 가지고 있다. 이 깊은 상관관계를 가진 공종들을 하나로 묶어 온돌공사를 전문건설분야로 독립시켜야지만 30여 년 간이나 답보상태인 우리의 온수 파이프를 이용한 온돌난방에서 보다 발전한 보일러와 배관자재의 개발을 통한 미래형 온수순환 난방 방법과 전기 전자온돌 등 온돌의 종주국의 위상을 지켜주는 첨단형 온돌의 개발을 담보할 수 있을 것이다.

17.

전통구들의 특성을 고려한
환경친화형 이중바닥 온돌시스템
개발에 관한 연구

*조동우
한국건설기술연구원, 수석연구원/Ph.D.

*유기형
한국건설기술연구원, 선임연구원/Ph.D.

*손영준
금강하이텍(주) 대표이사

국제온돌학회 논문집 통권 4호, 베이징공업대학교 (Vol.4, 2005, pp. 211~228)

(1) 서론

본 연구는 거주자의 주거환경 측면에서 에너지 효율적이면서 층간소음을 감소시키고, 자원 절약(구조하중 감소, 재활용재 사용)을 도모하여, 향후 동적 여건이 바뀌더라도 변경이 용이한 환경친화형 이중바닥 온돌시스템을 개발하는 것이다.

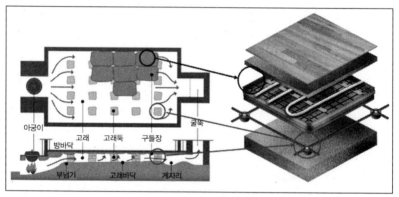

〈그림 1〉 전통구들의 특성을 고려한 이중바닥 온돌시스템의 개발 개념

이중바닥 온돌시스템은 위 〈그림 1〉과 같이 전통온돌의 이중바닥 구들구조에서 개념을 착안한 것으로서, 핵심요소기술 및 소재들에 대한 세부적인 기술개발을 통해 온돌시스템을 구성하고 있는 각 구성품에 대한 소재의 물성들을 차별화하였으며 온돌구조에 적합한 디테일구조를 완성하였다. 또한 핵심 요소기술 및 현장 시공성 등을 종합하여 환경친화형 이중바닥 온돌시스템(EO₂System; Environmentally Friendly Ondol System)의 주부자재 등의 구성품 개발을 완료하였다. 최종적으로 열 성능, 바닥충격음 차단 성능, 구조안전성능 및 현장 시공성을 분석·평가하고 건설교

통부고시 -「바닥충격음 차단구조 인정」취득을 통해 연구 결과의 신뢰
성 확보와 온돌시스템으로서의 실용화에 접근코자 하였다.

(2) 이중바닥 온돌시스템의 개요

본 이중바닥 온돌시스템은 주요 시스템(main system)으로서 이중패널
을 비롯하여 방진재, 조절대, 수평대, 단열 차음재, 마감 모르터로 구성되
며, 보조시스템(sub system)으로서 둘레 패널, 측면 완충재, 배관재 및 배
관클립으로 구성된다.

전체적인 높이는 수평 오차를 포함하여 기존 온돌 구조의 높이와 동
일한 120mm로 이루어지며, 마감모르터를 제외하고는 모두 건식 조립식
구조를 갖는다. 구성 층별로는 하부에 30mm의 방진재와 공기층을 이루
고 있으며, 25mm 단열재가 삽입되어 일체화가 되는 이중패널, 그리고 배
관재와 45mm 모르터의 마감층으로 구성된다.

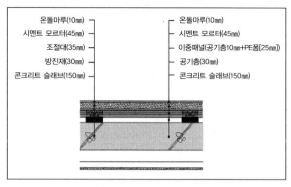

온돌마루(10mm)
시멘트 모르터(45mm)
조절대(35mm)
방진재(30mm)
콘크리트 슬래브(150mm)

온돌마루(10mm)
시멘트 모르터(45mm)
이중패널(공기층10mm+PE폼[25mm])
공기층(30mm)
콘크리트 슬래브(150mm)

〈그림 2〉 이중바닥 온돌시스템(EO$_2$ System)의 단면구조

시공 순서는 조절대를 사방으로 약 600mm 간격으로 배치하고, 조절대의 수평을 확보한다. 수평이 확보된 조절대에 수평대를 끼우게 되면 정확히 600mm 간격으로 격자형 틀이 형성된다. 실 전체에 형성된 격자형 틀의 수평대 사이로 이중패널을 설치한다. 둘레패널을 이용하여 벽면에 부착하면서 마감처리를 한다. 이와 같은 조립이 이루어지면 실 전체가 동일한 높이로 패널이 설치되고, 패널에 배관클립을 고정시키고 난방배관을 고정시키면서 설치한다. 최종적으로 미장마감이 이루어지게 되는데 기존 온돌구조와 동일한 방법으로 이루어지는 공정으로 모르터를 마감선에 맞추어 타설을 하고 미장마감을 하게 된다.

〈그림 3〉 환경친화형 이중바닥 온돌시스템

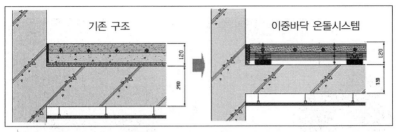

〈그림 4〉 기존 온돌구조와 이중바닥 온돌시스템의 비교

〈그림 5〉 이중바닥 온돌시스템의 설치과정

(3) 이중바닥 온돌시스템의 성능평가

1) 바닥충격음 차단성능 평가

본 연구에서 개발된 이중바닥 온돌시스템(EO_2 System)은 건교부 고시 표준 바닥구조 이외의 바닥 충격음 차단구조이기 때문에 본 시스템을 현장에 적용하기 위해서는 인정구조를 취득해야만 한다. 인정구조 취득을 위해 한국건설기술연구원의 바닥충격음 시험동에 있는 150mm 슬래브 두께를 갖는 2개실에서 인정시험을 실시하였다.

〈그림 6〉 바닥 충격음 측정 장면

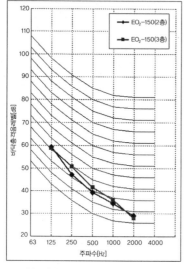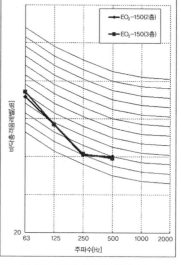

(a) 경량 바닥 충격음 차단 성능   (b) 중량 바닥 충격음 차단 성능

〈그림 7〉 이중바닥 온돌시스템의 바닥 충격음 실험 결과

인정구조 실험은 KS F 2863-1(바닥충격음 차단성능 현장측정방법 제 1부: 표준경량 충격원에 의한 방법)에서 규정하고 있는 평가방법 중 역A특성 곡선에 의한 방법으로 평가한 단일수치 평가량 중 "역A특성 가중규준화 바닥충격음 레벨"에 의해 평가되었다. 본 이중바닥 온돌시스템 대한 바

닥충격음 시험 결과, 경량 바닥충격음 차단성능은 39dB와 41dB로 평가되었으며, 중량 바닥충격음 차단성능은 43dB와 44dB로 산출되었다. 이러한 측정결과는 경량 바닥충격음 차단 성능기준 중 1등급 수준의 인정구조를 의미하는 것이며, 기준치와 비교해 보면 17~19dB를 감량할 수 있는 시스템을 의미한다. 이와 같은 인정절차 및 시험을 거쳐, 본 이중바닥 온돌시스템(EO₂-150 System)은 150mm 슬래브 조건에서 최초로 경량 바닥충격음 차단구조 성능 1등급 인정을 취득하게 되었다. 한편, 중량 바닥충격음 차단성능은 기준치와 비교해 보면 6~7dB를 감소시킬 수 있는 것으로 나타났다. 따라서 본 이중바닥 온돌시스템은 경량 및 중량 바닥충격음 차단성능에서 매우 우수한 성능을 나타내고 있어 공동주택의 층간소음 차단을 위한 구조로 적극 활용될 수 있을 것이다.

2) 이중바닥 온돌시스템의 열성능 평가

본 연구에서는 온돌시스템의 바닥표면 온도 분포 및 방열량(heat flux) 등 열적 특성을 파악하기 위하여 Fluent 기류 해석프로그램을 이용하여 온돌 단면구조의 전열 특성을 분석하였다. 현재 가장 많이 시공되고 있는 습식공법에 의한 온돌구조와 본 연구에서 개발한 이중바닥 온돌시스템에 대한 성능을 기존 구조와 비교분석한 결과 에너지 효율적인 온돌구조와 구조체 간에 공기층을 형성하여 단열효과 향상 및 열교부위 차단으로 9% 이상 방열 효율이 향상되는 것으로 나타났다.

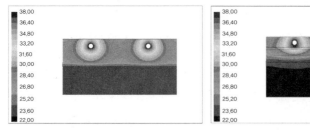

(a) 기존 온돌구조   (b) 이중바닥 온돌시스템

〈그림 8〉 기존 온돌구조와 이중바닥 온돌시스템의 방열성능 비교

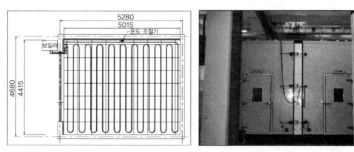

〈그림 9〉 기존 온돌시스템과 이중바닥 온돌시스템의 열성능 실험 장면

또한, 본 이중바닥 온돌시스템에 대하여 일반 습식온돌과의 난방 성능을 비교 분석하기 위하여 바닥충격음 성능실험이 이루어지는 표준온돌실험동에 실물 실험실을 구축하여 비교실험을 실시하였다.

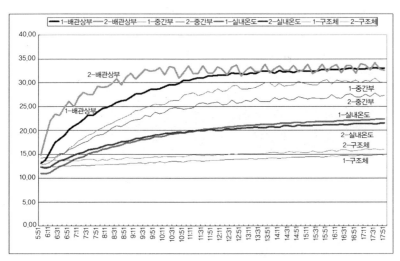

〈그림 10〉은 주간에는 난방을 하지 않고 야간에 난방을 시작하였을 경우, 두 시스템 간의 열성능 특성을 비교 분석한 것이다. 보일러 가동 후 12시간 동안 실내 온도 및 바닥표면온도, 구조체 온도를 측정한 결과는 다음과 같다. 평균 급수 온도는 이중바닥 온돌시스템의 경우, 52.96℃, 일반 습식온돌의 경우, 51.9℃로 나타나 이중바닥 온돌시스템이 약 1℃ 정도 높게 나타났다.

평균 환수 온도는 이중바닥 온돌시스템의 경우, 40.09℃, 일반 습식온돌의 경우, 38.38℃로 급수와 환수 온도 차는 이중바닥 온돌시스템의 경우, 12.87℃, 일반 습식온돌의 경우, 13.52℃로 나타나 일반 습식온돌이 온수온도 차가 큰 것으로 나타났지만, 실내온도의 상승 기울기는 최종모델(안)이 더 높게 나타나 실내온도를 상승시키는 데 본 이중바닥 온돌시스템이 더 효과적인 것으로 판단된다.

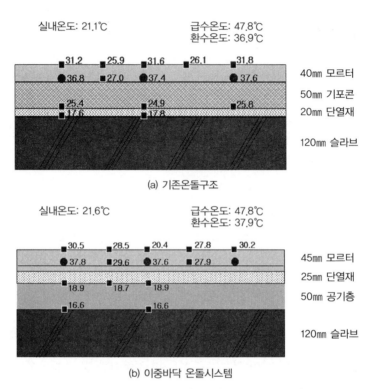

실내온도: 21.1℃ 급수온도: 47.8℃
환수온도: 36.9℃

31.2 25.9 31.6 26.1 31.8
36.8 27.0 37.4 37.6   40mm 모르터
                          50mm 기포콘
25.4 24.9 25.8   20mm 단열재
17.6 17.8

                          120mm 슬라브

(a) 기존온돌구조

실내온도: 21.6℃ 급수온도: 47.8℃
환수온도: 37.9℃

30.5 28.5 20.4 27.8 30.2
37.8 29.6 37.6 27.9   45mm 모르터
                          25mm 단열재
18.9 18.7 18.9   50mm 공기층

16.6 16.6
                          120mm 슬라브

(b) 이중바닥 온돌시스템

〈그림 11〉기존 온돌구조와 이중바닥 온돌시스템의 단면온도분포 비교

〈그림 11〉은 기존 구조와 이중바닥 온돌시스템의 단면온도분포를
비교한 것으로 온돌난방에서 중요한 온열환경 요소인 바닥표면온도가
비교적 고르게 분포하는 특징을 나타내어 이중바닥 온돌시스템이 쾌적
감 측면에서 비교적 유리한 것으로 평가되었다.

통상적으로 온돌구조는 바닥 슬래브 위에 단열재를 설치하고 상부
에 모르터를 타설하는 방식으로 시공되고 있다. 이와 같은 온돌구조에
서 하부에 위치한 단열재는 상부에서 장기간 온돌구조하중과 적재하중
을 받으면서 단열성능의 저하를 가져오게 된다. 또한 장기간 하부 접촉

면과 맞닿아 있으면서 수분을 포함하게 된다. 이와 같은 현상에 의해 단열재는 경년변화에 의한 성능저하가 나타나게 된다. 그러나 본 이중바닥 온돌시스템은 단열재가 이중패널케이스 내에 부착되어 있으면서 하부에는 밀폐된 공기층을 형성하고 있기 때문에 주변 환경이 매우 안정되어 있어 시간이 경과하더라도 단열성능이 지속적으로 유지될 수 있는 특징을 갖게 된다. 또한 측면부로의 열교현상을 차단할 수 있도록 공기층과 단열재로 구성된 둘레판구조를 갖는다.

따라서 본 이중바닥 온돌시스템은 바닥표면온도의 균일성, 방열효율의 향상, 경년변화에 대한 안정성 등 열성능 측면에서 유리한 시스템인 것으로 평가된다.

3) 이중바닥 온돌시스템의 구조안정성 평가

본 연구에서는 EO₂ system의 구조적 성능을 실험과 해석을 통하여 평가하였으며 실제 구조물에 EO₂ system이 시공되는 것을 고려하여 온돌시스템의 구조적 성능을 평가하였다.

이중바닥 온돌시스템 단위패널에 대하여 국부압축강도 성능실험(KS F-4760)을 실시한 결과 500kgf에서 처침량이 0.98mm(단위패널 기준치 2.5mm 이하)로 나타났으며 이 때의 바닥표면에서의 파손, 균열 등의 발생이 없었다. 또한 마감모르타르에 의하여 일체화된 EO₂ system의 전체 거동을 파악하기 위하여 이중바닥 온돌시스템의 내력시험을 실시하였다. 본 실험결과 이중바닥 온돌시스템은 평균 2,000kgf의 내력을 지지하고 있는 것으로 나타났으며 이는 공동주택의 집중하중(약 300kgf)을 고려할 때에 충분한 내력을 확보하는 것으로 판단된다.

〈그림 12〉 단위패널의 국부압축 및 이중바닥 온돌시스템의 구조안정성 실험 장면

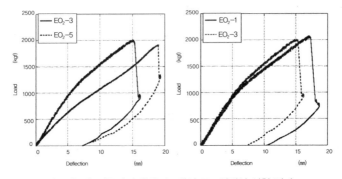

〈그림 13〉 이중바닥 온돌시스템의 구조안정성 실험 결과

본 연구를 통해 개발한 이중바닥 온돌시스템에 대하여 기존 온돌공법과 성능을 비교해 보면 다음 〈표 1〉과 같다.

<표 1> 기존 온돌공법과 이중바닥 온돌시스템의 비교

항목	기존 온돌공법	EO₂ System	비고
온돌구조 두께	120mm	120mm	온돌마루 포함
슬래브 두께	210mm	150mm	60mm 두께 절감
건물높이 (20층 기준)	2.70m × 20층	2.6m × 20층	100cm 건물높이 절감
온돌구조하중	106kg/m²	96kg/m²	- 10kg/m² 절감 - 슬래브 두께 포함 시 170kg/m² 절감
경량 바닥충격음 성능	47~58 dB	39~41 dB	기준치 대비 17dB 저감
중량 바닥충격음 성능	51~52 dB	43~44 dB	기준치 대비 6dB 저감
거주만족도 측면	불만족	만족	
공사기간 (단위공정)	- 완충재 및 기포: 5일 - 배관: 2일 - 마감모르터: 3일	- 패널설치: 2일 - 배관: 2일 - 마감모르터: 3일	5공정으로 시공되는 현장의 경우 3일 × 5공정 15일 공기단축 (중복공정 제외)
우천시/동절기 시공	불가능	가능	단, 마감모르터 제외
에너지효율	85W/m²	93W/m²	9% 방열효율 향상
하부공간 활용	불가능	가능	통신, 전기배관

(4) 결론

본 연구에서는 거주자의 주거환경 측면에서 에너지 효율적이면서 층 간소음을 감소시키고, 자원절약을 도모하면서 향후 동적 여건이 바뀌더라도 대응이 가능한 "환경친화형 이중바닥 온돌시스템(Environmental Ondol System of Double Layer)"을 개발하였다.

본 연구에서 개발된 이중바닥 온돌시스템은 마감 공사를 제외하고 모든 공정을 건식화한 패널형 온돌시스템으로 건설교통부 고시에 의거 150mm 바닥슬래브 조건에서 경량 바닥충격음 차단성능을 39~41dB로 달 성하여 최초로 바닥충격음 차단구조 1등급 인정을 취득하게 되었다. 또

한 중량 충격음 차단성능에서도 43, 44dB를 나타내어 중량 충격음에서
도 우수한 성능을 갖는 것으로 평가되었으며, 기존 온돌구조에 비해 방
열효율이 약 9% 향상되었으며 바닥표면 온도 분포도 균일하게 나타나
실내온열 환경 측면에서 유리한 것으로 평가되었다.

본 연구에서 개발된 이중바닥 온돌시스템에 대한 활용분야를 정리해
보면 아래와 같다.

- 건강하고 쾌적한 주거공간을 제공하기 위한 아파트에 적용
- 공동주택의 층간소음 감소를 위한 구조로 활용
- 주상복합건물의 차음형 온돌구조로 활용
- 공동주택의 열교방지 및 에너지절약을 위한 온돌 구조로 활용
- 공기단축을 필요로 하는 아파트 현장에 활용
- 층고 감축을 통해 1개 층을 추가하여 사업성을 증대시키고자 하는
  현장에 활용
- 리모델링 아파트의 층간소음 감소를 위한 온돌대체공법으로 활용
- 정숙을 요하는 기타 용도의 건축물 바닥구조로 활용
- 아파트 세대 내 홈 네트워크 및 하부통신망 기반구조로 활용

참고문헌

김광우 외, 「온돌난방시스템의 구성과 요소기술」, 설비저널, 대한설비공학회, 2005. 8.

김성완 외, 「공동주택 바닥난방시스템 개발 및 실용화 연구」, 건설교통부 R&D보고서, 1998.

손장열, 「주거건물의 온돌난방시스템」, 설비저널, 대한설비공학회, 1995. 8.

조동우 외, 「환경친화형 이중바닥 온돌시스템 개발」, 건설교통부 R&D 보고서, 2004. 12.

조동우, 「15세기 조선온실건축의 기능 및 실내환경 특성」, 대한건축학회 논문집, 2004. 12.

한국표준협회, 「KS F 2810-1 바닥충격음 차단성능 현장 측정 방법」, 2001. 6.

EN 1264, "Warm Water Floor Heating System", 2001.

Dongwoo Cho et al, Heat flow Density of Floor Heating System, International SAREK Conference, SAREK, 1996. 7.

Dongwoo Cho et al, Improvement of Thermal Environment of Floor Heating System in Apartment Housing, SAREK, 1996. 7.

18.

온돌,
그 찬란한 구들문화의
세계화를 위한 제언

*김준봉
베이징공업대학교 건축도시공학부 교수

국제온돌학회 논문집 통권 7호 (Vol.7, 2008, pp. 307~311)

(1) 우리의 전통문화 구들

우리의 전통문화는 우리의 글과 생활 속 의식주에 베어있다. 우리의 글인 한글은 휴대폰 시대를 맞아 이미 그 독창성과 과학성이 세계에 입증되었고, 우리의 인쇄술은 서양의 그것보다 훨씬 앞서 있음이 자랑스럽다. 우리의 의식주 생활문화에서 의는 한복으로 오늘날에 다시 살아나고 있으며, 식은 한식의 꽃인 김치로 이미 살아나 종주국의 면모를 굳건히 하고 있다. 그러나 유독 주에서만은 한옥이 있으나 한옥의 핵심인 온돌이 세계화되지 못하고 있다. 강제로 아파트와 침대문화를 들여와 온돌문화를 버리려 했으나 침대문화마저도 우리의 난방문화의 꽃인 온돌을 이기지 못했다. 우리가 다들 아는 바와 같이 초기 아파트와 함께 유입되어 기승을 부렸던 침대문화와 라디에이터 난방문화는 결국에는 우리의 온돌문화를 당해내지 못하고 퇴출되었다. 결국 현재 우리 민족의 거실은 거의 100%가 온돌에서 생활한다. 세계 어느 민족도 이렇듯 줄기차게 온돌을 사용하지 못하고 있다.

(2) 중국인들이 바라본 우리의 전통문화 구들

우리의 생활터전이었던 만주벌판, 그리고 그곳을 오랫동안 지배했던 고구려와 발해를 이어온 중국 동북지역에 중국인(漢族)들이 그곳에 정착한 우리 민족인 한민족(朝鮮族)을 일컬어 하는 말이 있다.

① 〈你们高丽人有四大特点〉 ─ 너들 고려인들은 우리와는 다른 네
가지 큰 특징이 있다.

② 〈一是屋小炕大〉 ─ 집은 작아도 방은 넓다.

③ 〈二是锅小锅台大〉 ─ 솥은 작지만 부뚜막은 넓다.

④ 〈三是车小轱辘大〉 ─ 우마차는 작지만 바퀴는 크다.

⑤ 〈四是裤小裤裆大〉 ─ 바지는 작지만 바짓가랑이가 넓다.

이것은 물론 중국 사람들이 우리 동포들을 놀려주자고 하는 말이지
만 가만히 생각해보면 중국인들의 이러한 말 속에는 우리 조상들의 생활
습성이 아주 정확히 묘사되어 있다. 왜냐하면 우리 한옥들은 통구들로
방이 넓다보니 골고루 따뜻하게 하자면 열을 넓게 바닥으로 분산시키기
에 좋고, 또한 솥이 작고 수가 많으니 골고루 열을 주자면 부엌에서 나아
가는 불목이 분산되어 두 개, 세 개 혹은 네 개까지 필요하게 되므로 부
뚜막이 넓을 수밖에 없다. 이리하여 방과 부엌으로 구성된 우리 전통온
돌방의 구조는 우리 조상들이 발명하고 대대손손 발전시켜 다른 어느 민
족 어느 나라에서도 볼 수 없는 독특한 구조로 발달되었다.

따라서 이 전통온돌인 구들의 구조는 중국 동북의 한족(漢族)이나 만
족(滿族)의 캉(炕)과 비할 수 없다. 그리고 집 안 단위면적의 축열량과 그
이용 효과가 아주 높다. 우마차는 작고 바퀴가 큰 것은 그때까지도 우리
동포들이 쓰는 소(牛)도 종자가 좋은 조선소이기에 키가 크고 덩치도 커
서 차에 붙은 멍에를 소의 목에 얹자면 바퀴가 커야 우마차의 윗면의 수
평을 보장할 수 있기 때문이기도 하다. 역시 바지는 작지만 바짓가랑이
가 넓다는 것도 정확히 묘사한 사실로 이것은 우리 조상들이 대대로 온

돌방에서 생활하였기 때문에 만들어낸 독창적인 의복문화의 발명이라 할 수 있다. 요즈음 잠잘 때 입는 현대 잠옷의 선배라 해도 과분하지 않다. 만약 바짓가랑이가 좁을 때 온돌방에서 앉고 서고한다면 얼마나 불편하겠는가?

이와 같이 중국인들이 보기에 궁색하고 조그마한 우리 구들문화가 지금은 저탄소 녹색성장을 지향하는 현재의 이념에 너무나도 적합함을 알 수 있다. 적은 재료와 연료로 많은 효율과 충분히 지속가능한 건축문화를 이룩한 우리 선조들의 지혜에 감탄할 따름이다.

(3) 우리 민족 최고의 발명품인 구들

우리말에 '드러눕다'는 말이 있다. 이는 풀어서 말하면 '들어가서 눕는다'는 의미이다. 일단 들어가면 눕는(앉는)문화이기에 그냥 눕는다고 하지 않고 '드러눕는다'고 말한 것이다. 또한 '일어나다'는 말도 같은 맥락에서 볼 수 있다. 즉 그냥 '일어서다'라고 말하지 않고 '일어나다'라고 말하는 것은 '일어서면 나간다'는 당시 생활을 담고 있는 것이다. 다시 말해, 동굴생활을 하던 원시 시절 지붕이 낮은 좌식 생활로 인해 일어서면 나가야 했기에 '일어나다'라고 말했다고 볼 수 있다. 이렇듯이 우리 민족은 일찍부터 좌식 생활을 해왔고 그에 따라 좌식 생활의 필수 요소인 온돌(구들)의 발견과 발전은 필연적인 것은 쉽게 짐작할 수 있다.

그리고 이러한 온돌문화는 우리의 언어가 생기기 시작한 수만 년 전에 이미 꽃 피우고 정착했으리라 아울러 짐작할 수 있다.

(4) 우리 민족의 고유하고 독특한 문화 온돌

우리 민족은 아랫목에서 태어나고 아랫목에서 뒹굴면서 자라고, 또 아기를 낳거나 아플 때 아랫목에서 지지고, 늙어 병들면 아랫목에서 누워 치료하다가 죽는다. 죽음으로 아랫목을 떠났다가 결국 제사상이나 차례상도 아랫목으로 다시 돌아와 받는다. 한민족은 살아 있거나 죽은 후에도 아랫목과 떨어질 수 없는 아랫목 온돌 인생이다. 보건의학적으로도 임산부나 노약자가 온도를 보존하고 유지하는 가장 좋은 난방은 온돌이다. 두한족열의 근본을 지키는 것이 온돌이기 때문이다.

이와 같이 우리 문화의 독특하고도 독창적인 문화는 불의 문화이며, 온돌문화이다. 불이 최초로 발견되었을 때 불은 이용가치가 있으나 무서운 존재였다. 시뻘건 불은 모든 것을 태워서 새까만 재로 만들었기 때문이다. 태양을 숭배하는 것은 곧 뜨거운 불의 숭배이고 태양빛으로 냉기를 극복할 수 없는 추운 겨울, 인간의 생존을 가능케 하는 불의 도움이 절대적이다. 그러나 이 불은 항상 연기와 같이 오기 때문에 서양인들은 따뜻한 불을 원하지만 매운 연기를 감당하기 힘이 들었다. 뜨겁고 매운 연기는 극복할 수 없는 것으로 불을 무서워하게 하고 피하게 하였다.

서양은 중세에 이르러 고작해야 벽난로를 발명했지만, 우리는 이미 일찍부터 연기를 분리하는 굴뚝을 만들고 온돌 밑에 불을 지나가게 하여 결국 불을 깔고 앉고 베고 눕는, 서양인들로서는 상상할 수 없는 획기적인 발명을 하였던 것이다.

그래서 우리는 앉는 문화이고 발보다는 손을 많이 사용하는 문화이다. 입식 생활을 하는 다른 민족에 비해 손을 많이 쓰기 때문에 우리 고유의 춤을 보면 대부분 손을 많이 사용하는 것을 볼 수 있다. 발은 앉아 있었기에 상대적으로 다른 민족의 춤의 비해 덜 사용했다.

(5) 독특한 구들 난방의 문화적 가치

지금도 중국 연변의 집들을 보면 모두 온돌에서 생활하고 활동한다. 우리들의 오늘날 집도 마찬가지이다. 비록 침대가 들어서고 책상과 의자가 들어와도 역시 밥상은 좌식이 편하다.

집은 온돌을 보호하고 이 온돌은 사람을 따뜻하게 해주는 절묘한 구조로 되어있어 한옥의 가장 큰 특징은 온돌이라 할 수 있다. 여름에는 시원하고 겨울에는 따뜻하게 해주는 이 온돌이 방바닥에 있다. 장마철의 습기는 진흙이 흡수했다가 건조하면 방출하여 방의 습도를 조절해 준다. 땅에서 올라오는 습기는 구들고래가 막아주고 겨울에는 지열을 구들고래가 저장해 준다.

우리네 어머니는 아들을 낳은 후에도 부뚜막 아궁이에서 불을 때는 습관 때문에 산후조리를 몇 달씩 하지 않아도 금방 정상적인 생활에 복귀하여, 회복시간이 아주 짧았다. 이는 아궁이에서 불을 땔 때 장작의 원적외선과 부뚜막의 황토 흙에서 나오는 각종 좋은 열선들이 우리네 어머니의 자궁 부위를 소독하고 회복시키는 중요한 치료 역할을 담당기 때문이다.

(6) 온돌의 과학은 서양보다 500년 이상을 앞선 발명

궁궐이나 집의 구들을 살펴보면 참으로 놀라운 과학적 발명품들을 발견하게 된다. 고도의 물리학과 유체역학을 알지 못하고는 도저히 알 수 없는 형태의 구들을 우리네 조상은 이미 수천 년 전에 발명하여 사용했던 것이다. 한번 불을 때면 100일 동안 온기를 지속했다는 우리 조상의 작품인 아자방(亞字房)을 우리는 다시는 재현할 수 없는 것인가? 우리는 이제 온고지신(溫故知新)의 의미를 새로이 새길 시점에 왔다.

(7) 온돌 그 찬란한 구들문화의 세계화를 위한 10가지 제안

가장 우리다운 것이 가장 세계에 내놓기 좋은 것이다.

이와 같은 온돌─찬란한 구들문화를 계승 발전시키기 위한 우리의 노력이 시급하다.

먼저 민족을 생존케 하고 형성시킨 민족문화 원류의 원천이며 민족과 더불어 밀착되어 전승된 이 온돌을 다시 찾자. 우리가 어물어물하는 사이 이미 독일을 비롯한 서방 선진국은 신 에너지 개발은 물론 에너지 저장 절약기술 분야에서 개발 경쟁이 치열하여 이러한 온돌 원리를 이용한 바닥난방기술 개발 경쟁 또한 치열하게 벌이고 있다. 이미 개발된 기술을 기업화한 제품으로 독일과 일본 등이 이 분야의 국제적 시장을 독점하려 하고 있다.

빛나는 민족 문화 유산인 우리 온돌의 세계화와 국제화를 위하여 10가지를 제안한다.

첫째: 이제 하루속히 온돌 전시장과 온돌 박물관을 만들기를 제안한다

우리의 민족박물관에 그리고 국립중앙박물관에 한옥의 정수인 온돌을 만들어 전시하자. 우리의 주거문화의 꽃인 온돌박물관이 없다는 것은 우리의 수치이자 우리의 선조들에게 엄청난 누를 끼치는 배은망덕한 처사이다. 이제부터라도 이미 발굴된 그리고 다행스럽게도 아직 발굴되지 않은 수많은 온돌 유적을 새로운 시각으로 발굴하고 재현하고 보존하자.

둘째: 이 온돌문화가 가장 많이 남아있는 수많은 사찰과 궁궐을 관광자원으로 활용하자

우리의 경복궁은 현존하는 최대의 온돌보고이다. 베르사유 궁전에 이런 과학적인 난방이 있는가? 자금성에 이러한 총체적인 난방이 있는가? 추우면 동물을 껴안고 살거나 더운 곳으로 이주하여 사는 것이 최대의 방편이던 시절 우리 한민족은 이미 정착 생활을 하여 온돌문화를 꽃 피우고 살아왔다. 자 이제 관광객을 위하여 궁궐에 시범으로 불을 때자. 100m 밖 굴뚝에서 연기가 나가게 하자. 이 광경은 서양인들에게는 기적같이 신기한 광경이다.

셋째: 온돌을 세계문화유산으로 하루속히 등록하자

불의 발견은 인류 문명의 최대의 발견이다. 그러나 그 중에서도 온돌의 발명은 인류 문명이 혹한의 조건에서도 생존할 수 있게 만든 최대의 발명이라 할 수 있다. 이 온돌이 유네스코 세계문화유산이 되는 것은 아마 당연한 일이다. 찬란한 온돌문화을 인류의 유산으로 등록하여 보존·보호하는 것이 바람직하다. 더 나아가 이 온돌을 현대화시키는 기술을 개발하여 세계화해 나가면서 바닥난방시장 수요에 주도적인 나라로 거듭 태어나서 빼앗긴 이 온돌문화를 세계로 수출하는 일을 서둘러야만 한다.

넷째: 온돌의 우수성은 이제 우리가 증명해야 한다

단순히 온도만을 높이는 라디에이터 방식과 공기조화(AIR CONDITIONING)방식이 우리의 온돌과 보건의학적으로 전혀 다름을 증명해야 한다. 그리고 전통적인 구들문화가 현재 계속 온돌문화로 지속하고 있음을 세계만방에 알려야 한다. 비록 연료(나무-석탄-석유-가스-전기 등)가 변화하고 바닥을 불로 직접 가열하는 전통적인 직화방식에서 물이나 전기를 통하는 간접가열방식으로 바뀌었어도 온돌은 온돌이다. 장판지가 갈대에서 짚 그리고 비닐 마루로 변해도 바닥을 따뜻하게 한다는 점에서 온돌은 여전히 온돌임을 알리고 계승하여 계속 발전시켜야 한다. 피부를 덥게 하는 바닥 접촉난방이 호흡기로 느끼는 공기조화방식이나 대류현상으로 바닥의 먼지를 상승시키는 라디에이터 방식과는 근본적으로 차별화되어 있음을 알려야한다.

다섯째: 온돌 관련 산업을 모으고 격려하고 발전시키자

온돌 부분에서 가장 공사비와 재료비가 비싼 부분은 온돌마루 공사이다. 독일과 일본에 빼앗긴 온돌마루시장을 빼앗아오자. 그리고 세계 최고인 PVC계열 재료인 일명 XL파이프와 소형보일러회사들은 온돌문화를 지탱하는 힘이므로 이들을 계속 발전시키고 지원하여 온돌문화지킴이로 격려하자. 획기적인 이중바닥구조로 층간소음을 억제하고 초절전 박판형 전기발열판 등을 개발하는 차세대 온돌기술을 계속 육성하고 지원하자. 빛나는 문화유산인 전통온돌인 구들을 발굴하고 보존하는 일만큼이나, 이 현대적이고 미래지향적인 재료나 기술 모두가 전통온돌을 현대화하고 세계화하는 역군들임을 잊어서는 안 된다.

여섯째: 온돌장인에 대하여 무형문화재 제도를 하루속히 도입하자

한국의 건축법에 따르면 온돌은 벽과 바닥을 바르는 '미장공'으로 분류되어 있는 웃지 못 할 현실에 놓여 있다. 사라져가는 온돌장인들을 발굴하고 보존하기 위하여 얼마 남지 않은 온돌장인들에 대한 보호와 기술의 전수가 선행되어야 한다. 이제 온돌장인들은 고령으로 전통의 맥이 끊어질 위기에 놓여있다. 하루속히 이들을 무형문화재로 모셔야 한다.

일곱째: 온돌 인증 제도를 도입하자

우리나라는 거의 100%가 온돌을 사용한다. 전통온돌인 구들과 현대 널리 쓰고 있는 온수 온돌, 차세대 온돌인 시즈히터를 이용한 겹구들 온돌, 그리고 박판 발열필름형 온돌 등 각종 온돌에 대한 통합적인 인증 제도를 도입하여 선조들이 우리에게 물려준 온돌 종주국의 위상을 확립하자.

여덟째: 국제적인 표준화작업(ISO)에 온돌의 종주국인 우리가 앞장서자

최근 들어 유럽을 중심으로 온돌표준화 작업이 이루어지고 있다. 탈화하고 접촉난방이 특징인 우리의 전통온돌과는 달리 단지 열역학적인 측면에서 서구적인 중심으로 되어 있는 국제 표준화 작업에 우리 한국이 중심이 되어야 한다. 그렇지 않으면 우리 독자적으로라도 보건의학적 측면에서 접근한 우리 온돌의 국제적인 표준화 작업이 시급하다. 이대로 지금처럼 어영부영하는 사이 온돌이 서구인들 것으로 둔갑하는 것을 볼지도 모를 일이다.

아홉째: 온돌의 특성상 흩어진 관계부처 협력체계를 갖추자

전통온돌의 발굴과 보존은 문화재청이 담당해야 하고, 온돌의 보건의학적 성능의 발굴과 개발은 보건복지부가 담당해야 한다. 현대적 온돌의 시공과 각종 관련법의 제정은 건교부가 담당하고, 온돌의 국제화와 산업화와 난방용 에너지 성능 개선과 제품 개발은 지식경제부가 담당해야 한다. 그리고 온돌의 전통성과 역사성 교육을 위해서는 건교부가 나서야 한다. 온돌은 종합예술이자 전통과학이고 당면한 에너지 문제의 핵심이다. 이 온돌의 보존과 발전을 위해 관계 부처가 협력하고 힘을 모아야 한다.

열 번째: 온돌문화를 계승하고 발전시키는 일에 앞장서는 단체와 개인을 격려하고 지원하라. 국제온돌학회에 관심과 지지를 바란다

이러한 맥락에서 2002년 국제온돌학회가 성립되어 있다. 그러나 아직은 아쉽게도 인터넷으로 영어 사이트로 온돌을 검색하면 거의가 중국 학자들의 글이다. 더구나 이 글들 모두가 중국이 온돌의 종주국임을 말하고 있으니 서글픈 현실이 아닐 수 없다. 이 학회의 존재의 이유가 바로 여기에 있다. 이 학회는 이미 온돌의 용어를 한글로 국제화 영역(英譯)하는 일을 시작했다. 온돌은 '溫突'이고 'ONDOL'이다. 고래는 'GORAE'이고, 개자리는 'GAEZARLI'이다. 더욱이 온돌은 'KANG(炕)'이 아니고 '溫烓'이 아니다. '구들'은 'GUDLE'이지 로마 목욕탕의 'Hypocaust'는 더욱 아니다.

이제 우리는 우리의 전통문화 중 온돌이 한민족 주거문화 한옥의 꽃임을 선포했다. 현대인이 그렇게도 원하는 웰빙(참살이)은 온돌로부터 시작된다. 서양에서 최근에 외치고 있는 환경친화적이고 생태환경적인 그리고 지속가능한 발전은 바로 온돌난방의 기본요소이다. 이제 우리 모두 힘을 합하여 온돌의 발상지가 한반도이고 그 종주국이 대한민국임을 세계만방에 선언하자. 국제온돌학회를 통하여 이러한 일을 이루기 위해 힘을 합해야 할 때다.

보건의학적 관점에서 본 온돌

19.

보건의학적 고찰을 통한
온돌의 쾌적성 연구

*김준봉
베이징공업대학교 건축도시공학부 교수
*정은일
연세대학교 박사 과정

국제온돌학회 논문집 통권 8호, 하얼빈공업대학교 (Vol.8, 2009, pp. 159~166)

(1) 연구 배경과 목적

우리 민족 고유의 난방방식인 온돌은 통상의 난방방식과 달리 바닥
표면을 덥히고 복사현상으로 실내 공기를 덥혀주어 그 안에서 생활하는
사람들에게 직접 바닥에서 오는 열을 전달하고 실내 공기의 쾌적함을 유
지하여 안락한 일상생활을 영위하게 하는 특이한 난방 방법이다. 이러
한 온돌은 한국인들의 일상에 오래도록 이어져오는, 하나의 문화라 할
수 있는 생활양식이면서, 일상의 대부분을 그 속에서 지내면서 건강한
삶을 영위해 전통의 하나이다.

온돌은 통상의 공기 난방(Air Conditioning)이나 라디에이터(radiator, 暖
器) 난방 방법과 달리 바닥표면을 바닥 밑에서부터 덥혀나감으로써 실내
공기를 뜨겁게 하기 전에 먼저 접촉을 통한 가부좌(坐臥)하는 인체부터
열전도와 복사에 의하여 덥히는 특이한 난방 방법이다.

온돌 난방은 구조와 양식들이 지역적으로 다양하게 발달되어 전통문
화로 계승되어 오고 있으며, 지역의 기후 환경에 적합하도록 오랜 경험
을 바탕으로 적절하게 변형되어 왔다. 이러한 구조의 다양성은 그 속에
서 주거생활을 하는 사람들에게 취침방법 및 난방 방법에 있어 보다 건
강한 주거환경을 마련하여 생체 바이오리듬의 안정과 실내 공기의 적절
한 순환과 쾌적한 온도의 제공으로 숙면을 취하게 하고 건강 상태를 유
지하게 하는 기초가 된다.

온돌은 단순한 난방 방법이기 이전에 건강을 위한 도구라 할 수 있
다. 왜냐하면 온돌은 과거 오래 전부터 질병 치료의 효과를 인정받아왔
기 때문이다. 역사적으로 보더라도 조선시대 광해군은 대궐 안의 황토

방에서 종기를 치료했다고 하며, 세종 때 간행된 구황촬요(救荒撮要)에는 "뜨끈한 구들방은 병을 치료하는 데 아주 요긴한 시설이다"라고 되어 있고, 조선왕조실록에는 "세종 12년 6월, 왕이 경상감사에 전지를 내려 이씨 형제가 수분할 때 병이 생기는 것을 막기 위해 온돌에 기거하도록 하였다"는 기록이 있다.

이런 역사적인 기록들을 바탕으로 본 연구는 온돌과 인체 건강의 관계성 측면에서 보건의학적 연구문헌들의 고찰을 통하여 인체의 온도에 대한 반응과 인체가 쾌감을 느끼는 온도에 대해 알아보는 것을 목적으로 한다.

연구의 방법

온돌에 대한 역사적 분포와 그, 구조적·건축적 차원의 연구는 이미 아주 활발하게 진행된 상태이다. 하지만 온돌이 지닌 가장 근본적인 가치, 즉 인간(특히 인간의 건강 생활)에 대한 영향에 대해서는 연구가 비교적 미비한 상태이다. 이런 부분에 대한 연구는 보건의학적인 측면에서 연구를 진행해야 하고, 그렇게 하기 위해선 보건의학에 대한 문헌고찰부터 먼저 이루어져야 한다.

이러한 관점에서 본 연구는 우선 선행연구에서 보건의학적인 측면에서 이루어진 여러 논문들을 고찰하여 온도에 대한 인간의 반응과 관련한 일반적인 데이터를 얻고, 현규환 의학박사가 만주의과대학교실에서 진행했던 온돌의 위생학적 연구를 중심으로 그 실험 방법과 실험 절차 그리고 실험 결과에 대한 논의를 해보고자 한다.

(2) 보건의학 측면에서 온도에 대한 일반적 고찰

인간은 온도에 민감한 동물이다. 너무 더워도 안 되고 너무 추워도
안 된다. 보건의학과 온돌은 온도와 열복사에 대한 인체의 반응에서 공
동접점을 찾을 수 있다. 보건의학적 측면에서 온도 인간에 대한 적정성,
쾌적성 등에 대한 연구는 이미 오래전부터 진행되었다.

Z. L, Meng의 「Studies on the health standard for room temperature
in cold regions」[1]에서는 중국 산동성의 내륙과 연해 지역의 추운 지방
의 농촌 전원주택에서 2,400여 명의 농부들을 상대로 손가락 혈액 순환,
피부 온도, 발한 기능 등을 측정하여 사람들이 느끼는 적정온도와 쾌적
함을 느끼는 온도, 그리고 최소온도에 대해 측정해 본 결과 겨울 집 안의
적정한 온도는 섭씨 14~16도이고, 편안함을 느끼는 온도는 섭씨 16~20
도이며, 최소온도는 섭씨 14도이며 여름에는 적정온도는 섭씨 25~28도
이고, 쾌적함을 느끼는 온도는 섭씨 26~27도이며, 최고온도는 섭씨 28도
라고 주장하였다.

Nigel A. S. Taylor(외 2명)의 「Preferred Room Temperature of Young
vs Aged Males: The Influence of Thermal Sensation, Thermal Comfort,
and Affect」[2]에서는 평균연령이 22.9세와 66.9세인 청년그룹과 노년그
룹을 대상으로 24℃(RH 50%)상황에서 한 방에는 점차 온도를 높이고 다

---

1 ZL Meng, Zhonghua Yu Fang Yi Xue Za Zhi, March 1, 1990; 24(2): pp. 73~6.
2 Nigel A. S. Taylor, N. Kim Allsopp and David G. Parkes, The Journals of Gerontology
Series A: biological Sciences and Medical Sciences 1995 50A(4): M216~M221; doi: 10. 1093/
gerona/50A.4M216.

른 한 방에는 점차 온도를 낮추면서 사람들의 온도의 반응에 대해 손, 팔, 다리 등 여러 부위의 피부 온도변화와 연관지어 연구를 진행하였다. 연구 결과 두 그룹의 평균적인 적합 온도는 24.9℃(±1.3, young)와 24.5℃(±1.5, elderly)였다. 온도가 내려감에 따라 노인들은 가슴, 손, 팔, 등 각 부위의 온도가 청년들 보다 더 빨리 떨어졌고, 더욱 추위를 타게 된다. 하지만 재미있는 것은 불쾌감은 오히려 젊은 청년들이 더 빨리 느낀다는 사실이다. 온도가 높아감에 따라 노인들은 역시 각 부위의 온도가 청년들보다 낮았다. 마찬가지로 동등한 온도에서 노인들이 훨씬 쾌적함을 느꼈다. 이는 온도적인 측면에서 보면, 노인들이 저온에 리스크가 청년보다 훨씬 더 크고, 높은 온도에 대하여 청년들보다 노인들이 훨씬 더 편안함을 느끼는 반면 청년들은 온도에 대해 훨씬 민감하게 반응한다는 것을 보여준다. 이는 노인이 될수록 자체 열보다는 외부의 열 자극을 필요로 하기 때문이다. 이불을 많이 덮고 옷을 많이 입었다 하더라도 온돌과 같이 직접 피부를 데우는 장치가 공기 난방장치보다 훨씬 더 효과적이라 할 수 있다.

(3) 난방방식에 따른 인체 온감반응실험

1) 실험 방법

본 실험[3]은 昭和 18년(1943년) 12월부터 昭和 19년(1944년)까지 진행했다. 실험실은 실험집 구들과 침대를 갖춘 저가 교실과 만주 의대 종업원 아파트 1실(침대) 및 北陵鮮人(조선족) 민가의 온돌실과 다다미실에서 이루어졌고, 외기의 온습도는 실험집 외부의 백엽상 안에 있는 自記한난계와 습도계를 이용하고 실내온습도에는 아스만흡인험습기를 사용했다. 또한, 구들표면, 이불표면, 이불 밑 및 이불 내 등의 온도는 山越製 pyrometer를, 피험자(被檢者)의 앞이마 피부온도는 E. K製 Mikro-pyrometer를, 이불 내 습도는 Precision Hygrometer를 사용하여 측정했다(計器는 어느 것도 보정했다). 이불에 들어 갔을(이하 입상) 때는 이불 내 온습도를 피험자의 옆 복부에서 측정하고, 아울러 이불 내 환경조건을 똑같게 하기 위해 덮는 이불은 늘 올려서 이불 내에 공동(空洞)을 형성하게 하였다.

실험방법은 앞에 기술한 여러 종류의 실내에 이불을 펴고 먼저 이불에 들어가지 않았을(이하 비입상) 때에 각각의 실내 온습도를 측정하고 다음에 피험자를 입상시켜 약 1.5~2시간 걸쳐 같은 측정을 했다. 이상의 실험을 난방을 하지 않았을(이하 비 난방) 때 및 난방 때의 각 경우에 동일조건에서 각각 3회 진행했다.

---

3 현규환 저,『구들 및 온돌의 위생학적 연구』에서 발췌, 1945, p145~161 참조.

본 실험에 사용한 피험자는 장년남자 만주인(滿人) 2명, 조선인(朝鮮人) 2명, 합계(合計) 4명이었고, 이불은 모두 솜으로 되어있고, 편 이불과 덮는 이불 각 1장, 두께는 3cm되는 것을 준비했다. 그러나 침대의 경우는 편 이불 3.5cm에, 피험자의 잠옷을 한 장 준비했다.

2) 실험절차 및 측정온도

① 비 난방 때의 이불 내 기온과 온감

비 난방—비 입상 때의 이불 내 온도는 〈표 1〉에서 나타낸 바와 같이 실온과 이불 표면온도의 영향을 받아 변하지 않고 일정한 수치(値)를 나타내고 있다.

〈표 1〉 비(非) 난방−비(非) 입상 때 온도

	실온(℃)	이불 내		이불 표면 (℃)	이불 아래 (℃)	비고
		온도(℃)	습도(%)			
실험실 (구들)	4.3	9.9	54	8.4	11.9	구들 표면 10.5℃
민가온돌	3.6	8.7	65	8.0	8.7	온돌 표면 8.3℃
다다미	8.0	6.8	71	8.0	7.1	이불 표면 7.4℃
침대	4.9	8.3	59	7.9	7.9	침대 이불 표면 7.1℃

〈표 2〉 비(非) 난방-입상 때 온도변화

(구들)

시각	온감	앞이마 온도(℃)	실내 건구(℃)	실내 습구(℃)	침대 표면(℃)	이불 표면(℃)	이불 아래(℃)	이불 내 온도(℃)	이불 내 습도(%)
입상 전	(외온 -6℃, 습도 52%)		6.9	3.1	8.5	8.2	8.5	8.6	32
입상 후 10분	이마 양호, 체하 차가움	32.4	7.0	3.3	8.7	10.7	8.8	24.4	38
20분	〃	32.5	7.5	3.5	9.3	13.6	9.0	28.1	43
30분	〃	〃	〃	3.6	9.2	14.1	9.4	〃	44
40분	〃	〃	7.9	4.0	〃	〃	9.8	28.6	〃
50분	〃	32.2	8.0	〃	9.0	〃	10.2	28.9	43
1시간	〃	〃	8.2	4.4	8.8	14.2	10.8	28.7	42
10분	〃	32.0	8.4	4.2	〃	13.9	10.7	28.5	41
20분	〃	32.2	8.6	4.4	8.9	12.7	〃	28.2	〃
30분	〃	32.1	8.4	4.1	8.8	12.8	10.5	〃	〃

(다다미)

시각	온감	앞이마 온도(℃)	실내 건구(℃)	실내 습구(℃)	침대 표면(℃)	이불 표면(℃)	이불 아래(℃)	이불 내 온도(℃)	이불 내 습도(%)
입상 전	(외온 -7℃, 습도 60%)		6.3	2.8	7.9	8.0	7.0	8.6	49
입상 후 10분	이마 양호, 체하 차가움	32.8	〃	〃	8.2	9.9	7.7	14.2	54
20분		32.9	6.5	3.0	8.4	12.9	8.1	20.8	53
30분	대부분 양호	33.0	〃	〃	〃	13.0	8.5	23.2	〃
40분	〃	〃	〃	3.1	8.5	〃	〃	23.5	55
50분	〃	〃	6.6	〃	8.8	〃	8.7	25.2	〃
1시간	〃	33.1	6.7	3.2	8.7	13.4	8.8	27.3	〃
10분	〃	〃	〃	〃	8.5	13.2	9.9	27.5	57
20분	〃	33.0	〃	3.3	〃	〃	10.3	28.1	〃
30분	〃	〃	6.8	〃	8.2	〃	10.6	〃	55
40분	〃	〃	〃	3.4	〃	13.0	10.2	28.5	〃
50분	〃	32.9	7.0	〃	8.1	12.7	10.0	28.7	54
2시간	〃	〃	〃	〃	〃	〃	〃	〃	〃

(침대)

시각	온감	앞이마 온도 (℃)	실내		침대 표면 (℃)	이불 표면 (℃)	이불 아래 (℃)	이불 내	
			건구 (℃)	습구 (℃)				온도 (℃)	습도 (%)
입상 전	(외온 -17℃, 습도 70%)		4.0	-0.2	7.8	7.8		7.6	54
입상 후 10분	두, 족, 허리 모두 차가움	33.2	″	″	″	8.4		21.2	53
20분	″	33.8	3.9	0.1	7.9	8.8		23.8	″
30분	″	″	4.4	0.3	″	8.7		25.5	59
40분	″	33.9	4.1	0.5	″	″		26.9	″
50분	″	33.8	5.1	0.7	″	8.8		27.1	60
1시간	″	″	5.3	0.8	″	8.9		27.7	″
10분	″	″	5.5	″	″	″		28.2	″
20분	″	33.9	5.7	1.0	8.0	″		29.0	59
30분	″	″	″	″	8.1	9.0		29.3	″
40분	″	″	6.0	1.3	8.5	″		30.9	57
50분	″	33.7	6.2	1.4	″	9.2		″	″
2시간	″	″	6.5	1.5	8.6	9.5		31.2	56

비 난방—입상 때의 이불 내 온도는 〈표 2〉에 나타낸 바와 같이 입상과 동시에 체온으로 인해 급격히 상승하다가, 10분 경과 후 점차 천천히 상승하여 1시간 반 후에는 섭씨28~29도에 달하고 습도는 점차 상승하여 40~60%에 도달했다. 다만 그 상승의 상황은 실(室) 및 침상의 상황에 따라 약간의 차이가 있는데 온돌의 경우에는 20분간에 온도 약 섭씨 28도, 습도 43%에 오른 이후 크게 상황 변화 없이 지속된다. 한편, 다다미 및 침대의 경우는 상승 속도가 비교적 늦으며 최고 온습도에 달하는 데는 1시간 이상이 필요하며 습도는 온돌과에 비교하여 더 높아 55~60%에 가깝게 된다. 또한 침대의 경우는 온도 약 섭씨 29도로 다른 두 개 보다도 섭씨1도 약간 높다.

비 난방 때에 실내 기온 및 이불 내 기온과 입상자(者)의 체감온도 및 피부온도와의 관계는 〈표 2〉에 나타난 바와 같다. 즉 구들의 경우, 실온이 섭씨 8도 내외일 때, 이불 내 온도는 입상 20분 이후는 섭씨 28~29도로 항(恒)온이 되고 얼굴에는 냉감을 느끼지 않는 반면, 신체하면은 입상 때보다 1시간 반 뒤에 냉감을 느끼고 앞이마 피부온도도 약 섭씨 32도의 저온에 있다. 다다미의 경우에는 실온 섭씨 6~7도일 때 입상 후 20분까지 이불 내 온도가 섭씨 23도 이하가 되어 쾌감도가 증가하고, 피부 온도는 섭씨 33도에 달한다. 그러다가 입상 1시간 반 후가 되면 이불 내 온도는 섭씨 28도 이상에 달하며 실험자는 여전히 쾌감을 느끼고 있다. 한편 침대의 경우는 실온 섭씨 4도일 때 입상 10분까지 이불 내 온도는 섭씨 21도이며, 앞이마 피부온도는 섭씨 33.2도에 얼굴 및 신체가 모두 냉감을 느끼고 입상 20분 후 이불 안의 온도가 섭씨 24도로 될 때 쾌감은 조금 증가하고 앞이마 피부온도는 섭씨 33.8도로 된다. 그러다 입상 70분 이후 실온 섭씨 6도 내외일 때, 이불 내 온도는 섭씨 28~31도로 되어 제일 쾌감을 크게 느낀다. 이를 통해 보면 실온이 섭씨 7도 내외의 경우, 어떤 상황에도 입상 처음부터 적어도 20분간은 냉감이 있고 다다미의 경우에는 1시간 반, 침대의 경우는 1시간 10분이 지나야 쾌감을 느끼는데 구들의 경우는 1시간 반 후가 되어서도 충분한 쾌감을 느끼지 못한다. 즉 비 난방 때에는 침대가 비교적 따뜻하고 다다미가 그 다음이고 구들 위가 제일 차갑다.

그러나 침대 및 다다미의 경우에는 이불 내 온도가 섭씨 28도 이상이 되면 쾌감을 느끼는데 구들의 경우는 이 온도에 도달해도 쾌감을 느끼지 않는다. 이는 곧 구들은 난방이 없을 경우 이불에서부터 구들 표면까지 열전도에 의한 탈열이 많기 때문이라고 생각한다.

② 난방 때 이불 내 기온과 체감 온도

〈표 3〉의 방식과 같이 입상 후, 따스한 구들과 뜨거운 구들, 스토브 난방, 스팀난방을 한 후 2시간 동안 이마 온도, 실내 온도, 침대표면, 이불 표면, 이불 밑, 이불 내 온도·습도를 측정하였다. 그리고 기존의 입상 전 온도와 습도 도표에 맞춰 도표를 〈그림 1〉에서 표현하였다.

〈표 3〉 각 방의 난방 때 이불 내 온도·습도

			입상 후									평균 실온
			10분	20분	30분	40분	50분	1시간	10분	20분	30분	
구들	따스함	온도(℃)	16.5	14.9	15.3	15.2	16.1	16.6	17.3	18.2	18.1	9.0
		습도(%)	73	73	73	73	74	74	74	74	74	9.0
	뜨거움	온도(℃)	29.2	30.2	31.2	31.4	32.6	32.8	33.0	33.0	33.0	9.5
		습도(%)	68	74	79	74	72	71	70	70	71	9.5
스토브 난방	다다미	온도(℃)	6.7	6.8	6.8	6.8	6.9	6.8	6.8	6.9	6.8	12.0
		습도(%)	70	70	71	71	71	71	71	71	71	12.0
	침대	온도(℃)	9.2	9.5	10.5	11.3	12.9	13.0	13.0	13.0	13.1	19.0
		습도(%)	50	50	50	51	51	51	51	51	51	19.0
스팀 난방	상온 상온	온도(℃)	10.7	11.0	11.0	11.0	11.0	11.0	11.0	11.0	11.0	15.0
		습도(%)	61	59	59	59	59	59	59	59	59	15.0
	고온 고온	온도(℃)	18.1	18.3	19.4	20.9	21.6	22.6	23.2	23.7	23.8	37.0
		습도(%)	68	63	64	64	64	64	64	64	64	37.0

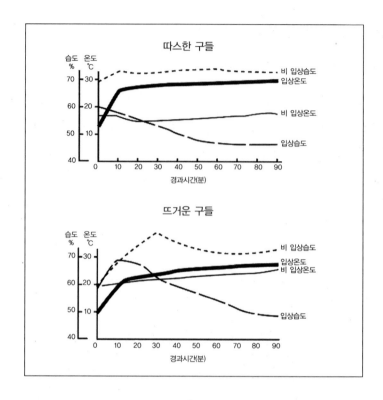

따스한 구들

습도 온도
% ℃
                                      비 입상습도
70 30   입상온도

60 20   비 입상온도

50 10   입상습도

40
    0 10 20 30 40 50 60 70 80 90
                경과시간(분)

뜨거운 구들

습도 온도
% ℃
                                      비 입상습도
70 30   입상온도
                                      비 입상온도
60 20

50 10   입상습도

40
    0 10 20 30 40 50 60 70 80 90
                경과시간(분)

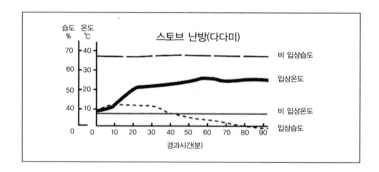

습도 온도
% ℃
                  스토브 난방(다다미)
70 40   비 입상습도

60 30

50 20   입상온도

40 10   비 입상온도
                                      입상습도
0   0
    0 10 20 30 40 50 60 70 80 90
                경과시간(분)

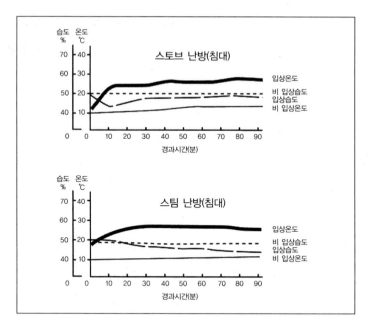

〈그림 1〉 난방 시 비(非) 입상(入床), 입상(入床) 온도 추이

난방—비 입상 때의 이불 내 기후는 제3표에서 나타낸 바와 같이 구들의 중간 정도의 온도 즉 따스한 구들의 경우는 실온 섭씨 9도 일때 이불을 펴고 10~20분 후에 섭씨 15~16도로 되고 이후 점차 상승하여 한 시간 반 후에는 섭씨 18도로 된다. 뜨거운 구들의 경우는 이불을 편지 10분 후 섭씨 29도보다 상승하여 1시간 후에는 33도, 1시간 반 이후까지 이 온도를 지속했다. 그러나 다다미, 스토브 난방, 침대 스팀 난방의 경우는 실온 섭씨 12~15도일 때, 이불 내 온도는 실온보다 조금 낮고 1시간 후에 전혀 변화가 없다. 즉 스토브 다다미 때는 평균 섭씨 6.8도, 스팀침대 때는 평균 섭씨 11도다. 다만 실온이 높은 섭씨 19도로, 스토브 난방침대의

비입상시 이불 내 온도는 섭씨 9도부터 섭씨 13도까지 가고, 고압증기 침대의 경우는 실온이 섭씨 27도로 이불 내 온도는 섭씨 18도부터 섭씨 24도까지 약간의 상승을 보일 뿐이다.

요약하면 중간 정도의 난방 입상 때 이불 내 온도는 구들의 경우는 상승하고 다른 난방(스토브, 스팀) 때는 상승하지 않고 대부분이 불변의 상황에 있다. 또한 이불 내 습도는 구들과 다다미의 경우가 높고 침대의 경우가 조금 저습이다.

뜨거운 구들의 경우 세게 불을 때면, 실온 섭씨 9도이고, 구들 표면 온도가 약 섭씨 50도라고 할 경우, 이불 내 온도는 따스한 구들의 경우보다도 더욱 상승하여 입상 후 20분 후에는 섭씨 31.3도, 50분에는 약 섭씨 34도, 1시간 반 후에는 섭씨 34.5도가 된다. 습도는 처음 68%부터 점차 하강하여 46%가 된다.

다다미 스토브난방의 경우 실온 섭씨 12도의 경우 이불 내 온도의 상승 상황은 비 난방 때와 큰 차이가 없고 1시간 후에 약 섭씨 27도, 2시간 후에는 섭씨 28.5도에 달한다. 습도는 42%부터 30%로 낮은 상태에 있다.

침대의 경우는 스팀난방으로 난방했을 때(실온 평균 섭씨 15도)와 실온과 같은 온도일 경우(실온 평균 섭씨 12도), 그리고 스토브로 난방(실온 평균 섭씨 19도)했을 경우 등에 의하여 다소의 차이가 있는데 이불 내 온도의 상승은 비 난방 때와 큰 차이가 없고 1시간 후에는 섭씨 27~29도에 달하며 실온이 높던 스토브난방 때에는 2시간 후 섭씨 30도에 달하여 있었다. 스팀난방으로 난방 했을 당시 또는 1시간 이후에 이불 내 온도가 조금 내려가는데 이는 피험자 신체를 움직임에 따른 상황으로 측정된다.

습도는 50~60%이고 이불 내 온도의 최고 스토브 난방의 경우가 제일 낮다.

③ 난방 때의 실온 및 이불 내 기후와 관계

따스한 구들의 경우 실온이 섭씨 5~7도이고, 구들표면온도가 섭씨 24도 내외일 경우, 입상 처음에는 조금 냉감이 있는데 20~30분 후 이불 안 온도가 섭씨28도 이상이 되어 앞이마 피부온도가 섭씨 34도에 달하면 대체로 쾌감을 느끼고 입상 1시간 후 이불 안 온도가 섭씨 30도에 달하면 최적(最適)의 기운을 느끼고 있다.

뜨거운 구들의 경우, 실온이 섭씨 8~10도, 구들 표면온도가 섭씨 50도 내외일 때 입상 10분 후, 이불 안 온도가 섭씨 28도에 이르면 쾌감을 느끼는데 입상 20분 후 이불 안 온도가 섭씨 31도 이상이 되면 너무 덥고 약 1시간 후, 이불 안 온도가 섭씨 34도가 되면 도리어 기분이 나쁘다고 한다.

다다미스토브난방의 경우, 실온 약 섭씨 12도 일 때 입상 10분 후에는 이불 안 온도 섭씨 11도, 앞이마 피부 온도는 섭씨 33.0가 되며 신체 뒷면은 조금 춥다. 입상 20분 후 온도 상승이 조금 빨라져 40분 후 이불 안 온도가 약 섭씨 28도가 되고 앞이마 피부 온도가 섭씨 34도에 달하면 쾌감을 느낀다.

침대스팀난방의 경우, 실온은 섭씨 16도 내외일 경우, 입상 10분 후에는 이불 안 온도가 섭씨 24.5도, 앞이마 피부 온도는 섭씨 23.3도이고 신체 뒷면에 조금 냉감을 느끼고 20분 후, 이불 안 온도가 약 28~29도에 달하게 되면 쾌감을 느끼는데 50분 후에는 얼굴이 화끈하다(즉 조금 덥다)고 하고 앞이마 피부 온도는 섭씨 34도 이상으로 오르고 있다.

3) 실험결과 및 분석

이상의 실험결과를 종합하면 비 난방 때 입상 전의 이불 안 온도는 구들, 다다미, 침대, 어느 것을 불문하고 아무런 변화도 없었는데 입상 후에는 이불 안 온도가 급격히 상승하여 약 1.5시간 후에는 섭씨 28~29도에 달하고 습도도 조금씩 상승하여 40%~60%에 달한다. 난방 때에도 입상 전은 다다미 및 침대에 스토브나 증기로 난방할 때, 이불 안 온습도는 실온보다 조금 낮거나 대부분이 일정불변하는데 오직 구들의 경우만은 이불 내 온도가 상당히 상승한다. 입상 후의 이불 안 온도 상승 상태는 다다미 및 침대의 경우는 비 난방 때와 동일한데 구들의 경우는 조금 따스한 구들이 섭씨 30도이고 뜨거운 구들은 섭씨 34도 이상에 달한다. 또한 습도는 일반적으로 조금 내려가 30%~57%로 된다.

입상의 경우, 체감온도는 주로 이불 안 온도의 어떠한가와 관련되는데 난방 때든 비 난방 때든 불문하고 이불 안 온도가 섭씨 25도 이하는 춥고 섭씨 28~29도가 적당한 온도가 된다. 다만 구들인 경우는 섭씨 30~34도가 적정 온도이며, 그 이상은 너무 덥다. 입상 때의 체감온도는 이불 안 온도 외에는 이불의 표면 온도와도 관계가 있다. 즉 이불 아래면 표면 온도가 낮은 경우는 이불 내 온도가 앞에 기술한 적온에 있어도 마루에 접하는 신체하면은 냉감이 있다. 냉구들 즉 구들에 불을 피우지 않는 경우는 더욱 두드러지며 다다미의 경우도 침대에 비해 동일 이불 안 온도인 경우에도 뒤쪽이 냉감을 느끼기 쉽다.

비 난방 때, 실온과 체감 온도와의 관계는 실온 섭씨 7도 이하의 경우가 입상 후 약 20~30분까지는 어떤 경우에도 냉감을 느끼고 그 냉감도는 침대의 경우보다도 다다미의 경우가 조금 강하고 특히 냉구들의 경우에는 입상 한 시간 반 후 이불 내 온도가 섭씨 28도 이상이 되어 여전히 뒷면이 냉감을 느낀다. 즉 실온 섭씨 7도 이하의 경우는 취침에 부적당하고 특히 냉구들의 경우는 불량하다.

난방 때는 침대 및 다다미의 경우는 실온 섭씨 16도 이상은 너무 덥고 실온이 12도인 경우가 제일 양호하다. 보통 난방 방법의 경우는 야간 취침 때의 적정온도는 섭씨 12도 정도 된다. 다만 구들의 경우는 쾌감의 정도가 실온보다도 구들 표면온도와 관련되어 실온이 섭씨 0~5도의 저온에도 구들표면 온도가 적당하면 쾌감을 느낀다.

본 실험에서는 구들 표면 온도가 섭씨 40~50도, 20도(16~23도), 24도, 9도(냉구들)의 경우를 실험했는데 섭씨 40~50도의 경우는 과열(過熱), 섭씨 9도의 경우는 과냉, 섭씨 20도 및 24도의 경우는 실온이 섭씨 0~7도의 저온임에도 불구하고 피험자는 쾌적함을 느꼈다. 다른 난방의 경우를 예로 들면, 침대증기난방일 때에도 이미 난방으로 실내 침구가 따뜻해지면 창문을 열어 바깥 공기를 유입하여 실온이 0도 가까이 내려가도 이불만 얇지 않으면 이불 내 온도는 섭씨 28~29도의 적온(適溫)을 유지하고 이에 따라 입상(入床)하는 사람은 조금도 한랭함을 느끼지 않는다.

이상의 결과에서 보면 추운 지방에서의 겨울철 야간 침상 때에는 다다미가 제일 불량한 상황에 있다. 즉 난방과 동시에 열의 대류와 환기에 의하여 이불 표면을 냉기로 씻어 내린 듯 하기 때문에 이불은 언제나 한기에 맞혀 저온고습 상태에 있다. 그런데 구들 및 온돌은 축열에 의하여 이불 표면에 열전달이 이루어져 이불 내 온도를 높이기 때문에 야간 침상 때의 축열 방법으로서 가장 유리하지만 과열하기 쉽기 때문에 주의해야 한다. 또한 보통난방법의 경우는 침대가 적당하다. 즉 침대는 다다미처럼 상면에 밀착되지 않았기 때문에 비교적으로 냉기가 들지 않고 다다미보다 훨씬 양호하다. 또한 향후 온돌침대 등을 적극적으로 고려해야만 하는 당위성과 근거를 충분히 제시하고 있다.

(4) 종합 및 다면적 討議

지금까지 본 연구에서는 보건의학적인 시각에서 온도와 인간이 느끼는 체감과의 상관관계를 기존 연구 문헌들을 고찰을 통해 알아보았다. Z. L, Meng의 논문에서 중국 추운지방의 농촌을 대상으로 사람들의 쾌적성에 대한 체감온도에 대해 연구했다. 하지만 여기엔 특정 난방방식이 정해져 있지 않기 때문에 논의의 한계가 있다. 한편, Nigel A.S. Taylor(외 2명)의 논문에서 청년그룹과 노년그룹으로 나누어 기준온도 24℃(RH 50%)상황에서 온도가 높아지는 경우와 낮아지는 경우를 나누어 인체 각 부위의 온도를 측정해 두 그룹의 적합한 온도와 쾌적성 온도의 차이를 구체적 연구결과로 보여주었다. 이는 사람들의 연령별 체감온도가 차이가 있음을 보여줬지만, 이 역시 다면적 측면은 보여주지 못했다.

현규환 박사의 『구들 및 온돌의 위생학적 연구』에서 발췌한 실험연구는 교실의 실험집 구들과 침대, 만주 의대 종업원 아파트 1실(침대) 및 北陵鮮人(조선족) 민가의 온돌실과 다다미실 등 다양한 설정을 한 상태에서 구들, 스토브 난방, 스팀난방 등 난방방식도 각기 다르게 설정한 상태에서 1.5시간에서 2시간이라는 시간을 두고, 이불 내의 온도 변화와 쾌적한 온감에 대해 연구를 진행하였다.

그리고 비 난방－입상 전, 후; 난방－입상 전, 후를 아주 디테일하게 설정하여 그 온도 변화 추이와 쾌적함을 느끼는 정도를 도출해냈다. 하지만 본 연구는 비록 만주족과 조선인 각각 두 명을 대상으로 했지만, 실험인원이 너무 적고, 장년 남자만 대상으로 하였기에 연령 구조와 남녀 구별이 없고 기후적으로 추운 지방과 따뜻한 지방의 구분이 없기 때문에 연구의 한계점이 드러났다. 그리고 실험시간이 이미 반세기 이상 지나갔다는 사실은 우리문화인 온돌과 인간의 체감온도에 대한 연구가 그간 너무 적었다는 아쉬움을 남긴다. 그러나 보건학적으로 체계적인 방법으로 온돌을 연구하여 그 효능을 다른 난방과 비교하였고 연령에 있어서도 노인에게 더 많은 쾌적감을 준다는 결론을 유추한 점은 높이 살 만하다.

(5) 결론 및 향후 과제

앞으로 연구에서 좀 더 현실적이고 다면적인 설정을 통해 좀 더 논의를 다양하게 진행하여야 한다. 예를 들면, 아파트, 상업건축, 업무시설, 공공시설 등 다양한 건축기능을 가진 건축물에서 일반인들의 생활패턴에 맞춰 여러 연령별로 연구를 진행해야 한다.

우리 온돌문화를 지키고, 지속적으로 발전해 나가려면 온돌과 인체의 보건의학적인 연구가 지속적으로 진행되어야 한다. 이미 우리의 선배 학자들은 반세기 전에 온돌을 건축적 시각이 아닌 보건의학적 관점에서 평가하고 그 우월성을 규명하고자 했다. 수천 년을 사용한 온돌의 우수성을 증명하는 일은 단순히 민족적 감정으로 할 것이 아니고 정확한 임상의학적 데이터와 타민족에서도 적용 가능한 다양한 방법으로 진행하고 그 과학적 합리성을 규명하여야 할 것이다.

결론적으로 임산부와 유아 그리고 노인은 온열 환경에 훨씬 더 민감하다. 이들에게 쾌적한 주거환경을 주기 위해서는 공기를 데우는 방식이 아닌 피부를 직접 따뜻하게 하는 방법인 온돌이 필수적이다. 이불 속의 온도는 공기 난방방식으로는 올릴 수 없기 때문이다. 이러한 온돌의 효능이 직접적으로 혈액순환을 촉진하고 면역 기능을 향상시킨다는 것을 온돌을 사용하지 않는 서양인들에게 확실히 알려야 할 책임과 의무가 온돌을 물려받은 우리에게 있다.

다시 한 번 열악한 연구 환경에서 60여 년 전에 이러한 연구를 한 우리의 선배인 현규암 박사님께 감사한 마음을 전하며 송구한 후학의 마음을 가슴 깊이 새긴다.

참고문헌

김준봉, 리신호 저, 『온돌 그 찬란한 구들문화』, 청홍, 2006.

현규환 저, 『구들 및 온돌의 위생학적 연구』, 1945, 학술진흥회, 일본학술진 총회

ZL Meng, *Zhonghua Yu Fang Yi Xue Za Zhi*, March 1, 1990.

Nigel A.S. Taylor, N. Kim Allsopp and David G. Parkes, The Journals of Gerontology Series A: *biological Sciences and Medical Sciences*, 1995.

20.

온돌과 수맥
보건의학과의 관계에 대한 소고

*김준봉
베이징공업대학교 건축도시공학부 교수

*오홍식
구들문화원장

*김성구
보령신약 연구소장/의학박사/Ph.D.

국제온돌학회 논문집 통권 10호, 전주대학교 (Vol.10. 2011. pp. 288~297)

(1) 전통온돌의 보건의학적 의의에 대하여

서양의 난방법은 공기를 직접 뜨겁게 하여 강제로 순환시키는 방법으로 온기를 느끼지만 우리의 난방인 온돌은 방바닥을 뜨겁게 하여 직접 인체의 피부접촉을 통해 온감을 전달받음으로써 쾌적감을 느끼는 방법이다. 이 두 방법의 결정적인 차이는 서구의 난방이 단순히 실내 기온을 높여 쾌감을 느끼는 방법인데 비하여 우리의 난방은 보건의학적 의미까지를 가지는 난방 방법이다.

따라서 한국의 온돌은 단순한 난방 방법이기 이전에 건강을 위한 도구라 할 수 있다. 왜냐하면 온돌은 과거 오래 전부터 질병 치료의 효과를 인정받아왔기 때문이다. 역사적으로 보더라도 조선시대 광해군은 대궐 안의 황토방에서 종기를 치료했다고 하며, 세종 때 간행된 구황촬요(救荒撮要)에는 "뜨끈한 구들방은 병을 치료하는 데 아주 요긴한 시설이다"라고 되어 있고, 조선왕조실록에는 "세종 12년 6월, 왕이 경상감사에 전지를 내려 이씨 형제가 수분할 때 병이 생기는 것을 막기 위해 온돌에 기거하도록 하였다"는 기록이 있다.

〈그림 1〉 온돌 하면 많이 연상하는 전통 초가집

당시 습기 때문에 고생하셨던 세종께서 궁 안에 구들방 초가를 만들어 놓고 수시로 기거하셨다는 기록도 있으며 동의보감에도 온돌이 질병 치료에 도움이 된다고 쓰여 있는 것을 볼 때, 오랜 기간에 걸쳐 검증된 이상적인 난방법임을 알 수 있다. 그리고 불을 가장 효율적으로 다루어 온 우리 민족의 특질이 도자기와 제철 분야를 비롯하여 다양한 계통에서 두각을 나타내고 있으며 정갈하고 깨끗한 방에서 살아온 실내 환경 문화가 청정 작업실이 필수인 반도체 산업을 선진 대열에 앞장 서게 했다.

사실 온돌이라 하면 고래온돌 형태인 전통 구들을 말하는 것이지 지금의 파이프 바닥난방 형태의 온돌과는 차이가 있음은 당연하다. 품격에도 큰 차이가 있다. 옛날 민간에서까지도 아이를 낳고는 뜨끈한 아랫목에서 산후조리를 하였으며, 자칫 잘못하여 차가운 방에서 지내게 되면 중풍이나 심한 부종 등에 시달려 고생했던 예가 많았다.

서구에서는 산모들이 해산 후 곧바로 찬물로 몸을 씻기도 한다지만 우리 민족의 경우는 정말로 큰일 날 일이다. 체질상 산모에게 차가운 물이나 바람은 산후풍이 든다하여 금기시 했던 것이다. 이와 같이 민족마다 독특한 면이 있다. 이러한 차이점에 주목하여 온돌과 보건의학적 관계를 고찰하는 일은 나름 의미가 있다고 하겠다.

(2) 온돌은 보건의학을 포함하는 문화이다

우리나라 사람은 대개 술에 취해서 길 위에 쓰러져 잠을 자도 인사불성만 아니라면 신발을 벗고 잔다. 누가 따로 가르쳐서 그런게 아니다. 여기서 눕는다는 것은 누운 공간을 방 안으로 인식하고 방에서는 당연히 신을 벗고 있어야 하기 때문이다. 이처럼 방 안에서 신발을 벗고 맨발로 있게 해준 것이 바로 구들이다.

우린 옛날부터 정갈한 민족이다. 깨끗함을 좋아하는 사람들이 방 안에 신을 신고 들어간다는 것은 말도 되지 않는다. 고려시대 송나라의 '서긍'이 개경을 다녀와 쓴 『고려도경』이라는 책에 고려인들은 남녀 구분 없이 시냇가에 나와 몸을 씻는 것을 좋아해서 깨끗한데 중국인들은 잘 씻지 않는다고 적고 있다. 구들방의 깨끗함은 정갈한 민족성과 연결되어 있었다. 건강은 깨끗함을 떠나서는 있을 수 없다.

1) 구들과 건강 및 생태와의 상호관계

구들은 바닥을 데워서 데워진 공기가 대류현상으로 상승하여 방 안을 따뜻하게 함으로써 자연스레 방 전체 온도를 고르게 조절하고, 돌과 황토로 이루어진 구들의 습도 조절능력과 생체 세포에 활력을 주는 원적외선 방사기능의 탁월함으로 건강한 환경을 자연스레 만들어 준다.

온돌이 만든 환경을 비유하자면 농약과 비료로 황폐해진 밭이 아니라 유기질 퇴비로 땅 힘이 좋은 밭이라고 할 수 있다. 원적외선을 쉽게 이해하기 위하여서는 땅콩을 구울 때 통 속에 모래를 넣고 같이 돌리면서 가열하면 땅콩의 속부터 익고 겉은 타지 않는 원리를 이해하면 된다. 즉 땅콩의 속을 익히는 열열원은 모래에서 발생하는 원적외선이 땅콩을 익히는 현상이다. 우리 전통 황토구들방에 들어가면 몸 안에서부터 열기를 느껴 몸 전체에서 땀이 나와 몸 안의 노폐물을 자연스럽게 배출하지만 증기나 전기로 달구어진 현대판 목욕탕이나 찜질방은 몸이 아닌 머리통을 먼저 뜨겁게 하고 이마와 얼굴에서부터 진땀이 나게 한다. 이러한 진땀은 맥이 풀리게 해 노폐물을 배출하여 개운한 몸을 만드는 것과 차원이 전혀 다르다.

원적외선과 유사하게 많이 쓰면서도 그 원리는 자세히는 모르는 것으로 '음이온'이 있다. 자연 상태에서는 물방울들, 좀더 정확히 말하면 물 가루들이 땅으로 떨어질 때 그 속에 음이온이 생긴다. 비나 파도가 부서져 내리는 물 또는 샤워 속에도 있다. 음이온은 먼지나 공기 중에 떠다니는 불순물들을 끌어 당겨서 바닥으로 떨어지는 특성이 있고 그래서 공기는 맑아지고 산소의 이동은 쉬워져 산소의 농도를 높여서 상쾌하게 느껴지는 것인데 바닷가에 있거나 샤워를 할 때 상쾌해지는 것도 이러한 이유다. 원적외선도 음이온도 모두 건강한 환경을 만들어내는 자연의 비타민이다.

1979년 독일의 P. Kushe가 생태건축(Okokogishes Bauen)이라는 용어를 처음 사용하면서 본격적으로 많은 사람들이 자연과 인간의 상호관계 및 생태계를 고려한 건축물에 관심을 갖고 연구하기 시작하였다. 안정된 생태계는 곧 환경보호를 말하고 이것이 인간을 포함한 모든 생명체의 삶을 보호해주는 기본이 된다. 생태건축은 생태와 건축 그리고 환경을 하나로 보아 건축물의 생성과 운영, 소멸의 전 과정에서 가장 자연친화적인 조건을 충족시키려는 건축이라 하겠다.

다시 말해서, 자연적인 소재의 건축 재료인 흙과 돌과 나무를 활용하고 최대한 청정에너지를 사용하며 건축물의 수명이 다하고 나서도 재활용할 수 있거나 자연을 오염시키지 않는 소재의 재료로 하는 건축을 말한다. 자연의 순환에 적응하고 협조하여 함께 건강한 환경을 추구한다. 건강이 인간에게 가장 중요한 것이라면 인류가 살아가고 있는 자연생태 환경이 건강해야 한다. 자연자원을 이용하던 시기를 지나 지금은 강탈 또는 약탈의 시기라고 할 정도로 파괴적인 자원 취득 활동이 지나치다.

2) 현대주택과 새집 증후군

요즈음 짓는 집을 관찰해보면 시멘트 콘크리트로 부어가면서 굳히자마자 벽체가 올라가고 배선과 난방설비들이 설치되고, 문과 창호가 자리하면서 내부 치장으로 금세 말끔해진다. 하나같이 무기물 중심이 아닌 유기화합물이거나 환경호르몬 배출 등의 문제를 안고 있는 자재들인데 그 집에 들어와 사는 사람들이 숨 쉬면서 살아야 하는 한, 어쩔 수 없이 호흡기관부터 타격을 받게 되어있다.

시멘트와 화학물질로 뒤섞여 있는 현대식 건축물에서 습도 조절까지 안 되면서 생기는 온갖 종류의 호흡기 질병, 특히 어린아이들의 피부 질환 문제 등을 볼 때, 우리의 주거문화가 잘못 되어도 한참 잘못되어 있다고 보여진다. "새집 증후군"이라는 말이 생기고 그 폐해의 심각성이 여러 매스컴을 통해 알려지기 시작한 지 얼마 되지 않았으나 이미 수많은 피해 사례들을 어렵지 않게 볼 수 있다.

몇 년 전에 미국 텍사스 주립대 보건대학원에서 조사한 주택의 포름알데히드(어지럼, 구토, 불임, 만성두통, 알레르기성 질환 등, 암의 유발물질로 알려져 있는 화학물질)농도가 실외 농도인 0.022ppm보다 실내 평균 농도가 0.069ppm으로 높았는데 2년 미만 된 주택은 15년 이상 된 주택보다 무려 3배 이상 높게 나타났다. 서양에서 부패를 방지하기 위하여 처리한 방부목은 푸르스름한 색으로 포름알데히드 덩어리이다.

이와 같이 현대주택은 겉으로 보기에 덜 깔끔해 보여도 독성물질과는 무관한 황토구들방보다 좋은 점이 그리 많아 보이지 않는다. 옛날 황토구들방이 집집마다 있을 시절에는 두통, 감기 등에 걸렸을 때는 따끈한 구들방 아랫목에 이불을 덮고 잠을 자면서 온몸에 흠뻑 땀을 내면 거뜬해졌다. 한방치료법 중에서, 감기에 걸렸을 때 뜨끈한 아랫목에 곧은 자세로 앉아 아랫도리만 이불을 덮어 보온하고 방문을 열어 차가운 공기가 들어오게 하면 오래지 않아 땀이 나며 감기를 낫게 한다고 되어 있다.

같은 구들방이라고 해도 시멘트바닥은 그런 효능을 잘 못 받는다고 하니, 황토방바닥을 예를 들어 서술하고자 한다. 옛날부터 체하거나 소화불량 등 각종 배앓이도 따끈따끈한 황토구들방 아랫목에 배를 깔고 엎드려 있으면 쉽게 나았다. 뿐만 아니라 웬만한 신경통이나 관절염, 등통, 종기 같은 것도 아픈 곳을 아랫목에 지지면 아픔이 사라졌다. 습도 조절이 되고 있으니 피부병으로 고생할 일이 거의 없었고 습기로 인해 생기는 여러 질병들에 대해 미리 대처하는 지혜였던 것이다.

시멘트와 화공약품으로 범벅이 된 현대 주택구조에서, 침대가 들어가 있는 방은 어쩐지 배타적 비밀공간으로 느껴진다. 찾아온 손님은 아무리 손윗사람이라도 방 밖의 거실 등으로 밀려나게 되니 이미 우리의 정서와 맞지 않고 있으며 이런 구조 속에서 집안의 화목함과 질서를 기대하기는 어려운 것이다. 평당 천만 원도 넘는다는 아파트가 부지기수로 늘어 가는데, 침대 없는 안방을 보기가 여간 어렵다. 앉고 서기 어려운 노약자나 환자들을 위해서는 침대를 쓰는 것도 좋겠지만 좋고 나쁜 점을 골라 쓰는 지혜를 가져야겠다.

침대에서 자면서 두툼한 이불을 덮어봐야 더 춥기만 하다. 바닥에서 올라오는 온기를 침대가 가로막아서 따뜻한 기운이 없으니까 히터를 쓰든가 난방 온도를 높이게 된다. 따뜻한 기운을 느끼려면 이불이 얇아야 한다. 그래서 시트같이 얇은 천으로 외부의 온기가 들어오게 해야 한다. 게다가 방 안의 공기는 자연히 건조해진다. 시멘트로 만든 콘크리트 돌은 공기가 습하면 습기를 내뿜으며 더욱 습하게 되며, 반대로 건조하면 습기를 더욱 가져가 더욱 건조하게 만들기 때문이다. 황토방은 이와는 반대로 실내가 습하면 공기 중의 수분을 최대한 흡수하고 반대로 실내가 건조하면 방바닥과 황토방의 수분을 최대한 실내에 환원하여 쾌적함을 유지시켜 준다.

3) 두한족열과 수승화강의 원리를 따르는 온돌

구들방 위에 서 있으면 발바닥이 따뜻하고 앉으면 아랫도리의 혈액순환을 촉진시키면서 심리적으로도 쾌적함을 느끼게 하여 기분을 좋게 한다. 의학용어로 '피부혈관 반사'가 잘 돼서라고 한다. 기분이 좋으면 뇌에서 엔도르핀이건 도파민이건 몸에 좋다는 호르몬을 위시한 화학물질을 넉넉히 만들게 해주어 면역력이나 병균 퇴치력을 강화시키고 건강을 유지하게 한다. 또 앉은 상태로 아궁이에 불을 피울 때에는 아랫도리가 원적외선에 쪼여져 부인병의 예방이나 치료에 좋다는 말은 이제 상식이 될 정도다.

〈그림 2〉 장판지로 마감된 구들방

구들방의 복사열은 공기 중 수분함량에 영향을 미치지 않으므로 가습장치가 따로 필요 없다. 복사열의 전달과정에서 먼지와 진드기가 공기를 타고 순환하는 것을 줄여주므로 천식환자에게는 특히 유리하다.

구들방 아랫목에는 이불 같은 것을 한 장 깔아 놓아 보온적 측면에서 다양하게 활용한다. 그 밑에는 잘 묻어 놓은 밥그릇이 주인을 기다리고, 추운 날 방 안으로 들어오는 사람들은 거의 다 누구나 이불 밑에 손을 넣어보고는 슬며시 그 속으로 들어가 앉는다. 많이 춥다 싶으면 아예 들어가 눕기도 한다.

두한족열(頭寒足熱)이라는 가장 이상적인 건강상태를 유지할 수 있게 해주는 것이다. 물 기운은 내려오고 불기운은 올라가야 생명력이 활성화 된다. 수승화강(水昇火降)이다. 거꾸로 되면 노화 현상이다. 봄과 여름 나무는 뜨거운 태양열을 뿌리로 내려 아래에 열을 주고 뿌리에서 흡수한 물기를 나무 위로 올려 성장하게 한다. 가을이 되어 그 뜨거운 기운이 아래로 내려오지 않으면, 다시 말해서 머리의 더운 기운이 아래로 못 내려오면 그대로 낙엽이다. 백발이 퍼석하게 성성해진다. 따라서 머리가 시원해야 스태미나가 왕성하다고 한다.

온돌은 또한 실내에서 재나 먼지 등이 발생되지 않아 폐기관의 건강에 문제를 불러일으키지 않는다는 장점이 있으며 최근 유럽의 몇몇 병원에서는 중환자실에 구들을 응용해 사용할 만큼 그 효과도 뛰어나다고 한다. 근래 들어서 현대 질병 중 왜 폐암 같은 질병에 걸리는 이가 많은지 생각해 볼 일이다.

아마도 온돌문화에서 서양식 입식 문화로 바꿔가면서 카펫 사용이 많아짐에 따른 카펫 병이 아닌가 싶다. 회사 사무실에서도 카펫 위에 있게 되고, 집 안에도 카펫이 깔려 있으며, 호텔에 가도 카펫, 출장을 가도 카펫이다. 공기청정기 등으로 해결될 문제가 아니다. 장판이 깔린 구들방에서 생활한다면, 보이지 않는 독소로부터 자유로움을 얻고 더 오래 건강하게 장수할 수 있으리라 본다.

아랍사람들은 성스러운 곳에서는 반드시 신을 벗는다. 그러나 바닥이 차갑기 때문에 카펫이 발달하게 되었지만 이 카펫은 모든 유해 벌레와 곰팡이와 진드기 등의 좋은 서식처가 되어 있다. 그러나 우리의 온돌방은 신을 벗어 청결함을 유지하지만 따뜻하고 청결한 방바닥은 진드기와 곰팡이를 허락하지 않는다.

구들방은 으레 아랫목과 윗목으로 구분되어 집 안에서는 자연스레 화목함과 질서를 만들어 가는 전통을 형성한다. 아랫목은 집안 어른의 자리가 되고 방 안에 들어간 사람은 저절로 눈치껏 자신의 자리를 잡게 되는데 비록 그 방의 주인이라도 손윗사람에게는 아랫목을 내어주고 물러나 앉게 됨으로써 집안의 법도와 예절을 지켜나가는 전통이 이어지는 것이다. 예절을 지키면 서로 편안해진다. 자신들의 심리적 안정과 유대감을 자라게 하여 정신적 건강을 지키고 곧은 자아형성에 도움을 주는 것이다. 그러나 아랫목은 꺼멓게 타고 윗목에서는 냉기에 얼음이 안 녹을 정도의 구들방이라면 궁색하여 사는 이의 품성이 초라해진다. 따끈한 아랫목에 따뜻한 윗목이라야 한다.

4) 한국의 온돌과 건축 문화

"온돌(구들)"하면 기와지붕 한옥이나 초가집을 연상한다. 어쩐지 골동품의 느낌을 갖기도 한다. 조선왕조실록에서 보면, 집을 지을 때 우두머리 목수를 대목(大木)이라고 불러왔고, 17세기 중반 이후로는 도편수

(都片手, 都編手) 또는 도변수(都邊手)라는 호칭이 관청을 중심으로 사용되었다. 한편, 우두머리 구들 장인을 온돌편수(溫突片手, 溫突編手) 또는 온돌변수(溫突邊手)라는 별도 호칭으로 하여 그 기능의 중요성을 따로 취급했다.

구들은 지하 구조물로서, 그 자체로서의 중요한 기능뿐 아니라, 건물 전체의 수명에도 영향을 준다는 사실을 알아 온돌편수(溫突編手)라는 직책을 두고 집을 지었던 것인데, 근래에 구들 시공을 고작 건축물의 액세서리 정도로 취급하여, 아무렇게나 만들어 불만 때면 된다는 식의 생각을 하는 건축업자들이 있는 지경이다. 우리 민족의 주거생활에는 구들이라는 뿌리가 있다. 밖에서 보이지 않는다고 뿌리가 무시될 수는 없다. 구들을 제대로 만들려면 반드시 기초공사에서부터 필요한 조치를 해야 최대한의 열효율을 높여서 수십 년 동안 경제적인 난방설비로서의 기능을 하는데, 거의 다 집짓기가 끝나갈 때쯤에 마무리하면서 대충 놓으려 한다. 집 짓고 지하실 만드는 격이다.

〈그림 3〉 조선족 온돌방

한옥이건 통나무 주택이건, 어느 건축물의 건축 안에도 기초에 대하여는 자세하게 충분히 설명이 되어있지 않다. 대충하고는 터 파기나 주추 놓기로 곧장 시작한다. 궁궐이나 사찰 건축물과 같이 오랜 시간 든든히 서 있을 수 있는 근본이 바로 기초가 제대로 되어서인데 일반 주택에서의 기초는 너무 허술하게 진행된다. 심하면 짓자마자 벽체에 균열이 생기거나 지붕에서 물이 샌다. 기초공사에서 건물 안으로 영향을 줄 수 있는 습기에 대한 배수설비를 소홀히 한다면 건물 밑으로 침투하는 수분으로 열기를 빼앗기게 되어 자연히 구들은 빨리 식고, 다시 덥히기 위하여 자주 불을 피움으로써 많은 그을음이 생기고, 그로 인해 구들의 수명이 단축 되는 문제가 발생한다. 습기 따라 병도 온다. 건강에 좋을 게 없다. 구들의 수명이 짧다는 것은 곧 건물 전체의 수명이 짧다는 말이 된다. 그 속에 사는 사람의 수명에는 영향이 없을지 모를 일이다. 구들이 없어도 기초가 얕으면 자연히 건물 전체가 습기의 영향을 많이 받는다. 보기에도 답답하다.

방바닥 쾌적 온도는 32도 정도라고 한다. 여기에 이불을 덮어 놓고 온도를 재면 그 속은 방열이 잘 되지 않기 때문에 50도 가까이 올라간다. 이불이 축열재 역할을 한다는 말이다. 침대 시트 속 온도는 20도가 안 된다. 돌침대같이 전기로 덥히는 침대가 또 필요하다. 요즘은 구들방에도 현대문명에 대한 보상심리처럼 침대를 놓는 경우도 있다. 구들을 놓은 방에 침대를 들이는 것은 짚신에 양복 입은 격이고 시멘트와 같은 독성 물질이 많은 재료로 구들방바닥을 만든다면 마치 비닐로 한복을 만들어 입는 것과 같다.

기초라도 높게 한 집에서 침대를 쓴다면 청소만 잘해도 괜찮겠는데,

조립식으로 바닥에 붙여 지은 집에서 침대를 쓰니, 습하고 눅눅하여 방에서 나는 냄새가 기분마저 칙칙하게 만든다. 곰팡이들의 온상이다. 침대 진드기도 그렇고 구석에 쌓이는 먼지가 만만치 않을 텐데, 무턱대고 들여놓는다면 한 번쯤 생각해 볼 일이다. 침대 높이만큼 천정이 낮아진 셈이다. 그만큼 기(氣)가 눌린다는 말이다. 침대를 쓰려면 오리지널 서양에서처럼 천정을 높이고 써야 맞는다. 우리 선조들의 공간과학은 앉은 키 더하기 서있는 키 높이가 천정이었고 이것이 우리 건축의 천정 기준이었다. 드높은 기상을 위해서는 궁궐에서처럼 높은 천정이 필요했고 지금도 대형 건물은 로비 층의 천정이 높게 형성되는 것을 볼 수 있는 것이다.

음식을 통한 영양 섭취가 가장 중요하겠지만, 호흡을 통한 섭취 또한 건강과 직접적으로 연결되어 신선한 공기와 대기 중의 미량원소들, 그리고 '피톤치트'와 같은 숲 속 물질 등이 인체에 미치는 영향과 그 중요성에 대한 의학계의 보고를 심심치 않게 듣는다. 구들을 통한 건강을 살펴볼 때, 황토로부터 나오는 원적외선을 쪼인다든지 뜨끈한 찜질 효과를 본다든지 하여 추울 때 바닥부터 올라오는 쾌적함이 행복감을 더해주기도 하려니와 한편에서는 특수한 구들을 이용하여 수십 가지 약재들을 고임돌에 담아 양생(養生)과 질병치료 등에도 활용하는 호사도 있다. 한여름 땡볕에 만물이 다 타들어 갈 때, 시원한 구들방에서 뒹굴고 나면 냉방병 걱정 없이 시원해지는 맛을 경험해 보지 않은 사람은 상상하기도 어려울 것이다.

한겨울 추운 바깥에서 실내로 들어오면서 급작스런 기온 차이로 생기는 Heating Shock(히팅 쇼크)는 서구식 난방에서 생긴 것으로 죽음에까지 이를 수 있다지만, 구들방에서는 걱정할 이유가 없다. "건강"은 현대 생활의 키워드 중에서 단연 랭킹 최상위에 올라 있다. 일생의 삼분의 일 이상을 함께하는 방바닥에서 건강에 도움을 받을 수 있으니 구들이 있는 공간의 중요성은 매우 크다.

5) 수맥에 따른 보건의학

우리가 사는 주택에 있어 지하수맥은 그 집에 살고 있는 사람의 건강에 영향을 미친다. 그러나 온돌을 잘 놓은 집에서는 수맥파가 잡히지 않는다. 구들의 구조적 특성과 그을음 성분 등이 지하로부터 오는 7, 8헤르츠의 수맥파를 분산시키거나 약화시키는 것으로 알려진다. 수맥이 있는지 없는지 실제 경험해 본 사람들이 있겠냐고 하겠지만, 그런 게 없다고 단언하는 사람은 보지 못했다. 수맥을 찾는 기술을 영어로는 Dowsing(다우징)이라고 한다. 전자파와 전기장도 우리가 볼 수 없고 느끼기 어렵지만 그 영향이 대단한 것은 누구나 다 아는 사실이다.

우리나라보다 서양에서 더 많이 알려져 있으며 다우저(Dowser)라고 하여 전문적으로 수맥을 연구하는 사람들이 있다. 실례를 들면, 1940년 대 미국 캘리포니아에서 '카메룬'이라는 사람은 메말랐던 '엘시노아' 호수 가까이에서 수맥을 찾아 다시금 호수에 물을 대었고 멕시코 '소로오라' 사막에서도 수맥파에 의한 샘물을 수백 개나 찾았다.

1972년 9월의 어느 날, 영국의 BBC 방송에서는 〈프리어 프로젝트〉라는 프로그램을 가지고 철저한 보안을 지키면서 다우징 고수 5인에게 "어떤 지역에서 알 수 없는 물체를 찾아 달라"는 주문을 하고 행방도 알리지 않은 채 잉글랜드 남서부에 있는 브리스톨 역에서 마이크로버스에 실려 떠나보냈다. 그들은 얼마 후 써머세트주 메인디프 언덕의 석회 지하 동굴에 도착하였고, 미로처럼 사방으로 갈라진 지하 동굴 속에 먼저 들어가 있는 베테랑급 동굴 탐험대원 2명을 찾아내게 하였다. 지상에서 다우저들이 표시한 지점을 측정해 본 결과는 전파 측정기로 알아낸 곳의 위치에서 불과 5.5m 떨어진 곳으로 동굴 입구에서 75m 들어간 지하 60m였다. 대단한 결과라는 주위 환성에도 다우저의 한 사람이었던 '빌 루이스'는 실망감을 갖는다고 했다.

이러한 수맥에 대한 학술적인 가치가 있다는 사례들이 발표되면서 선진국들을 선두로 각국에서는 학술단체가 결성된다. 영국에서는 1933년 수맥학회가 설립되었고 미국은 1961년, 일본은 1984년에 생겼으며 우리나라는 1992년에 만들어졌다. 독일에서는 정부차원에서 1987년부터 1989년까지 Munich대학에 연구자금을 지원하여 Munich Project를 운영할 만큼 수맥의 과학적 가치를 인정했다. 미국의 노벨상 수상자인 Dr. Melvin Galwin은 암의 발병문제를 수맥과 같은 유해파장에 근거한 논문으로 발표하여 큰 반향을 일으키기도 하였다.

역사적으로 볼 때, 11세기 유럽에서 다우징에 관한 기술 중 광맥탐사술이 알려지면서부터 각광을 받았으며 20세기 초에 프랑스의 '리따마'가 〈팬드럼〉을 다우징에 도입하면서 하나의 학문으로써 자리를 잡기 시작하였다. 다시 말해서, 수맥탐사는 다우징의 한 분야인 것이다.

〈수맥〉은 지하 5m 이하에서 흐르고 있는 자연수의 집합체를 뜻한다.

고수급의 지관이나 수맥연구가들에 의하면, 땅 밑으로는 냉혈(冷穴)

인 수맥(水脈)과 온혈(溫穴)인 지맥(地脈)이 있는데, 수맥이 흐르면 냉혈이 들어가고 수맥이 끊기면 온혈의 지기(地氣)가 들어간다고 한다. 사람이 사는 곳에 냉혈이 들어 있다면 좋을 게 하나도 없겠다. 묘지를 잘못 써서 수맥 위에 두면 죽은 이에게 나쁜 영향을 주어 '유전자 동기 감응' 법칙에 따라 자손들에게도 해가 된다고 한다.

우물이나 샘물 아래에는 당연히 수맥이 있기 쉽다. 수맥은 없이 지층 사이에 있는 물을 한곳으로 모이게 하여 생긴 우물이나 샘도 있으므로 이점은 혼동하지 말아야한다. 수맥이 있는 곳을 파면 반드시 물이 있다. 다만 깊이를 알기 힘들 뿐이다.

수맥이 있는 곳에서는 '수맥파(水脈波)'가 나오는데 이것이 우리에게 문제가 된다. 수맥이 만들어 내는 에너지의 파동을 '수맥파'라 하여, 0.03볼트(volt) 정도의 전기 에너지를 가지고 7~8헤르츠(Hz)의 파장으로 지상 1,000m까지 영향을 주는 과학적 특성이 있는 유해파(有害波)로 정의하고 있다. 최근에 과학자들이 연구, 발표한 파장에 관한 내용 중에 사람이 들을 수 있는 음역대는 20헤르츠 이상으로 그 이하의 파장은 듣지 못한다고 되어있으며, 흥미로운 사실은 호랑이의 포효 속에 커다란 공포심을 일으키는 소리는 인간이 듣지 못하는 10헤르츠 대의 초저음 영역으로 결국 귀가 아닌 몸으로 직접 느끼는 파장이라는 것이다. 귀신이 나온다거나 하는 곳에서 측정한 결과도 모두 20헤르츠 이하의 음파를 보이고 있어서 초저주파가 인체에 미치는 영향을 과학적으로 접근할 수 있는 자료를 내 놓았다.

파장을 다루는 과학기술은 한때 10헤르츠 대의 음파무기를 연구하기도 했을 만큼 중요한 분야로 남아있다. 수맥파의 7~8헤르츠는 우리의 뇌

파를 기준으로 볼 때, α파가 시작되는 단계의 파장으로 안정된 수면상
태에서 나온다. 문제는 이 알파(α)파의 뇌파에 수맥파의 7~8헤르츠가
더해지면 인체는 15헤르츠 정도의 파장 속에 있게 되어 일상생활에서 나
오는 뇌파인 베타(β)파의 영역으로 들어가게 되므로 항상 스트레스 속에
있게 된다는 것이다. 24시간 내내 잠을 깊게 잘 수 없게 된다는 말이다.

6) 수맥과 뇌파

우리가 가지고 있는 뇌파를 구분한 내용이다.

알파파(α): 8~12Hz 사이의 뇌파로 수면이나 명상 시작 상태에서 나
    타난다.

베타파(β): 13~25Hz 사이에 있으며 일상생활에서 보이는 구간이다.
    헤르츠 수치가 높아진다는 것은 그만큼 긴장감이 높아진
    다는 의미다.

감마파(γ): 30Hz 이상으로 흥분과 긴장 상태일 때 나타난다.

델타파(δ): 0~3Hz 사이로 깨달음의 상태에서 보인다고 한다.

쎄타파(θ): 4~7Hz의 파장으로 명상 상태나 깊은 잠 속에서 나타난다.

수맥이 있는 곳의 현상으로 건물의 기초 어느 부위에서 수직으로 균
열이 생겼다거나 잠을 깊게 자지 못한다거나 하는 경우를 보게 되는데,
이 모두가 사람에게는 좋을 게 없다. 특히 안정과 집중을 요하는 사람들
에게는 큰 영향을 끼치므로 집을 짓거나 옮길 때는 수맥검사를 하는 것
이 좋다. 수맥파의 파장은 지상 1,000m까지라고 하므로 이, 삼십층 아파
트 높이는 전혀 차이가 없다. 실제로 수맥이 확인된 지점 위에 서서 근

력테스트를 해보면 현저히 약해진 것을 느낀다. 유럽의 중환자실에서는 수맥검사를 하는 것이 당연시되어 있다고 한다.

수맥을 알아내는 데는 기계에 의한 방법과 사람의 감각에 의한 방법이 있는데, 아직은 엄청난 비용 때문에 수맥 검사를 기계로 하기가 쉽지 않다. 수맥파에 대한 걱정이 있는 사람이라면 수맥 검사를 하는 방법을 알려주는 곳에서 배우거나 수맥 검사를 해주는 전문가에게 의뢰하여 점검하는 것이 좋다. '엘―로드'라는 탐침봉과 책을 구하여 스스로 연습해도 된다. 우리나라에 어느 신부님은 '펜드럼'을 이용하여 수맥을 알아내고, 공주에 사는 수맥 중앙회의 회장은 한의사이면서 눈으로 수맥을 보는 신통력을 가지고 있다.

수맥파를 막는다고 얇은 동판을 까는 경우가 종종 있다. 지켜야 할 점은, 0.6mm 이상의 두께를 가진 동판으로 사용하고 겹치는 부분이 있을 때는 반드시 그 부위를 용접으로 붙인 다음, 한쪽 끝에서 접지선을 연결하여 묻어야한다. 수맥을 차단하는 공사를 하기도 하는데, 언젠가는 이 분야도 제도권 학문의 틀 속으로 들어와야 할 것이다.

(3) 결론적으로 온돌은 건강이고 전통이고 문화다

개인 건축물에서는 전통문화속의 삶을 누릴 수 있는 기회가 많다. 그래서 전통문화는 짧게는 수백 년에서 길게는 수천 년을 이어 왔다. 그 장구한 세월에 이르는 동안에 이미 건강이 검증되었고 안정성도 검토 되었다. 또한 새집증후군이나 아토피 피부병등도 물론 역사의 흐름과 전통속에서 다 검증되었다는 말이다. 그래서 전통은 중요하고 우리가 비록전통을 다 알지 못하더라도 그 전통을 따르면 큰 무리 없이 건강한 생활과 안정된 문화를 향유하게 된다.

현대식 난방법인 온수순환방식의 온돌과 우리의 구들사이에서 친환경적인 것을 비교한다면, 온돌에는 전기나 가스, 기름과 같은 외부지원설비들이 있어야 되며 고장과 짧은 수명 그리고 경제적인 면에서도 구들에 뒤떨어진다.

수명이 다한 전통구들은 자연 속으로 그대로 돌아가지만 현대식 온돌은 상당량의 폐기물을 남기게 된다. 현재의 우리나라 건축물의 평균수명이 22.6년이라는 점을 감안하면 그냥 넘어갈 일이 아니다. 생태, 친환경, 자연 건축물의 개념으로 보아도 구들의 위상이 어느 난방법보다도상위에 속한다. 구들이 아닌 바닥난방법으로의 온돌은 그 기능상 간접적으로 공해물질의 배출을 피할 수 없으나 구들은 공해로부터 훨씬 자유롭다.

많은 사람들이 산림의 황폐화를 걱정하지만, 현대 주거환경의 특성상 대단위 구들을 도심에 설치 할 수 없는 여건 등을 감안 할 때, 지나치게 우거진 산림은 어느 정도 필요한 육림활

〈그림 4〉 원형 황토 구들방

동으로 건강한 숲을 만들도록 해야 한다.

또한 반드시 구들의 연료로써 장작만을 고집 할 이유가 없으니, 소각이 제한되어 있는 원료들을 사용하지 않도록 한다면 구들의 수명에도 좋을 뿐 아니라 에너지 절약 측면에서도 바람직한 것이다.

홍익(弘益)이다. 홍익인간의 건국이념에 맞는 홍익문화(弘益文化)의 한 가지로 구들의 의미를 새로이 둔다. 많은 사람들이 스스로 자신의 집을 지어보려고 하며, 그 중에서 선택받은 이들이 정말로 "내 집"을 지어보게 되는 행운을 만난다. 내 영혼이 들어 있는 곳은 내 몸이고, 그 몸이 들어가 사는 곳이 내 집이다. 그래서 집에는 혼이 깃들어 있다고 하나 보다.

세상에 똑같은 사람이 없듯이 똑같은 집도 없다. 집은 비록 업자에게 맡겨서 지어도, 짓고 나면 주인의 개성이 드러나 보인다. 그런데 어찌된 일인지 새로 짓는 집들이 점차 기초만큼은 통일하기로 약속이나 한 것처럼 바닥에 납작 엎드려 있는 형태나 아니면, 통째로 공중에 띄워놓고 기둥으로 받쳐놓은 형태로 많이 짓고 있다.

땅을 죽어있는 것으로 생각할 때, 우리는 큰 잘못을 저지르기 시작한다고 한다. 땅은 밑으로 물이 흐르고 바람이 통하며, 해마다 얼었다가 녹는 반복 작용으로 숨을 쉬고, 생명이 깃들 수 있는 자리를 만들면서 정해진 길을 따르고 있는 에너지 변화의 집합체이다. 살아 있다는 말이다. 거기에 맞추어 자연과 땅에 순응하여 이루어진 건축양식이 구들문화이며 이 온돌은 문화이고 전통이고 건강이다. 따라서 앞으로의 온돌 연구는 단순히 난방의 측면에서 접근하기보다는 보건의학적 측면에서의 접근이 서양의 난방법에 비하여 훨씬 더 경쟁력이 있다고 볼 수 있다.

참고문헌

주남철, 『한국주택건축』, 일지사, 1981.

김대벽, 『우리가 정말 알아야 할 우리의 것』, 현암사.

신영훈, 『한옥의 조형』, 대원사, 1989.

이규태, 『한국인의 주거문화』, 신원출판, 2000.

김준봉·리신호, 『온돌 그 찬란한 구들문화』, 청홍, 2006.

송기호, 『한국 고대의 온돌』, 서울대 출판부, 2006.

주남철, 「온돌과 부뚜막의 고찰」, 문화재관리국 1988.

김용갑, 「전통온돌의 어제와 오늘」, 온돌협회, 1989.

이정기, 「굴뚝의 원리와 시공」, 온돌협회, 1989.

손장열 외, 「축열층 두께에 따른 온수온돌난방의 바닥온도변화 특성에 관한 실험연구」,
　　대한 건축학회, 1990.

주남철, 「온돌의 역사적 고찰」, 대한설비공사협회, 1990.

김성완, 「온돌과 한국인의 온열감 특성」, 대한주택공사, 1994.

김동훈, 「조선민족의 온돌문화」, 비교민속학회, 1994.

리신호, 「한민족의 난방문화」, 한국농공학회, 1998.

김남응, 「고대서양의 바닥난방 하이퍼코스트」, 대한건축학회, 2000.

주택연구소, 「온돌을 이용한 목초제조 장치와 간이 숯가마 개발」, 대한 주택공사, 1998.

류근주, 「우리나라 전통주거건축의 실내바닥형식에 관한 연구」, 극동정보대학, 2001.

정민호, 「한국전통온돌의 우수성과 활용방안」, 광주 남구문화원, 2005.

김남응, 장재원, 임진택 : 「프랭크 로이드 라이트의 온돌체험과 그의 건축작품에의 적용
　　과정 및 의미에 대한 고찰」, 대한건축학회, 2005.

이정미, 「고려시대 주거건축에 관한 문헌연구」, 청주대 박사논문, 2004.

면역력 증가의 원천인 온돌

- 보건의학적 측면에서 본 온돌 -

*김준봉

베이징공업대학교 건축도시공학부 교수

*김성구

보령신약연구 소장 / 의학박사

2009년 봄 「온돌 학술 세미나 및 구들 체험」 논문집, 서울무역전시장(SETEC), pp. 99~104.

온돌은 한국인들의 일상에 오래도록 이어져오는 문화와 같은 생활양식이면서, 대부분의 일상을 그 속에서 지내면서 스스로의 건강한 삶을 이루어온 전통의 하나이다.

다양한 생활양식 중 온돌이 가지고 있는 조건을 검토하여보면 인체의 최적조건을 유지하기에 충분한 효과를 내고 있어 건강유지에 좋은 결과를 나타낸다. 민간에서는 아이를 낳고는 뜨끈한 아랫목에서 산후조리를 하게하는 것은, 자칫 잘못하여 차가운 방에서 지내게 되면 중풍이나 심한 부종 등에 시달려 고생하는 것을 방지하기 위해 취하는 오랜 경험에서 나온 민방이라고 할 수 있으며, 온돌구조의 주거환경이 보건의학적인 측면에서 인간의 건강생활에 많은 관련이 있음을 시사하는 예시가 된다고 볼 수 있겠다.

이러한 점을 고려해 보면 바닥을 데우는 온돌난방은 생체의 면역력을 증가하게 하고 최상의 건강 상태를 유지하게 하는 인간의 주거 환경 중 최적 환경조건을 이루게 한다고 해도 과언은 아닐 것이다.

우리의 온돌난방은 서양의 공기 조화 난방과는 달리 바닥을 직접 뜨겁게 하여 접촉을 통하여 면역성능을 높이는 특징이 있기 때문이다.

(1) 건강생활과 수면

오욕칠정(五慾七情)이란 말이 있듯이 인간에게는 다섯 가지 욕구와 일곱 가지 감정이 있다고 한다. 여기서 오욕이란 재물욕(財物慾)·명예욕(名譽慾)·식욕(食慾)·수면욕(睡眠慾)·색욕(色慾)을 말한다. 그중에서 수면욕은 인간 삶의 중요한 부분을 차지하고 있다는 것은 삼척동자도 다 아는 사실일 것이다. 죄수의 형벌과 범인의 고문 중에서 독방에 가두어 두는 것과 잠을 안 재우는 것이 무서운 형벌 중 하나인 이유도 그만큼 인간의 삶에 수면이 중요하기 때문일 것이다. 일상을 생활함에 있어서 누구나 고단한 하루의 일과를 마치고 잠을 잔다. 그리고 다음날 새로운 일상으로 다시 돌아가는 반복적인 일을 지금껏 그리고 앞으로도 계속하게 될 것이다. 이와 같이 수면은 인간에게 없어서는 안 되는 중요한 일과이다. 우리의 일상에서 반드시 수면을 하여야 하는 몇 가지 이유를 보면 그 첫 번째가 하루 일과로 지친 피곤한 몸을 쉬게 하는 것이고, 두 번째는 새로운 일과를 위해 몸의 에너지를 축적시키는 것이다. 그리고 세 번째는 생체 내의 모든 조직들이 수면을 하는 동안 휴식을 취하여 새로운 일과에 대비한다고 한다. 만일 이러한 수면을 취하지 못한다면 몸의 피로가 누적되고, 활동에 필요한 에너지가 충분하지 않아 아주 힘든 하루 일과를 맞이하게 될 것이고, 점점 누적되는 기간이 길어지게 되면 생체 리듬이 깨어지고, 결국에는 질병을 얻게 된다는 과학자들의 견해도 빈번히 찾아 볼 수가 있다.

이와 같이 인간에게 있어서 수면은 중요한 하루의 일과이지만 잠을 자기만 한다고 모든 것이 해결되지는 않는다. 수면은 크게 두 종류로 나뉘어 지는데 REM(Rapid Eye Movement)과 non-REM이 그것이다. REM은 꿈과 관련되어 있는 것으로 알려져 있으며, 수면 중 약 20%를 차지하고 수면을 하는 동안에 사람의 뇌는 활동을 지속하면서 꿈이라는 형태로 그 활동을 나타내기도 한다. 그리고 non-REM의 상태의 수면을 숙면이라고 할 수 있으며, 이러한 상태가 수면기간 동안 많을수록 건강한 삶을 유지하는 데 많은 영향을 미친다고 한다. 그러면 이러한 수면을 어떻게 하느냐의 방법이 또 하나의 과제인데 여기서 우리가 고려하여야 할 것은 바로 숙면인 것이다. 숙면이란 흔히 깊은 잠을 자는 것을 이야기한다. 이러한 숙면이 이루어지게 되면 생체 내 모든 기관들이 충분한 휴식을 취하기 때문에 건강한 삶을 유지하는 데에는 없어서는 안 되는 중요한 것이다. 이러한 숙면을 취하기 위해서는 정신적인 요소도 중요하지만 잠을 자는 환경조건이 적절하여야 한다고 하는데 그 중에서 취침방법과 적절한 환경이 가장 중요하다고 한다. 방안의 온습도 조건, 환기 조건 등이 적절해야 바로 숙면을 취하게 되고, 생체의 모든 조직과 기관들이 충분한 휴식을 취하여 새로운 일상을 위한 준비를 하고, 최상의 건강상태를 유지하는 기초가 되는 것이다.

미국의 스탠포드의대 David Spiegel, Sandra Sephton은 충분한 수면이 암세포들에 영향을 주는 호르몬에 변화를 일으키는 것을 알아내었다. 그것은 면역체계 활동을 조절하는 코티졸 호르몬과 멜라토닌 호르몬이다. 코티졸은 걱정, 근심 그리고 불안할 때 생성되는 스트레스 호르몬으로, 암이나 다른 질병을 유발하거나 악화시키는 경향이 있는 것으로 알려져 있다. 멜라토닌은 난소의 에스트로겐 여성호르몬의 생산을 저하시키는 것으로 알려진 호르몬으로 멜라토닌이 수면 부족으로 결핍되는 반복된 상황이 에스트로겐 과잉 생산 상태를 유발하고 유방암의 위험 요소가 높아지게 된다는 이론이다. 이러한 이론들은 인간의 건강이 수면과 밀접한 관계가 있음을 알 수 있는 것이다.

또한, 테네시 대학의 James Krueger 박사는 수면이 인간의 면역력에 어떤 영향을 주는지에 대한 연구를 하였다. 이 연구에서 수면 결핍은 생체 내의 박테리아 번식과 연관성이 있고, 충분한 수면은 미생물의 성장을 억제한다는 것을 암시하였다. 특히 수면 시 생성되는 di-muramyl이라는 단백질이 non-REM(숙면)을 향상시키고, 동시에 열을 발산하게 하고, 이 단백질이 뇌와 몸속의 세포들을 자극하여 박테리아와 암세포를 저해하는 강력한 면역물질인 인터류킨-1을 생산하게 한다는 것을 밝혔다. 생성된 인터류킨-1은 면역세포를 자극하여 바이러스를 죽이는 항체를 생산하게 하고, 또한 암세포를 제거하기 위한 T-임파구 생산을 증대한다는 결과를 얻었다.

이러한 연구 결과를 보면 수면이 인간의 건강한 삶의 기초가 된다고 해도 과언은 아닐 것이다. 수면을 적당히 취할 때 생체 내의 면역체계가 강화되고 강화된 면역체계는 수면을 충분히 할 수 있도록 도와주는 상호 보완적인 작용을 하는 관계를 이루게 되고 인간의 건강한 삶은 충분한 수면에서 비롯된다고 볼 수 있겠다.

(2) 온돌과 수면

온돌은 바닥을 데워서 더워진 공기가 주로 대류현상으로 상승하여 방 안을 따뜻하게 함으로써 자연히 방 전체의 온도가 고르게 조절되고, 돌과 황토로 이루어진 구들의 습도 조절 능력과 생체세포에 활력을 주는 원적외선 방사 능력이 뛰어남으로 하여 자연스레 건강한 환경을 만들어 준다.

온돌은 실내 높이에 의한 온도 차이가 거의 없으며 상하의 온도 차이는 섭씨 1도 이내이고 표면 온도는 섭씨 30도를 유지하여 실내 주거생활의 최적 상태를 유지한다. 요컨대 두한족열(頭寒足熱)의 가장 이상적인 건강상태를 유지하게끔 한다고 볼 수 있다. 또한 한겨울 추운 바깥에서 실내로 들어오면서 급작스런 기온 차이로 생기는 Heating Shock(히팅 쇼크)같은 서구식 난방방식에서 나타난 것이 온돌에서는 발생하지 않는다는 것이 또 하나의 장점이기도 하다. 일과의 삼분의 일 이상을 함께하는 방바닥에서 건강에 도움을 받을 수 있는 온돌의 중요성은 매우 크다고 할 수 있다.

많은 연구 결과를 보면 온돌이 인간의 숙면을 유지하기에 충분한 조건을 가지고 있다고 발표하였다. 온돌은 최적의 수면 조건을 충족하여 혈액순환을 촉진시키면서 심리적으로도 쾌적함을 느끼게 하고 숙면으로 인하여 기분을 좋게 하는데, 의학용어로 '피부혈관 반사'가 잘되는 것이라 한다. 기분이 좋으면 뇌에서 엔도르핀과 도파민과 같은 물질들이 다량 생성됨으로 하여 면역력이나 병균퇴치력을 강화시키고 건강을 유지하게 한다고 하고, 방 안의 복사열은 공기 중 수분함량에 영향을 미치지 않으므로 가습장치가 따로 필요 없고, 복사된 열의 전달과정에서 먼지와 진드기가 공기를 타고 순환하는 것을 줄여주므로 궁극적으로 숙면을 취하게 한다는 것이다.

(3) 웰빙시대의 온돌

최근 성장하는 아이들의 건강 검진을 하여본 결과 면역력 저하의 현상이 두드러지고 잦은 질병으로 고생하는 경우가 빈번하다는 보고가 있다. 그것은 아마도 인간이 자연과 친화적인 생활을 하였던 과거와 비교하여 보면, 과학문명이 발달된 지금이 오히려 더 면역력 저하가 되었음을 의미하며, 문명의 이기를 사용한다는 것은 곧 생체의 면역력 저하를 의미한다고 해도 과언은 아닐 것이다. 그리고 인간에게 있어서 음식을 통한 영양 섭취가 가장 중요하겠지만, 호흡을 통한 섭취 또한 건강과 직접적으로 연결되어 신선한 공기와 대기 중의 미량원소들, 그리고 '피톤치트'와 같은 숲 속 물질 등이 인체에 미치는 영향과 그 중요성에 대한 의학계의 연구 보고가 있으며, 온돌을 통한 우리들의 생활을 살펴 볼 때, 황토로부터 나오는 원적외선을 쪼인다든지 뜨끈한 찜질 효과를 본다든지 하여 추울 때 바닥부터 올라오는 쾌적함이 행복감을 더해주기도 하려니와 한편에서는 특수한 구들을 이용하여 수십 가지 약재들을 고임돌에 담아 양생(養生)과 질병치료 등에 활용하기도 하고 있다.

우리의 전통 가옥인 한옥의 온돌 구조는 방바닥을 돌로 고이고 그 돌 위에 황토를 깔고 돌 밑을 불기운이 통하게 여러 갈래로 골을 만들어 아궁이에 불을 때면 화기(火氣)가 안을 돌아 방바닥이 데워지고 방 안이 더워지는 구조로 되어 있다. 불을 때는 아궁이는 나무로 불을 살리고 불은 돌과 흙으로 만든 온돌방을 달구어 실내의 온도 조건을 최적의 상태로 만들어 주어 온돌방이 거주자의 건강에 도움을 주는 전형적인 구조를 가지고 있다. 이러한 온돌방은 환자의 원기 회복에 좋고, 치료 기간을 단축하기도 한다는 의미에서, 만병에 구들장이라는 말이 있다. 누구나 한번쯤은 경험했을 법한 일 중 감기 몸살이나 관절염, 일을 많이 하고 피곤할 때 등 어지간한 병은 하룻밤 따뜻한 아랫목에 누워서 자고 나면 씻은 듯이 낫는다. 또한 이러한 점에 착안하여 궁중에서도 임금님의 원기 회복 용으로 황토 온돌방을 이용하였다는 기록을 볼 수가 있다. 또한, 예전의 우리네 어머니들이 아이를 낳아도 며칠 온돌방에서 산후조리를 하고 나면 건강을 빠른 시간 내에 회복을 한다는 것을 보면 분명히 전통 친환경 온돌방의 효과가 인간의 건강에 미치는 영향이 큰 것을 알 수 있다. 이는 황토와 온돌이 아궁이에서 때는 불에 의해 방사되는 원적외선과 친환경 자연소재에서 발산하는 기운이 인간의 건강을 지켜주는 역할을 하는 것을 반증한다고 할 수가 있겠다. 최근 유행하는 흙 침대, 돌침대, 황토방이니 하는 것이, 삭막한 콘크리트 문화에 길든 현대인의 건강에 좋다고 확산되는 것은 충분히 근거가 있는 것이고, 실제로 온통 사방을 친환경 소재인 황토로 만든 방에 온돌바닥까지 흙으로 마감된 황토방에 들어가면 따뜻한 열기와 흙냄새가 친숙하여 열기욕을 하는 데 불편함 없이 즐길 수 있는 것도 인간이 본능적으로 자연 친화에 대한 반응이라고 할 수 있겠다. 이런 곳에서 한증을 하고 나면 피부가 윤택해지고 피로가 쉽게 풀어진다는 경험을 한 번쯤은 해보았을 것이다. 이러한 기능은 한약을 달이는 전통 약탕기에서도 증명된다. 흙으로 만든 전통 약탕기가 일반 화학소재로 만든 약탕기보다 약효 추출 효과가 수십 배 이상 된다고 한다. 이렇듯 자연 친화적이고 건강지향적인 우리 고유의 온돌방 구조는 현대의 주택건축에 적극적으로 활용하는 지혜가 웰빙시대의 요구에 부합되는 것이라 생각된다.

(4) 온돌은 면역력 증강의 원천이다

우리의 고유의 전통문화이자 주거 형태의 기초라고 할 수 있는 온돌은 수백 년을 이어오는 과정 중에 이미 건강과 안정성이 검토되어 인간의 생활 깊숙이 자리하고 있다. 새집증후군이나 아토피 피부병 등에도 좋다는 것이 오랜 역사와 경험을 통해 검증되었다고 할 수 있다. 이처럼 오랫동안 경험에 의해 이루어진 온돌문화는 현대에도 무리 없이 건강한 생활과 안정된 친환경 문화로 자리매김을 하고 있다고 할 수가 있다. 온돌이 인간의 주거생활에서 건강을 부여한다는 내용의 많은 연구 결과를 종합하여 보면, 경험에만 의존하여 명맥을 이어온 주거문화가 실제로 비과학적이라기보다 오히려 고도의 과학적 근거를 갖춘 자연친화적 주거환경을 만들어 생명 연장의 지반을 조성하는 것이라고 해도 과언은 아닐 것이다.

따라서 온돌이 최근 들어 많은 사람들로부터 관심을 불러일으키는 것은 당연하다. 암과 같은 난치병 치료의 한 방법으로도 사용될 수 있다는 가능성이 규명되고, 또한 실내에서 재나 먼지 등이 발생되지 않아 폐기관의 건강에 문제를 불러일으키지 않는다는 장점이 있으며 최근 유럽의 몇몇 병원에서는 중환자실에 온돌을 응용해 사용할 만큼 그 효과가 높다는 것이 증명이 되고 있기 때문이다. 이를 달리 말해본 다면, 온돌의 자연친화적 환경조건이 사람의 숙면을 돕고, 숙면을 취함으로 하여 생체내의 면역기능을 항진시켜 병의 원인이 되는 바이러스나 암세포들을 소멸시키는 주요 기능을 하고, 이에 따라 현대인에게 발생하는 난치병의 원인인 스트레스를 자연스럽게 치유하는, 일련의 물리적 의술 과정을 주거생활 속에서 지속적으로 수행하는 역할 때문이라 할 것이다. 이와 같이 온돌은 사람의 건강 유지의 근본인 면역력 증강의 원천을 제공해 주는 주거환경으로 웰빙라이프를 추종하는 현대인들에게 새로이 조명되고 있으며, 건강한 삶을 이룩하게 하는 원천이라고 할 수 있다.

인류 문명이 발달하고 인간의 삶의 방향이 점차 자연과 멀어짐으로 하여 많은 질환들이 유발되고 있어 건강한 삶을 위한 노력이 끊임없이 요구되고 있는 현실에 대해 반론을 제기할 사람은 없을 것이다. 그러한 요구에 부응해 전통온돌의 원리를 이용한 황토방, 한증 그리고 자연 친화 식품 등의 소비 열풍이 일고 있는 것 또한 부인할 수 없는 현실인 것이다. 달리말해, 그동안 우리의 주거문화에서 서서히 잊혀져가고 있던 온돌문화가 이제는 새로운 소재를 응용한 친환경의 주거문화로 부상하는 것이 인간의 삶의 질을 보다 더 풍족하게 하고자 하는 요구에 의해 점차 증대되고 있는 것이다.

이러한 시점에서 우리 전통온돌난방인 구들의 연구와 더불어 현재의 아파트 생활이나 미래의 주거에 적합한 온돌을 개발하고 조상들의 슬기로운 난방방식의 주거문화를 계승하고 발전시켜야 할 것이다.

이제 온돌은 단순히 건축설비기술을 넘어서 보건위생학적으로 인류에게 필수불가결한 주거의 난방환경으로 인식해야 한다.

부록

陇东窑洞的采暖设施

*김준봉
베이징공업대학교 건축도시공학부 교수
*장어환
중국과학원 교수

국제온돌학회 논문집 통권 6호, 선양건축대학교 (Vol.6, 2007, pp. 227~230)

一. 窑洞选址

陇东窑洞构筑对地势, 地址的选择极为慎重, 人们选择在地质干燥的阳面开洞。一种是在古河道侧壁。古河道之水已干涸, 可在河道岸壁挖洞。第二种是在黄土地区, 选择土层深到处, 挖出大方地坑, 上下垂直, 然后再挖横洞。第三种是在丘陵, 原壁壁面。原壁是西北黄土地区特有的, 由于长年水土流失, 土原自然形成深沟, 原壁壁面垂直, 土质十分坚硬。可利用这个"原壁"挖掘窑洞。第四种是在地上筑窑。其窑面仿地窑式样, 用尖心口。选址时, 首先观察土质的细密程度, 如果土层很薄, 土质中有砂层与卵石等, 则不宜挖洞。

二. 窑洞布局

窑洞区的整体布局, 像村庄一样, 集中居住为多, 也出现一条一条的街道, 它是长期形成的。它的布局方式分为长方形, 沿着"原壁"进行, 由于"原壁"长, 窑洞的范围也占着很长的地面。有的"原壁"带着壁台, 那么在这种情况下, 就开挖两层窑洞, 分上下两层, 互不影响, 这也是陇东地区窑洞特有的。另一种是弯曲的布局方式。有的个一个土崖, 荒坡, 有的相隔数十米。第一种形式为集中式, 窑洞集中在一个广阔的大沟塘或集中在宽广的"原壁", 窑洞有百余个。

窑洞区的聚居布局, 是长期以来在民间建筑传统经验影响下形成的。

窑洞平面: 陇东窑洞均以"间"为单位, 通常一间及一孔窑。但是也有一些窑洞带有耳窑的, 用作储藏。窑洞的尺度形成也采取长方形, 进深较长, 每个窑洞之间的距离至少为3-4米。一户使用时, 中间再挖出过道。每个窑洞都是前宽后窄, 前端后部低, 这是为了使窑洞内尽量进光, 使洞内有必要的亮度。一般来看一户一窑, 一户两窑。经济富裕人家, 一家有十数窑。

三. 窑洞采暖方式

陇东地区窑洞采暖问题, 也相应的得到解。在中国旧社会漫长的日子里, 人们在土窑洞里要生活, 在要生活的状况下, 应当解决几大要素, 这样人们才能在那冰天雪地深沟里, 窑洞里居住, 才能生存。

是采暖问题, 因为在窑洞里, 居住, 冬日寒冷, 怎样采暖? 这是一项大的问题, 必须有火炕之设备。窑洞里的火炕, 位置设在进入窑洞的右侧, 即做一盘大的炕, 火炕的尾端接连窑洞窗的窗台, 火炕的前端紧建锅灶, 以便于做饭, 这样利用灶台做饭之火进入炕洞, 这样做法, 即做饭又烧火炕。而是一举两得的, 那么烟, 即安设在窗外紧贴右侧的墙壁, 这个位置, 根本不影响参观, 又适用。

火炕的面积当人们挖筑窑洞时, 将右侧壁面放宽, 火炕的位置按窑洞方向计火炕的的宽度为2米, 长度能达到4米, 其面积为8平方米, 一家四-五口人居住比较合适。锅灶与火炕的连接处砌出一条矮墙, 高度50厘米, 这样可以使锅灶与火炕分隔开, 互不影响。

关于火炕的构造, 即用土坯砌筑花洞若观火矮墙, 使火焰交叉, 循环通过, 炕洞上部即采取大型石版盖住, 上部抹泥土, 没有石片之地即用土坯横平砌住, 其中再抹泥土成为平平炕面。 炕面上铺上苇片编织的席子铺平, 人们即在这个火炕上休息与睡眠。

如果在窑洞里没有火炕的设置, 人们实在难当, 日久之后, 人们生病的。

在窑洞之内洞壁做得加厚, 在壁面上挖出壁龛, 用以平日安放杂物。

除采暖之外, 在窑洞还有通风, 采光之设, 通风问题一般都在入正门之上部开一个方形洞口, 此外, 各各通风口, 面积比较窗子要以外面加一个风斗, 有风斗, 大风不能直达屋内。 此外还有采光问题, 这也是窑洞之内一个大的问题, 一般来看, 采光窗, 即在炕的尾部, 做一个方形大花窗, 用它采光, 因为农村经济不富裕, 采光窗并不安装大玻璃窗, 一般用窗糊白纸, 一年一度, 这样在窑洞里的感觉, 都是间接光。 在土窑洞里居住感觉极其安静, 悠闲, 在那里居住十分安适。

四. 洞空空间

洞内主要家具为方桌方凳, 在正面对称摆放。 单间窑洞, 施工简单, 在一般状况下, 一间窑洞的面积, 按27平方米计算散木工5个工日, 土工200个工日即可完成。

窑内空间: 陇东窑洞内部空间敞亮。 因为沿顶做出一个筒券底为5米左右, 远比双坡顶的房屋空间大。 一个窑洞空间过大, 筒壁过高, 并不适于居住, 陇东窑洞单体空间大小高低具比较合适的。一般生产用窑洞, 内部空间可做到10米。例如灵台虎家湾地区窑洞, 有的可容纳数百人。也有的窑洞作为大储藏室。灵台县有些大窑洞一洞可容百辆大车, 一洞可容一个生产队在内打场。

五. 外观式样

外观式样, 陇东窑洞由于土质的关系, 开洞时均以尖心拱为主, 不象其它地区窑洞用正圆形券洞, 更不像陕北窑洞运用半圆型拱。当地土质, 采用尖心拱合适, 不易塌毁, 比较安全。在洞内民做尖心拱筒券, 内外一致, 个别的还做出圭角形的券口。比较正规与讲究的窑洞在券口的边沿。施工时留出30-40厘米的券边, 加工细致, 使券面美观。窑洞的正面装饰主要以方形窗子为重点, 满做花格, 式样很多, 内糊纸, 外露花格, 朴素淡雅, 清秀美观。左部设门, 一般做双扇版门, 坚牢耐久, 犹存古制。这也是洞门的一种防御设施。窑洞"原壁"都成侧脚, 以使自然土面稳固, 洞口墙壁是砌出的平墙面。每当阳光照射时, 原壁与墙面出现一块阴影, 增强也立体感。人们居住在窑洞之内。洞地至自然地面还有5-7米, 在自然地面上照常耕种庄稼, 修建农田, 建设道路, 建造房屋, 不影响窑洞之安全。正如民间流传的谚语所说: "风雨从不向窗中入, 车马还从屋上行"。

六. 窑洞特征

陇东窑洞的防护是科学的, 经过长年的探索, 已经具备一套严密的防护方法。

这是在当前建筑设计中的一件大事。但是窑洞, 墙壁厚, 它本身是有防音防噪的效能, 这是窑洞的一大特点。

陇东窑洞是在深厚的土层中构成的, 用土做出各式的房屋。这个地方除"土"材外, 没有什么天然的房屋。这个地方除"土"材外, 没有什么天然的建筑材料。这里石山少, 距离远, 没有运输力量, 又缺少大树, 木材极少; 由于燃料奇缺, 不能烧砖, 所以没有砖材, 交通运输不发达, 没有铁路, 地势不平, 高原深沟, 原壁纵横。在这种善下产生土窑洞是必然的。

土窑洞可以节省大量的用地面积。一个村庄, 一个大镇, 进行建筑占地面积很大, 而一个斜坡, 坡度大小随地势选择而定, 当大雨时, 雨水及时排除, 毫不影响洞内地面安全与干燥。挖筑地坑直系窑院时, 都在窑院角落, 挖一渗井, 渗井用砖瓦碎片, 或用石块填入, 地面留出一个蓖子, 用它排除地坑窑院的积水。由于陇东地区雨量很少, 采用几种方式足可防水与防雨。

隔音与防噪: 陇东窑洞与其它窑洞相同, 对于隔音与防噪具有特殊意义, 这是窑洞本身特性形成的。一所房屋建造在地面上, 很难解决噪声问题。汽车, 火车, 工厂……发出一切噪声, 严重地影响人们的休息与安适的生活, 无论如何处理, 也是难于解决好的。窑洞都挖在地下, 既解决了人们的居住, 又不影响地面的耕作, 这是有益的。

挖筑窑洞施工进度快，可以在很短的时间内，达到有房屋可住。窑洞施工简单，不要交通与运输，不用车子与机械，也不必多备建筑材料，一切省工便当，这一点是一般房屋不可比的。

七. 窑洞防御

窑洞防御性强，窑洞都挖在地下，沟塘，原壁，从外表，从大地上看不见，十分隐蔽，居住在窑洞的人们十分安全。在陇东农村行走，地面上很少房屋，更看不见人们的生活场面，居民都住在地下。窑洞能防御风霜雨雪及冰雹，还能防震，并有利于备战。

陇东窑洞还有改进之必要。在整体方面窑洞前端沟塘，平地要进行绿化，使环境清新；堆放新材要有固定场所。每一个窑洞的正面，即前脸，应将泥墙改为大花格，用木框，安装玻璃，其上部仍留出通风窗。这样，洞内明亮，外部美观，不会多花费多少钱。

总的来说，包括陇东窑洞在内的中国窑洞，是我国地下建筑，式样很多，独具一格。设想我国北方黄土地带窑洞里的人们，从窑洞搬到地地面上来，需要多少房屋来解决问题？需要多少建筑材料？占用多少土地？这是不可想象的。因此，在一定地区还要因地制宜适当发展土窑洞。2007年8月20日作于北京

陇东窑洞外观

陇东窑洞外观

陇东窑洞正立面

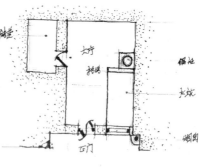

陇东窑洞平面图的火炕

陇东窑洞集体居住状况

渤海取暖設施遺址再考

*김준봉

　베이징공업대학교 건축도시공학부 교수

*방학봉

　연변대학교 교수

국제온돌학회 논문집 통권 7호, 전남대학교(Vol.7, 2008, pp. 113~121)

一. 渤海取暖设施的种类

据最近为止的渤海考古调查发掘资料来看、渤海取暖设施的旧址有, 上京龙泉府宫城内第四殿的正殿和配殿, 上京城宫城内的西区寝殿址、和龙县西古城内的第四宫殿和第一号房址、浑春市八连城内的第二宫殿址、浑春市凉水乡(含图们市凉水乡)亭岩山城兵营址, 梧梅里庙洞渤海庙址、新浦金山建筑址、青海土城建筑址、东宁县团结遗址上层、浑春市英意城址, 浑春市甩弯子房址、上京城宫城南墙3号门址处房、海林市渡口遗址、海林市河口遗址、海林市振兴遗址、海林市木兰集东遗址、海林市鹰嘴锋遗址、海林市兴农城址、东宁小地营遗址、桦甸县马鞍石鞑鞨房址、江源松树镇源松树镇永安村遗址、金策市城土里土城、康斯但丁诺夫卡村落址、斯塔罗列琴斯克古城建筑址、科尔萨科沃村落址、鲍里索夫卡村落遗址、克拉斯基诺城址、克拉斯基诺城北34号区遗址……等29座, 它的发现丰富了渤海取暖设施资料而且研究渤海火炕及民俗文化方面具有重大意义。

上述遗址都设有取暖设施。渤海取暖设施可分为两种。一是"火炕", 二是"火墙"(화로벽), 此外还可能有过"火盆"和"火地"等设施, 但由于取暖设施遗址的严重破坏还没有找到。

"火墙"是在渤海社会里没有广泛使用, 29个渤海取暖设施遗址中"火墙"遗址只有东宁小地营遗址一座。东宁小地营遗址位于东宁县道河镇小地营村东, 房址为半地穴式居住址, 东南向。房址南侧有一"火墙"遗址, 用石块夹草拌泥砌成。靠西壁和北壁有呈"┏"形烟道, 中部有一灶址, 呈锅底形。[1]

"火炕"是渤海人广泛、普遍使用过的取暖设施之一。渤海人主要靠火炕取暖防寒。在29个渤海取暖设施遗址中设有"火炕"遗址28座, 占绝大多数, 设有"火墙"遗址的只有1座。

根据现存的有关资料来看"火炕"是由灶口、灶炉、灶喉、炕座、炕洞、炕洞座、烟堡、烟囱等顺序连接而成的。但有些火炕是其房址的性质和规模的不同而其火炕设施也不相同。

火炕设施保存较好的遗址是上京城内的第四宫殿和西区寝殿。西区寝殿遗址位于第四宫殿向西偏北的地方。西区寝殿遗址和第四宫殿的距离大约12米。西区寝殿遗址的东西长12米、南北宽15米。其布局和构筑形式基本与第四宫殿址相同, 也辟为左、中、左3间, 东西二间大些, 中间1间较小。室内筑有火炕, 以青砖和板瓦砌成, 炕面铺板石, 其上墁白灰。有两种炕洞, 灶口在东壁中间, 炕洞烟道沿东墙向北延伸至北墙, 再向西去至房间西北角向北拐出室外, 经烟筒把烟排出。这处殿址离第四宫殿址很近, 皆属于国王享用的后寝的一部分。殿内火炕虽然不大, 但多与殿壁外(或是廊庑)炕连筑。这样筑法的目的可能主要是为扩大散热面, 便于室内保持一定温度。[2]在西区寝殿的北面, 有两个烟筒, 一个在东侧, 一个在西侧。两个烟筒, 位置对称, 大小、形状和结构亦相同。

1 金太顺:『黑龙江渤海考古的主要成果』。孙进已、孙海
   主编『高句丽渤海研究集成』渤海卷(3)。57页
2 朱国忱、金太顺、李砚铁 著:『渤海古都』275页。黑龙江人民出版社1996年出版。

二. 渤海火炕的平面形态和位置

渤海火炕的平面形态,主要有4种,一是"ㄱ"字形,二是"ㄷ"或"ㄩ"字形,三是"一"字形,四是"ㅓ"或"ㅜ"字形。

"ㄱ"字形或"ㄱ"字形火炕又称"曲尺形"或"折尺形"火炕。"ㄱ"形火炕是渤海人广泛普遍地使用过的火炕形面形态。上京城内第四宫殿的正殿和配殿、西区寝殿、西古城内的第四宫殿和第1号房址、梧梅里庙洞庙址、新浦金山建筑址、东宁团结遗址上层、海林渡口遗址……等28个遗址中发现的火炕的平面形态都是"ㄱ"或"ㄱ"字形。

"ㄷ"或"ㄩ"字形火炕又叫做换炕。"换炕"形火炕是在海林市河口遗址、海林市木兰集东遗址、海林市鹰嘴锋遗址、克拉斯基诺城址……等遗址中被发现。

"一"字形火炕又称"一面炕"或"条炕"。"一"字形火炕是在上京城内的西区寝殿址、东宁县小地营遗址、斯塔罗列琴斯科村落址……等遗址中能见到。

"ㅜ"或"ㅓ"字形火炕是在上京城内第四宫殿的正殿及配殿中可见到。相对而言,环炕、一面炕、"ㅜ"或"ㅓ"字形火炕是比"ㄱ"字形火炕没有广泛地使用过。

从住宅址内设施的火炕位置来看,在一般情况下多设施住宅址内的是西侧和北侧,其次是东侧,设在南侧的很小,这是因为房址的整体位置和方向朝南,出入口设在南壁有关。

三. 渤海火炕的构造

综合迄今为止的有关渤海火炕的调查资料来看, 渤海火炕是由灶口、灶炉、灶喉、炕座、炕洞、炕洞座、烟堡、烟囱等顺序连接的。但是根据房址的性格和规模的不同, 这些设施也不相同。

1. 灶址一般与炕洞或直线, 但个别的情况也成 "ㄱ" 字形或 "ㄴ" 字形。例如, 梧梅里火炕的焚烧口与跟炕洞形成 "ㄱ" 字形。灶址一般火炕或火墙的一端。火炕和火墙主要考虑房位所处的地理位置和风向设置, 因此, 它所处的位置不相同, 有的灶位是北炕西端, 半圆形浅炕, 有的是西炕北端, 平面呈圆形浅炕, 有的南炕北侧, 半圆形凹炕, 有的是西炕南端, 平面近长方形, 有的是西炕北端, 圆形浅炕, 有的是西炕南端, 不规则圆形, 其中设在西炕起头的占多数。有的房址内设有两条烟道两个灶口或三条烟道三个灶口, 这是个别现例。在室内设有一个火炕, 就有一个灶址, 二个火炕, 就有两个灶址, 三个火炕, 就有三个灶址。一个房址内设有三个火炕和三个灶址的现例不多。从灶口到烟囱之间, 逐渐稍为增高, 因此灶口部位底, 烟囱部位高。上京城宫城内的第四宫殿和西区寝殿的灶炉(아궁이 후렁이)平面圆形浅炕, 火炕是由灶喉、炕洞、炕洞座、烟囱等连接而成。灶址位于房址南侧中部。形态为不规则的锅底形凹炕, 灶址比炕洞座, 烟囱址稍高。

2. 烟道有单道、双道、三道等三种。其中双道炕占多数。上京城西区寝殿内设有火炕, 通过它可知渤海火炕的大体情况。整个寝殿共设 7 个灶, 四个在屋内, 三个在廊庑。灶坑呈圆形, 坑底内凹, 灶口至灶的后部, 坑座逐渐稍为增高, 其后壁与烟道相连。烟道为1~2条。除了西廊火炕之外所有的炕都两条火炕附加一条炕道。一条炕道与室内二条炕汇合后，通往烟囱。一条炕的构造和位置来看，它可能起辅助墙内两条主炕的作用。

双道火炕是渤海火炕中占绝大多数。如上京城第四勤点的正殿和配殿、西古城内的第四宫殿和第一号房址、梧梅里庙址、东宁团结遗址、克拉斯基诺城址……等遗址中都设有双道火炕。还发现三道火炕遗址，但其数很小，渤海29个火炕遗址中只有在亭岩山城兵营址中发现了三道火炕址。

烟墙(炕垅、炕洞座)是用砖、土坯、瓦、石、草、泥土……等材料砌叠而成，北青土城内发现火炕遗址。火炕设在屋内西部、砌2~3个直炕洞。砌炕洞的方法有几种，一种是砌成炕洞后其上覆以炕面石的方法，另一种是在地面上挖2~3条沟，再覆以炕面右的方法作为烟墙。[3] 用什么样的材料怎样砌成炕洞是按居住地的性格和规模而不相同。因此，有的烟墙用砖砌成、有的是用板瓦砌成、有的用石块砌成、有的用河卵石、草、泥土混合而成。上京城宫城内的西区寝殿、西古城第4宫殿和第1号房址内的烟墙是都用4层土坯砌叠而成。烟道高30厘米，宽40厘米，其上盖10厘米左右的板石。

3. 炕面是在炕洞和烟墙上面覆盖10厘米左右的石板而做。石板缝隔间填补小石块(垫石－굄돌)，石板上用沙泥土平抹1~3次，炕面仅均有坡度，由灶址处至烟囱处渐高。皇室内的寝殿、官府、贵族、富贵人家的

---

3 蔡太亨：『朝鮮単代史(渤海史)』190-191页。科学百科辞典出版社2005年6月出版。

居住址的炕面上又墁白灰, 但平民住宅炕面不能墁白灰。

炕面是据火炕面积而设施, 因此, 知道火炕的多少, 也推知炕面规模。俄罗斯沿海洲克罗斯基诺考古队在克罗斯基诺城址北部第34号区域发现了总长14.8米的炕遗址, 其年代据算为是10世纪即渤海末期。该遗址为向南西开口的 "匚" 形炕, 西边长度3.7米, 北边长度6.4米, 东边长度4.7米, 宽1.0~1.3米。[4]西区寝殿火炕的宽约1.2~1.4米。最大的一块石板长78厘米, 宽69厘米, 厚12.5厘米; 其余的石板的长度和宽度都稍小, 厚约10厘米。[5]

自灶口至烟囱之面逐渐稍为增高, 形成头部底, 尾部稍高的形状, 这是便于烧烟的顺通而设施的缘故。

西古城城内1号房址设有取暖设施, 其火炕是 "冂" 字形, 灶址设于室内南北向中轴线偏东位置处, 灶址的北部连接有两条烟道, 烟道沿房屋的东, 北墙内侧分布, 烟道沿东墙向北延伸至北墙, 再沿北墙延伸至房间西北角向北拐出室外连接烟囱。烟道设有两条, 自灶口至东北角之间的距离 2 米左右, 自东北角至西北角之间的残距6米, 大部分烟道宽约0.35~0.4米, 局部最宽处约0.5米, 最窄处宽约0.2米。烟道用土坯砌叠而成, 残宽约0.2~0.35米。烟囱和烟堡(굴뚝개자리)是 "凸" 字形设施, 其台基为夯土构筑, 其外缘用河卵石垒砌。 "凸" 形设施纵长约5.1米, 北部 "口" 形区域边长约2.4米, 南部区域横宽3.5米, 纵长约

---

4 金俊峰主编: 『国际温突学会志』。2006年度, 通卷第5号, 291页。
5 中国社会科学院考古学研究所 编: 『六顶山与渤海』68页。1997年中国大百科全书出版社出版。

2.7米。

4. 烟筒一般多建于室外的一角上。上京城第4宫殿内设有两条道筑成的火炕, 烟墙(炕垅)以砖砌筑, 上铺以板石, 墁平即为炕面。两条炕洞向北伸去, 穿过北墙和炕洞座(고래개자리)与墙外的烟囱相接。烟囱也以2条烟洞筑成, 上铺石板。上京城第四宫殿的西侧配殿是3间房, 室内设有火炕设施, 东屋和北廊东部的灶的烟道, 汇合后通往东侧的烟筒。中屋、西屋和北廊西部的灶的烟道汇合后通往西侧的烟筒。

西区寝殿也设有火炕, 烟道都通往北墙外的两座烟筒。中屋、西屋和北廊西部的灶的烟道汇合后通往西北角的烟筒。东西两个烟筒, 位置对称, 大小、形状和结构亦相仿佛。烟囱基部前段高约0.4米, 后段高约0.8米, 宽约3.2米, 长约5.2米, 系用夯土筑基, 东西两壁涂白灰, 呈斜坡状, 其上用石块砌成两条烟道, 烟道上用板瓦覆盖, 然后再用石板铺盖。烟囱向西连接烟筒, 烟筒基座长约5.45米, 宽5.5米, 残高1.7米。烟筒的基座近方形, 底部系土筑, 其上用石块砌叠, 底下较大, 往上逐渐收缩。

第四宫殿的正殿、配殿和西区寝殿的形状、火炕、砌筑烟筒的方法基本相同。这样的房址在西古城和八连成也发掘过。通过上述情况可以据知在渤海时期较大范围内采用火炕的取暖设施, 取暖过冬。[6]

由于渤海平民住宅址的考古资料很小, 因此无法了解渤海平民住宅内设施的火炕实况。据『五女山城高句丽取暖设施报告资料』来看, 烟筒多建于室外的土恒上的一角上, 只有一个房址的烟筒里一半筑在室内, 一半筑在室外的土恒上。但渤海烟筒遗址中还没有发现, 一半筑在室

6 朱荣宪: 『渤海文化』45~48页。

内, 一半筑砸室外的房址。

5. 渤海火炕有两种, 一是附有辅助炕洞的火炕, 二是无辅助炕洞的火炕。辅助炕(조돌), 以一条炕洞筑成, 一般多设在室外廊壁底部, 辅助室内正炕洞(윈고래구들)的顺烟排出, 保记室内取暖。属于辅助炕设施的有上京城内的第四宫殿、西区寝殿、西古城内的第四宫殿、梧梅里庙址。西区寝殿内北部廊中设施的辅助炕洞, 据其位置和构造来看, 可能起辅助室内正炕洞的顺烟排出, 保证室内取暖的作用。西古城第四宫殿内的两间主室和室外廊区内设有取暖设施, 辅助炕洞设在两间主室的两侧和北侧外廊区内。西侧辅助炕洞设西侧主室西墙外与室内炕洞平行向往北延伸, 到西北角后, 从北墙外过来的辅助炕洞汇合, 向室外延伸连接烟筒。设有火炕, 无辅助炕的房址, 在渤海住宅址之中占多数, 如甩弯子房址、亭岩山城兵营址、团结遗址房址。

四. 住宅址的性质及其实态

住宅址的性质和火炕实态, 是主要依靠渤海住宅址及取暖设施, 分宫城内的寝殿、官署(包括官僚住宅址)、平民住宅址、兵营、哨所、寺庙址等几方面来浅谈。

1. 属于宫城内的寝殿址有上京城第四宫殿内的正殿和配殿、西区寝殿、西古城内的第四宫殿、八连城内的寝殿址等几处。上京城内的第四宫殿和西区寝殿是渤海国王的寝殿。西区寝殿是具备台基、台阶、回廊、火炕、散水、墙面涂白灰的在当时来说属于最高级的房址之一。此房址是洁白、光滑的住宅址。取暖设施也与此相应地具备了灶口、灶炉、灶喉、炕座、炕洞、烟墙(炕墩)、炕面、炕洞座、辅助炕洞、烟囱、烟堡、烟筒等各部位。炕面是整齐地覆盖石板、用沙泥土平抹, 又墁白灰。

2. 都城内的官府、门街房、五京、府、州的重要房屋, 虽然不如宫城内的寝殿那样华丽和宏伟, 但在当时来说属于上流的房屋, 取暖设施也会齐全。

1981~1984年黑龙江省文物考古工作者对上京城3号门址的清理过程中发现一座房址, 在宫城南墙中心设有午门(五凤楼), 其西侧有1, 2号门址, 1号门西侧有3号门址, 2号门址东侧有4号门址。3号门址南北两侧各有一房址, 南侧的房址大部分已被破坏, 形制不详。其北侧的1号房址保存较好, 房址为平地起建, 平面略呈正方形。室内两侧设有两条烟道的火炕。炕深0.13~0.18米, 南北向的双道炕。炕面是整齐地覆盖玄武岩板石, 灶设在西北角, 炕洞至西南角连接烟筒。从房址所处的位置来看, 应是当时"门仆"值班的门卫房或门卫室。[7]

属于洲级的住宅址内应设火炕。英義城市东京龙原府管下的一个州所址, 他比不上国王的寝殿和府级住宅址, 但英義城内也设有与其相应的火炕设施, 房址严重被破坏, 很难知道其形态。但在房址周边散布很多瓦点和可认为灶址的遗址, 因此, 可以据知此房址是布瓦的住宅址, 室内没有火炕设施。

3. 兵营及哨所的形态和构造并不是华丽和宏伟而是简单俭朴, 在室

---

7 金太顺:『初探渤海时期的平居民住址』、『高句丽历史地位及渤海文化构成』101页。

内设施的取暖设施也简单朴素。甩弯子房址形状呈长方形，石墙瓦顶建筑，内壁用泥土抹平，东西长20米，南北宽5-8米，平面略呈曲尺形，坐北朝南。房址的平面布局，可分成左、中、左氏三室，中室面积最大。从它所处的位置和房址构造来看，可能在通往东京龙原府交通要冲地路上设置的守卫所。在室内只发现灶址和双道炕洞址，其余具体形状和构造无可知道。据调查，亭岩山城城墙内侧发现了一个凹坑和抗板石，可能是兵营址或哨所，房址长3.4米，宽2.3米，炕板在坑北半部，宽1.4米，有三条烟道，东部搭有火灶，西侧置有石块垒砌的烟筒，疑是兵营址，由此推测，亭岩山城规模大，坚固雄伟，设施较多，即有密布的兵营址、瞭望台、门址、通道、又有用之不尽的泉水和避风的盆地，是一个易守难攻的军事要塞。山城东西西侧，有珲春通往汪清的古道干线，可以看出山城的战略地位是很重要的。[8]

4. 寺庙(寺院)是华丽严肃的建筑物，庙内设有整齐的火炕设施。梧梅里渤海寺庙址内发现了几个火炕设施，主体建筑物内设有"ㄱ"字形的双道火炕。炕洞是巧妙的利用自然岩石，高2米左右砌筑的烟筒连接。炕洞通过北墙的交接处设有辅助炕(조돌)。在此遗址内，出土了很多瓦片、雕刻碎片和镜子等遗物，从这一点可以想象出梧梅里寺庙址当时是一个相当华丽的佛堂。

5. 渤海的平民，生活在"半地穴式"和地上建筑的小房子里，炕也是与其相配的。属于这一类的遗址有团结遗址、渡口遗址、河口和振兴等遗址。在团结遗址中发现了4座渤海平民居住址，皆为穴壁竖直的

---

8 『延边文物简编』120~121页，1989年延边人民出版社出版。(朝文)

长方形半地穴式, 面积较小, 多在15-20平方之间。屋内有炕, 是用河卵石砌成烟墙(炕垅), 炕面辅板石。一般有两个烟道, 走向沿西墙北段和北墙, 呈曲尺状(" ┏ "字形)。炕面宽1米多点, 灶台设在火炕南段。[9]

1994~1995年在河口遗址中发掘了属于6个渤海时期房址。都是半地穴式房址。房址。在第3号房址内设有火康, 室内东、南、西三壁设"U"字形烟道。[10]

渤海不反继承了高句丽和靺鞨人的炕文化, 而且在此基础上创造了更为发达的炕文化。如上京城第四宫殿内的正殿和配殿的火炕、西区寝殿的火炕、西古城内的第四宫殿火炕是充分表明渤海火炕文化发表的代表性的典型的火烟文化遗址。

整个西区寝殿共设七个灶, 4个在屋内, 3个在廊间。烟道有七处。烟道都紧贴墙壁而与之平行, 其与灶坑相接处则成直角而稍显孤曲。所有的烟道都系用土坯砌成。除北廊东部和西部的两个灶的烟道系单独一条以外, 其余的烟道都是双道相并形成的。从灶口到烟筒的火炕各部位, 主炕和辅助炕的相配等都是合理。通过这些事实, 不难看出当时渤海炕文化发展情况。

渤海人主要依靠火炕取暖防寒, 此外还有火墙取暖, 但其数不多。渤海火炕形态主要有" ┏ "字形, 其外还有"匚"、"U"、"┤"、"┣"、"一"等字形, 但其数不多。渤海的平民初期不小在半地穴和地上筑建的小房里生活过, 但随着社会的进步和生产力的发展, 过地上生活的逐

---

9 魏存成:『渤海的建筑』、『黑龙江文物丛刊』1984年4期。
10 金太顺:『初探渤海时期的平民居住址』、『高句丽渤海历史研究论文集』176~177页。

渐的增多,半地穴式生活逐渐减小了。平民住宅址内的火炕设施也随着社会的发展而进一步发展了。烟筒位置,基本上选尺在屋外的一角上。把烟筒一半筑在室内,一半筑在室外垣上的情况在所有渤海考古遗址中尚没有发现。

五. 关于西古城宫城内的第2, 第3宫殿性质的推理。

根据『2000~2005年度渤海国中京显德府故址田野考古报告』来看, 第2宫殿是同第一宫殿主殿一样, 第二宫殿主殿也处于西古城的南北向中轴线上。第三号宫殿址位于第2号宫殿址区域的东侧, 第四号宫殿址位于第二号宫殿址区域的西侧。横向排列的2, 3, 4号宫殿正好处于西古城内城的东西向中轴线上, 而2号宫殿则正好处于内城的中心点上。发掘报告书的报道对渤海都城研究方面起很大的促进作用。但还没有涉及2, 3号宫殿的性质, 在学术界的有些学者提出各种主观想法。笔者认为2, 3号宫殿是"寝殿"而不是"政殿"。

第一, 从西古城内的第2, 第3, 第4宫殿的平面形态来看, 他可能设有取暖设施的"寝殿"。第二宫殿主体建筑台基, 东西长约27~27.5米, 南北宽约15~15.5米, 残高约0.15~0.3米。[11] 在台基的北侧, 残存有2个位置左右对称的"凸"形设施。[12]

第三宫殿建筑台基, 东西长约27.8米, 南北宽约18米, 残高0.5~0.2

---

11 宋玉彬 主编, 全仁学 副主编『西古诚』159页。文物出版社2007年出版。
12 上同书160页, 文物出版社2007年出版。

米。[13]在台基的北侧, 残存有2个位置左右对称的 "凸" 形设施。[14]

第4宫殿津筑台基, 东西长约26.7米, 南北宽约18.2米, 残高0.4米。[15]台基向北延伸1个 "凸" 形设施。这些设施只设筑在第4号宫殿台基西处, 在台基东处没有发现。这是会可能遗址严重破坏有关。

西古城宫城内第1号房址的台基平面呈方形, 台基东西长约9.9米, 南北宽约9.6米, 残高约0.1~0.5米。[16]

上述平面形态来看, 西古城宫城的第2, 第3宫殿, 可能是 "寝殿" 而不是 "政殿"。

第2, 第4宫殿的平面形态和构造来看, 第4宫殿很可能与寝殿有关。第4宫殿的平面形态是 "凸" 形设施。在4号宫殿两间主室内部以及西、北外廊区域, 清理出去暖设施遗迹, 留存灶址、烟道迹象。其中, 位于西廊内的灶址与两间主室内 部的灶址在位置上略呈东西向一线排列。

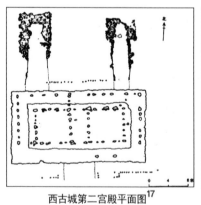

西古城第二宫殿平面图[17]　　西古城第四宫殿平面图[18]

13 上同书192页, 文物出版社2007年出版。
14 上同书195页, 文物出版社2007年出版。
15 上同书227页, 文物出版社2007年出版。
16 上同书288页, 文物出版社2007年出版。

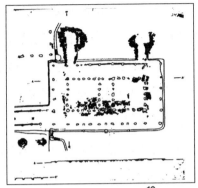

西古城第三宫殿平面图[19]

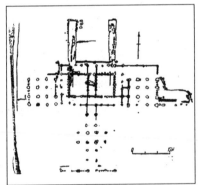

上京龙泉府第四宫殿正殿[21]

西古城宫城内第一号房址平面图[20]

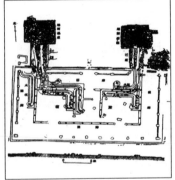

上京城宫城内第四宫殿内西区住宅址[22]

　　第三, 从西古城内的宫殿配置来可以推理它是"寝殿"。西古
城的内城位于外城的北半部局中位置, 呈纵向长方形输廊。1号宫

17 上同书166页, 文物出版社2007年出版。

18 上同书224页, 文物出版社2007年出版。

19 上同书193页, 文物出版社2007年出版。

20 上同书287页, 文物出版社2007年出版。

21 朱荣宪: 『渤海文化』37页。社会科学出版社, 1971年出版。

22 中国社会科学院考古研究所, 编著『大顶山与渤海镇』67页。中国大百科全书出版社, 1997年出版。

殿的主殿位于内城南部, 其位置正好处于由外城南北成门构成的
西古城南北向中轴线上。第2号宫殿的主殿位于1号宫殿的北部,
也处于西古城的南北向中轴线上。5号宫殿址位于第2号宫殿区域
的东侧, 第4号宫殿地位于第2号宫殿址区域西侧。横向排列的2、
3、4号宫殿址正好处于内城东西向中轴线上。

如果认为第一宫殿是"正殿", 第5宫殿是迎接国内外贵宾的迎宾殿
的话, 那可以从推理第2、3、4宫殿是"寝殿"。

第四, 与上京城宫城内各宫殿配置情况对照中可以推理西古城内的
第2、3、4宫殿是"寝殿"。

上京城宫城内的五座宫殿, 都位于南北向中轴线上。第1、2、3宫殿
是"正殿", 第5宫殿是迎接国内外贵宾的迎宾殿, 第4宫殿是"寝殿"。
上京城宫城内的第4号宫殿的平面形态与西古城内的第2、3、4宫殿址
基本相同。

上述理由, 可以推理西古城宫城内的第2、3、4宫殿址是"寝
殿"。[23]而不是不是"政殿"或"府库"。

---

23 『西古诚发掘资料报告书』执笔者, 在本书第4章和3中提到"二号宫殿可能与寝殿有
    关"。西古诚址二、三、四号宫殿址, 一号房址台基的北部均连接有"凵"形设
    施。相同的设施, 在渤海上京城址被认定为烟囱迹象。然而在西古诚建筑址中所清
    理出来的烟道迹象均没有与"凵"形设施发生直接的并联。在这里作为一个问题提
    出, 仅参考的提示, 这是今后进一步深入研究渤海都城方面可能会起重要的作用。

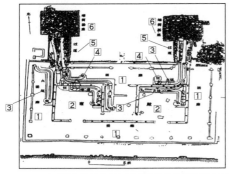

* 상경룡천부 서구침전유지 평면도

1. 回廊 회랑
2. 寢殿 침전
3. 火炕 구들
4. 灶 아궁이
5. 过道 굴뚝
6. 烟筒基座 연통기초

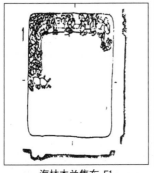

海林木兰集东 F1

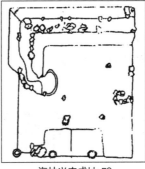

海林兴农成址 F3

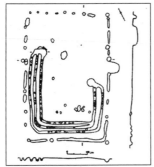

海林河口 F1003

海林振兴 F8

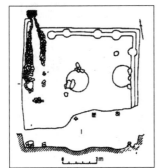

东宁小地营 F1

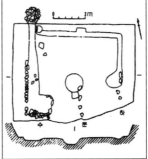

东宁小地营 F2

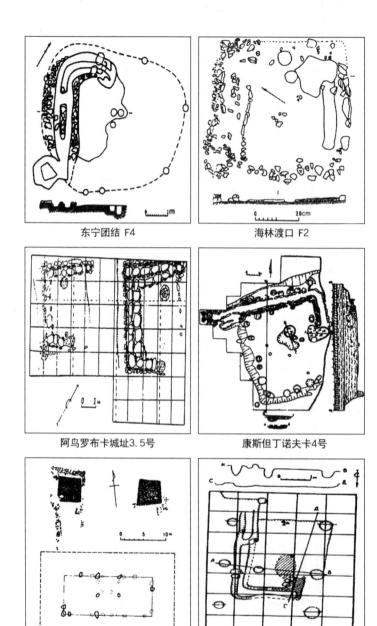

东宁团结 F4

海林渡口 F2

阿乌罗布卡城址3.5号

康斯但丁诺夫卡4号

八连城第二宫殿址

诺布库尔得耶夫卡城址18号

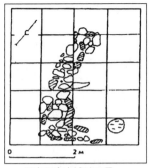

阿鸟罗布卡城址10号

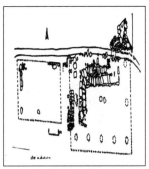

新浦悟梅里庙洞1号

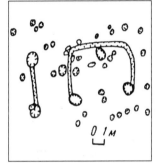

保高尔得耶夫卡村落址3号

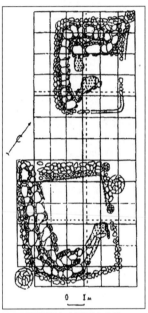

阿鸟罗布卡城址4.2号

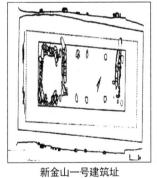

新金山一号建筑址

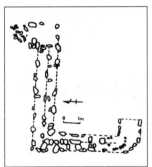

青海土城建筑址, 编号不明

西古诚第四宫殿火炕遗址

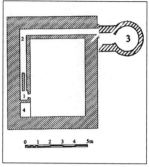

团结遗址F1房址平面图

1. 아궁이(灶)
2. 고래-내굴길(烟道)
3. 굴뚝(烟灶)
4. 토대(土台)

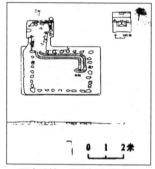

西古诚第一号房址火炕遗址

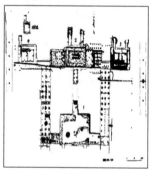

西古诚内诚南半区的宫殿
位置图址

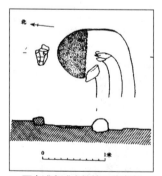

西古诚宫诚内的第四号宫殿
北側外廊灶址平、剖面图

나오면서

- 온돌, 찬란한 구들문화의 유네스코 인류무형유산
대표 목록 등재를 소망하며.

온돌과 구들문화는 한반도 지역에서 땔감이 부족한 혹독한 겨울을 나기 위해 밥을 짓고 바닥을 데우는 바닥을 난방하는 한민족의 독특한 주거문화를 일컫는다. 예로부터 우리 조상들은 겨울이 오기 전 일 년 내내 구들장을 찬찬히 준비해 두었다가 가을 추수가 끝나면 마을에서는 집집마다 지붕 이엉 잇기와 더불어 구들 놓기가 이루어져 왔다. 오랜 시간 동안 한국인은 주변 자연환경에 맞추어 가장 작은 방에서도 많은 식구가 생활할 수 있는 온돌을 유지하고 발달시켜왔으며 근대화에 더불어 새롭게 도입된 아파트 문화에서조차 온돌방식을 조화롭게 창조적으로 발전시켜온 것이다. 그리고 온돌의 변천사는 한민족의 주거문화의 지속과 변화를 보여주는 귀중한 사례. 이에 온돌 기술을 비롯하여 그 기술로부터 파생된 생활양식 등을 포괄하는 온돌문화를 유네스코 인류무형문화유산 목록에 등재시키는 것은 시의 적절하고 타당하다.

이러한 우리의 전통온돌-온돌문화전통은 오랜 세월 동안 발전되고 전승되어 한민족의 온돌문화전통으로 독특한 문화를 형성하여 그 문화권의 정체성을 유지시켜왔다. 5,000년이 넘는 역사를 지닌 한민족의 온돌은 서양의 선 불이 아닌 누운 불 형태의 독특한 방식으로 불을 이용하는 한국의 전통적인 주거문화며 난방 방법이다. 온돌은 한국인의 주거에서는 마루와 함께 필수적인 요소며 사회적 지위나 지역적 차이를 불문하고 모든 사람이 공통으로 향유하는 주거문화다. 또한 온돌은 적은 에너지원으로 많은 가족이 작은 집에서 추운 겨울을 이기고 건강을 지속시킨 한국의 탈화 좌식 평상문화에 적합한 고유한 난방 방법이기도 하다.

온돌은 일반적으로 바닥에 불을 때서 구들장을 데워 난방하는 방법으로 알려졌지만, 역사적으로 보면 지역에 따라 만드는 방식과 연료 구조 형태에 따라 수백 수천 종의 온돌이 존재하여 문화의 다양을 보여준다.

이번에 사단법인 국제온돌학회 국제학술심포지엄에서 10여 년간 발표된 그간의 논문들을 모아 『온돌과 구들문화』 책을 발간함으로써 온돌문화를 인류무형문화유산 등재를 위한 방안을 마련하는 기틀이 되기를 소망한다. 온돌, 구들문화의 인류무형문화유산 등재는 한국의 국가 위상과 창의성을 전 세계에 알리는 중대한 계기를 마련할 수 있을 것이다.

한국은 일본과 더불어 무형문화재를 지정하고 전승자를 키우는 등 아시아·태평양 지역에서 가장 먼저 국가 정책으로 무형문화를 보존해 온 무형문화유산 선진국이다. 유네스코(UNESCO)도 1997년 제29차 총회에서 산업화와 지구화 과정에서 급격히 소멸되고 있는 무형문화유산을 보호하고자 '인류 구전 및 무형유산 걸작 제도'를 채택하였고 무형문화유산의 중요성에 대한 국제사회의 인식이 커지면서 무형문화유산의 가치를 인정하고 2003년 유네스코 총회는 '무형문화유산 보호 협약'을 채택하였다. 이는 국제사회의 문화유산 보호 활동이 건축물이나 유적 위주의 유형 문화재에서 무형적이지만 살아있는 유산(living heritage), 즉 무형문화유산의 가치를 새롭게 인식하였음을 국제적으로 공인하는 계기가 되었다. 우리나라는 16건의 인류무형문화유산 대표 목록을 등재하였는데 이는 아태지역의 30%에 해당하는 것으로 명실상부한 무형문화유산 강국으로 평가받고 있다. 이러한 유네스코의 인류무형유산 정책은 2년마다 국가별로 한 건씩 등재할 수 있었으나 2009년부터는 매년 제한을 두지 않게끔 수정되었다. 무형문화유산 보호를 위한 국제사회의 관심이 높아져 가는 동안 여전히 급속한 세계화와 도시화, 문화 통합화 현상 등으로 인해 많은 무형유산이 사라지고 있다.

이러한 상황에서 다민족 국가인 중국은 다양한 무형문화유산을 보유하여 2014년 현재 인류무형문화유산 목록에 가장 많은 유산들을 등재시킨 국가로 기록되고 있다. 한국의 경우에도 중국과 마찬가지로 중요한 가치를 지닌 잠재적 무형문화유산들이 상당할 것이다. 이에 가치 있는 무형유산들을 발굴하여 보전해나갈 필요가 있다.

기실 1962년부터 시행한 우리나라의 무형문화유산제도와 유네스코의 제도와는 차이가 있는데 유네스코에서는 공동체가 소중하게 여기는 것이 인류가 보호해야 할 무형문화유산으로 규정하고 있는 반면에 우리나라의 문화재 정책은 역사적, 예술적, 학술적 가치를 지닌 것을 무형문화유산으로 지정할 수 있기 때문에 온돌이나 김장문화와 같이 국민 모두가 중요하고 소중하다고 생각하는 우리의 무형문화유산에 대한 가치와 보호에 대한 인식이 미흡했었다. 또한 인간문화재 제도처럼 국가 차원의 전승이나 보호정책에 의해 인정된 특정 전수자나 보존회를 비롯한 특정 단체와 개인의 역할만을 강조해 왔다. 이러한 측면에서 온돌 문화 등재 추진이나 작년에 이미 등재한 김장문화는 국내 무형문화유산 보호의 패러다임을 전환시킨다는 의의를 지닌다. 문화재청 국립문화재연구소 학예연구사인 황경순은 「김장문화의 인류무형유산 대표 목록 등재를 통해 본 무형유산 보호의 패러다임 변화」에서 "중요 무형문화재와 시도지정 무형문화재가 아닌 미지정 무형문화유산을 인류무형유산 대표 목록으로 신청함으로써 …… 중략 …… 국가와 국민이 미지정무형문화유산의 중요성을 재확인하는 계기가 되었다는 점이다 …… 중략 …… 무형문화유산의 전승주체로서 특정 개인과 보존회뿐만 아니라 공동체 전체로 참여의 폭을 넓혔으며, 이들에게 무형문화유산 보호주체로서의 역할을 인식시켰다"고 말하고 있다.

이제 여러 자국의 문화유산을 범세계적으로 그 보존가치를 유지하려는 의도에 따라 한국의 온돌, 그 찬란한 구들문화를 인류무형문화유산에 등재하는 것은 시급하고도 중요한 일이다.

온돌은 집안에서 어린이와 노약자의 자리인 아랫목과 성인의 자리인 윗목이 있으며 아랫목에 모여 한겨울을 나는 문화로 세대 간의 가족문화로 이어져 왔고, 그 재료나 구조도 집 근처에서 흔히 구하기 쉬운 황토로 만들었고, 무거운 구들장의 시공을 위해서는 동네에서 품앗이로 서로의 구들을 놓고 집들이를 통하여 구들장을 눌러주는 문화로 아직도 이어오고 있다.

대대로 전승된 유산에는 인류 문명의 발달에 기여할 수 있는 창의성과 선조들의 지혜가 내재되어 있다. 이러한 인류의 유산 중에서 온돌(구들)은 한반도에서 발전하여 세계적으로 그 우수성을 인정받은 난방 수단이다. 원시 온돌은 중국을 비롯한 유럽이나 북미주 등 세계 여러 곳에서 발생되었으나 오직 한국에서만 꾸준히 사용하고 발달시켜 지금까지도 온돌이 대중화되고 정착되어 독특한 문화가 형성되고 있다.

2007년에는 온돌 파이프와 관련한 4건이 국제표준으로 제정되었고 2008년 3월에는 한국이 제안한 7건의 온돌 관련 신규 국제표준안이 국제표준기구 기술위원회(ISO/TC) 회원국 투표에서 과반수 찬성을 얻어 국제표준안으로 채택되었다. 이에 온돌 기술이 한국에서 계승되고 발전되어왔음을 규명하여 온돌 문화의 우수성을 세계에 알리고 인류의 유산으로서 영구적으로 보전해나가야 하는 가치를 규명할 필요가 있다. 오늘날에 이르러서는 주거 공간뿐 아니라 비주거 공간에도 온돌이 확대되고 있으며 찜질방 등의 문화로 창조적으로 변화되어 전승되어 가고 있다. 그리고 지방마다 성행하고 있는 황토방 짓기 행사를 통하여 전통온돌을 놓고 배우는 일이 다양한 사회문화 공동체와 집짓기 동호회들을 중심으로 되살아나고 있다. 특히 온돌문화는 국내에서뿐만 아니라 해외에서도 그곳에 거주하는 재외동포들을 통해서도 전승되고 있으며 해당 국가의 주거문화에도 적지 않은 영향을 주고 있다.

무형문화유산은 전통문화인 동시에 살아있는 문화로 공동체와 집단이 자신들의 환경, 자연, 역사의 상호작용에 따라 끊임없이 재창조해온 각종 지식과 기술, 공연예술, 문화적 표현을 아우른다. 무형문화유산은 공동체 내에서 공유하는 집단적인 성격을 가지고 있으며, 사람을 통해 생활 속에서 주로 구전에 의해 전승되어왔다. 우리나라 종전의 인류무형유산의 대표 목록에 등재된 유산이 주로 인간문화재나 중요 무형문화재 중심이었다. 그리고 전승의 주체도 특정 전수회나 보존화 인간문화재 개인이었지만, 최근의 경향이나 유네스코에 등재된 김장문화의 경우는 공동체의 범위가 국민 전체에 가깝다. 온돌문화 역시 김장문화와 유사하다. 유네스코 협약에 따르면 무형문화유산을 전승하는 공동체는 해당 유산에 따라 개인 집단 마을 지역민 국민 전체 등 다양하게 상정될 수 있는데, 무형문화유산의 특성은 이러한 공동체나 집단 개인에 의해 끊임없이 생산 및 전승되는 속성을 지닌 것을 중요시하고 그 전승 주체의 중요성을 강조하고 있다. 즉 보호조치를 마련하는 데 있어서도 무형문화유산의 실행 주체이자 보호의 주체인 공동치의 참여와 노력이 필요하다는 점을 강조한다. 그리고 유네스코 협약은 공동체와 그 무형유산의 실연자가 유산의 가치를 어떻게 평가하는지를 주목한다. 따라서 온돌문화의 인류무형유산 등재 추진을 통해 공동체의 범위가 중요무형문화 보존회나 인간문화재 등 개인에서 확대된 것이다. 온돌문화의 보호와 전승을 위하여 어떠한 조치가 필요하며 다양한 전승 공동체는 이러한 조치를 위해 어떠한 역할을 할 것인지에 대하여도 충분히 논의하고 준비해야 한다. 또한 유네스코 인류무형유산 대표 목록 등재 자체가 유산을 보호하는 국제적인 보호장치가 될 수 있지만 등재 자체의 목적보다는 공동체의 정체성과 그 정체성이 변화하고 발전하는 과정과 결과물들에 주목해야 한다.

새로운 '무형문화보호협약'에 따른 온돌의 국가무형유산목록등록은 문화적 행위로서 온돌문화가 지니는 가치에도 불구하고 그간 국내 법적인 한계와 국내 무형문화유산 정책으로 보호의 사각지대에 놓여 있었다. 즉 역사적 연원에 중점을 둔 종목의 지정 기준과 종목의 지정 시기, 예능을 갖춘 보유자나 인간문화재 또는 보유단체를 반드시 인정해야 하는 현행제도의 제약으로 이제까지 대표 목록 지정을 신청하지 못하였던 것이다. 그러나 김장문화처럼 온돌도 그 전수나 보존의 주체를 특정할 수 없는 경우에도 무형문화재로 지정될 수 있게 되었다.

한민족에게는 지극히 일상적인 주거문화인 온돌이 인류무형유산 대표 목록 등재 대상으로 이제야 거론되고 있는데, 중국이 조선족의 무형문화와 유산을 자국의 국가목록으로 편입시킬 뿐만 아니라 이미 우리나라에도 널리 전승되는 '침구'를 국가목록으로 등재하였다. 이러한 문화 위기적 시점에서 중국과 유사한 우리의 무형문화유산을 인류무형유산으로 조속히 신청해야한다는 위기감이 있다.

최근의 유네스코 경향에 주목해야 할 점은 애초 인류무형유산의 등재신청대상의 제목이 '김치'에서 '김치와 김장문화'로 최종적으로는 '김장문화'로 무형유산명이 바뀐 점인데 두 차례의 등재추진위원회를 거치면서 수정 확정되었다. 이는 유네스코에서 그동안 해당 음식의 상업화를 우려했기 때문에 그 우려를 불식시키는 데 초점을 맞춘 것으로 볼 수 있다. 따라서 온돌 역시 온돌문화의 현대적 변화상과 사회적 역할을 강조하는 방향으로 등재 신청서의 전략적 작성이 필요하고 근대화와 서구화에 따른 변화상과 도시와 농촌 간 세대 간 계층 간 온돌문화가 화합을 증진하는 역할을 담당하는 점의 강조가 필요하다. 그리고 온돌의 경우도 전통적으로 순우리말인 '구들'을 강조하여 —이는 중국의 캉과 차별화된 단어로— '구들과 온돌문화' 영문명으로는 'Gudle, Ondol of Heating System' 등을 생각할 수 있겠다.

이를 위해 먼저 '온돌, 구들-문화' 인류무형유산 등재 추진위원회를 구성하고 국토교통부, 유네스코 한국위원회, 국립문화재연구소의 참여와 협조를 받아 관계부처인 문화재청과 지자체 등의 동의를 얻어야 한다. 그리고 이들이 구들과 온돌문화의 보존과 전승 활성화를 위하여 민간과 정부 차원에서 다양한 활동을 추진하고 있다는 것을 가시화하기 위해 진행 중인 활동과 향후 진행 예정인 활동 등을 계획하고 수집하여야 한다. 이와 같이 공동체는 구들-온돌문화의 인류무형유산 대표 목록 등재 신청을 위해 다양한 방식으로 참여함으로써 전승의 주체로서의 역할을 수행해야한다. 이러한 과정을 통화여 국민들은 중요무형문화재와 시도지정 무형문화재와 미지정 무형문화유산이 지닌 소중함과 가치를 새롭게 인식할 수 있다. 즉 지극히 일상적인 활동 또한 무형문화유산이라는 인식의 전환이 필요하며 무형문화유산에 대해 보다 넓은 진정성 있는 안목을 가져야 한다.

온돌문화는 한민족이면 누구나 인정하는 우리의 고유한 주거문화다. 단순히 난방 방법에 국한된 것이 아니라 사회 관행, 의례, 자연에 대한 토착적 이해 등 문화의 여러 측면에서 유기적 연관성을 가지고 있다. 특히 온돌문화는 서구화 산업화와 아파트의 대량보급으로 인한 난방 방법의 다양성 감소 등의 세계적 추세 속에서 다양한 재료와 기법을 이용한 전통온돌난방문화가 현대사회에서 어떻게 전승되고 그것이 공동체와 구성원의 생활 속에서 어떻게 구심점 역할을 하는 가를 알리는 것이 궁극적으로 인류무형유산 대표 목록 등재를 통해 가시성을 제고하고 문화의 다양성에 큰 도움이 되는 방법이 된다. 그리고 이러한 등재 추진 노력이 구체적으로 다음과 같은 계획 하에서 전략적으로 수행하여야 한다.

(1) 온돌, 구들문화의 개념을 정확히 전달하기 위한 용어의 발굴과 정비, 정의 및 표준화

(2) 온돌, 구들문화의 보편적이고 탁월한 가치 입증과 등재 추진을 위한 자료 확보

(3) 온돌, 구들문화의 체험, 교육, 연구, 등재 지원을 위한 프로그램의 기획 및 운영 계획

(4) 타문화권의 유사 온돌 유산들과의 차별성과 독특성 유지를 도출하기 위한 계획

(5) 온돌, 구들문화의 가치를 증명할 수 있는 객관적 근거를 확보, 이를 통해 그 가치를 가시화할 수 있는 방안 강구

(6) 온돌, 구들문화 등재를 위한 온돌 자료 정리 구축과 온돌과 구들문화의 지속적 전승과 개발, 유지 관리를 지원하기 위한 정부 협조와 정책 추진

(7) 온돌, 구들문화 보전을 위한 운영 방식 결정, 조직 구축, 활동 방안 마련

열거한 계획을 통해 인류무형문화유산의 등재 지명원 작성, 관련 단체들의 등재 관련 사전 동의서 작성, 온돌문화 관련 동영상 제작, 관련 사진 자료 확보 등과 같은 증빙 자료가 구축되어야 하고 등재 성공을 위한 정부 협조와 제도적 지원도 병행되어야 할 것이다. 또한, 등재 이후에도 온돌문화의 지속적인 유지관리가 이루어질 수 있는 유산 보전 체계가 합리적이고 효율적으로 조직되어야 한다. 그리고 온돌을 인류무형유산 대표 목록에 등재하여 건수를 단순히 늘리는 데 급급할 것이 아니라 등

재 이후의 보호와 전파 방안을 충분히 논의하고 피상적인 문화적 우월성을 과시하는 데 그치지 말고 무형문화유산 보호를 위한 대표 목록 등재 제도의 유네스코협약의 근본적인 취지에 부합되도록 그 방안을 강구해야 할 것이다.

한국인의 삶 속에서 고유의 문화를 형성해온 독창적인 기술로 자부할 수 있는 온돌을 전 인류적 차원에서 보전할 수 있는 인류무형유산으로 등재시켜 한국의 온돌문화가 영구적으로 지속될 수 있기를 기대한다. 세대를 거쳐 전승되면서 재창조된 온돌과 구들문화의 보호를 위해 국가뿐만 아니라 공동체는 어떠한 역할을 해야 할 지를 새롭게 살펴보는 것은 그간 무형문화유산에 대한 관주도의 하향식 보호 방식에 대한 반성과 패러다임의 전환점이 되어야 한다.

끝으로 인류무형유산 등재 제도는 보호를 위한 수단일 뿐 그 자체가 보호의 목적이 될 수 없음을 상기할 필요가 있다. 등재 신청 이전에 인류무형유산의 등재가 해당 공동체에 어떠한 영향을 줄 것인지, 공동체의 발전을 위해 무형문화유산이 어떠한 역할을 수행할 수 있을지 지속적인 논의가 필요하다. 온돌전통의 계승과 발전을 위하여……

2014. 08. 15.
서울과학기술대학교 수연관 온돌연구소에서
김준봉

김준봉 金俊峰(Ph. D. Kim, June Bong)

국제온돌학회장/동북아도시주거환경연구소장/중국세계문화유산보호연구센터 특
    별초빙고문/문화재 수리 기능자(온돌)
베이징공업대학교 건축학과 교수/법학박사/공학박사/건축사/연세대학교 건축도시
    공학부 객원교수(2003. 9~2008. 7)/서울과학기술대학교 겸직교수(2014. 3 ~   )
『中國 朝鮮族 民居』,『뜨끈뜨끈 온돌』,『온돌―흙과 불의 과학적 만남』,『다시 중
    국이다』,『성공하는 중국 유학』,『중국 부동산 투자 원칙』,『중국 속 한국 전통
    민가』저,『온돌 그 찬란한 구들문화』공저,『중국 경제성장의 비밀』,『호설암의
    기회 경영』공저.

jbkim@yonsei.ac.kr
www.kjbchina.com
www.intenationalondol.org.

김준봉 사단법인 국제온돌학회장 회장/한국현대한옥학회 국제회장/베이징공업
    대학교 건축도시공학부 교수/문화재 수리 기능자(온돌)/서울과학기술대학교 겸
    직교수
리신호 충북대학교 지역건설공학과 교수/국제온돌학회 공동회장/Ph.D.
천득염 전남대학교 건축학부 교수/한국건축역사학회 회장/Ph.D.
리광훈 서울시립대학교 기계정보공학과 교수/Ph.D.
옥종호 서울과학기술대학교 건축학부 교수/주택대학원장/Ph.D.
강인호 한남대학교 건축학부 교수/Ph.D.
김동열 전남대학교 대학원 건축공학과 석사과정
김성구 보령신약 연구소장/의학박사/Ph.D.
김종헌 배재대학교 교수/배재학당 역사박물관장/Ph.D.

문민종 서울시립대학교 대학원 기계정보공학과 연구원/Ph.D.

박주희 중국 칭화대학교 박사과정

손영준 금강하이텍(주) 대표이사

오홍식 구들문화원장

유기형 한국건설기술연구원 건축연구부, 선임연구원/Ph.D.

유우상 전남대학교 건축학부 교수/Ph.D.

정민호 전남대학교 대학원 문화재학협동과정 박사과정

정해권 한국건설기술연구원, 연구원/Ph.D.

조동우 한국건설기술연구원, 수석연구원/Ph.D.

조병호 한시미션 대표/영국 버밍엄대학교/Ph.D.

류경재(일본) 아시아경제문화연구소(일본) 소장/Ph.D.

조셉 윤(호주) 국제통상전략연구원 원장(Director, Institute for International Commerce Research 28 Dash Cr. Fadden ACTd Australia 2904)/Ph.D.

방학봉(중국) 연변대학교 교수/역사연구소장

스테마오(중국) 선양건축대학교 총장/Ph.D.

샤쇼뚱(중국) 선양건축대학교 교수/Ph.D.

안위샹(중국) 선양건축대학교 건축학부 교수/Ph.D.

쑨쓰췐(중국) 하얼빈공업대학교 건축학부 교수/Ph.D.

챠오윈저(중국) 하얼빈공업대학교 건축학부 교수/Ph.D.

샤즈(중국) 하얼빈공업대학교 건축학부 교수/Ph.D.

정은일(중국) 연세대학교 박사과정

장어환(중국) 중국과학원 교수

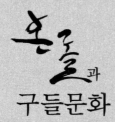

온돌과 구들문화

초판 1쇄 발행일 2014년 9월 3일

엮은이 김준봉 등저
펴낸이 박영희
편집 배정옥·유태선
디자인 김미령·박희경
인쇄·제본 태광인쇄
펴낸곳 도서출판 어문학사
　　　　 서울특별시 도봉구 쌍문동 523-21 나너울 카운티 1층
　　　　 대표전화: 02-998-0094/ 편집부1: 02-998-2267, 편집부2: 02-998-2269
　　　　 홈페이지: www.amhbook.com
　　　　 트위터: @with_amhbook
　　　　 블로그: 네이버 http://blog.naver.com/amhbook
　　　　 다음 http://blog.daum.net/amhbook
　　　　 e-mail: am@amhbook.com
　　　　 등록: 2004년 4월 6일 제7-276호

ISBN 978-89-6184-348-5　93540
정가 26,000원

이 도서의 국립중앙도서관 출판시도서목록(CIP)은 e-CIP홈페이지(http://www.nl.go.kr/ecip)와
국가자료공동목록시스템(http://www.nl.go.kr/kolisnet)에서 이용하실 수 있습니다.
(CIP제어번호: CIP2014023915)